大前研一

新。企業參謀

江裕真——譯

掌握策略性思考與經營的本質

【新裝版】企業參謀

CONTENTS

第2章 企業的策略性思考

第3章 把策略性思考應用在政事上

CONTENTS

第2部

策略性經營計畫之實務

CONTENTS

第4章 策略性計畫的核心

策略自由度的思考

李仁芳
國立政治大學科技管理與智慧財產研究所教授

策略自由度的思考經營管理類的書籍，經年累月地出版，但是經過時光浪潮的淘洗，能留在沙灘上依然閃亮發光的珍珠貝殼並不多見。

大前研一的《新．企業參謀》是其中之一，在競爭環境中的事業組織，以相對有限資源，需思考如何在產業空間中布局配置，以「規畫自己與競爭對手間相對力量關係的作業」。對從事這種策略思考的「企業參謀」，大前這本書，是很實用的參謀作業教戰守則與操作典範。

大前這本書第一個特質是，這是他多年來在麥肯錫公司擔任過第一線策略作業，親手接觸成千實務案例並深刻思考過、驗證過的「實戰智慧」結晶，並非一般透過圖書館桌上研究，歸納次級書面文件的策略書籍所能比擬。

策略的精義在於如何尋找產業空間中適切優勢位置的藝術，「企業參謀」除了分析技能與嚴謹銳利的邏輯思辨能力外，概念化能力與創造原創概念範疇（Categories）的能力更是非常重要。獨特的分析角度，觀看產業世界的新奇視野，都是「企業參謀」運籌帷幄之中，決勝千里之外的要緊戰鬥技能。

對此，大前依據其豐富企業競爭策略擬定的實戰經驗，提出「參謀要成為真正的策略性思考家」的「參謀五戒」：

*參謀應去除自身對「例如」命題的恐懼，培養多概念，彈性廣泛思考的能力。

*參謀應捨棄完美主義，深切體認「策略」是「相對優勢」而非「絕對優勢」的藝術。只要比對方更勝一籌，而且抓緊時機（Timing）實施，就是致勝的關鍵。

*參謀應徹底挑戰關鍵成功因素（KFS），這樣才有機會藉由原創性新概念範疇的推出而出奇制勝。

*參謀思維不應受限於制約條件，創意策略的奧祕，在於以思維的「量孕育質」，先求方案源的多元光譜，再從中批判蒐選，求質的提升。

*參謀在分析時不應仰賴記憶，要「看重想像力」，並致力於「分析力」及「創造概念之能力」的開發。

大前相當強調「企業參謀」在產業空間中尋求「位置」（Position）的藝術，他認為企業策略中最困難的部分，就是回答「我們的事業為何（What）？」這個問題。選對「位置」的企業比起選錯「位置」的事業，可以以後者二分之一到五分之一的營收，卻擁有與後者相當的經常利益（第二部第二章）。「適切位置」真是「死生之地，不可不察」！

至於適切「位置」的尋求，大前主張精要處在於與競爭對手間「力量的相對變化」的捕捉與掌握（第二部第三章）。要拉大與競爭對手的差距，讓對手無法跟上，大前點出三個不同的思維方向：

首先是從企業活動的拆解中，找出關鍵成功因素的價值活動，並能出奇制勝，制定出競爭對手未重視，但能吸引特定客層或新客層的價值活動「KFS企業策略」。

其次是「相對優勢企業策略」的思維，弱勢廠商、後進廠商常常不具備業界的「絕對優勢」。但這絕非表示弱勢／後進廠商難有致勝策略；事實上，整部「孫子兵法」精華之處都在論述以「相對優勢」致勝的法則。

第三，在於運用「思考方式的轉換」、「策略自由度的開發」以及「技術面組合管理」等方法來開展「新路線企業策略」。這項思維尤其需要「企業參謀」優異的想像力與新概念原創力，尤其大前提出的「策略自由度」新思維更是精采。細心的讀者會發現，最近風行一時的「藍海策略」，其策略思考方式的原型，大前早就提出了。

傑出的「企業參謀」並非只是擅長策略「思考」而已，「執行面」、「組織面」與「政治、權力、利益交換」等推動策略所必要的「近戰肉搏」技巧也十分重要。本書第一部第三章中，大前以自身參與處理過的「紐西蘭沿海的日本捕烏賊船隊」個案，從理性分析的思維，到組織利益、權力的操作，示範企業策略從狀況判斷、方案形成與分析、組織設計與執行的種種複雜操作層面細節完整呈現，對「企業參謀」的養成是一很好的教案範例。

每一個創業者與工作者都必學的企業參謀技術

何飛鵬
城邦出版集團首席執行長

第一次讀大前研一的《新・企業參謀》大約是在二〇〇七年，那是距我創業開始二十年之後。歷經廿年企業煎熬的我，讀到此書卻有豁然開朗之感，許多過去經營時似懂非懂、模糊不清的地方，一下子都被點醒了，從此我在經營上進入另一個新境界。

在書中第一個點醒我的章節是企業經營的各種財務數字解析，這是大前研一說明如何找到各種指標來判斷企業經營問題是否已經解決。他仔細解讀純益率（ROS）、總資產報酬率（ROA）、資本運用報酬率（ROCE），這三率與企業經營之關係，這是我第一次能以宏觀的角度來解讀企業經營的效率。

在書中大前還畫出一個財務數字的樹狀圖，最頂端是資本運用報酬率，往下先拆解成純益率與資本周轉率，接著一直拆解到底層：全公司人員生產力（總附加價值除以員工總人數），每元薪資生產力（總附加價值除以總薪資），庫存周轉率（銷售額除以總庫存額）。

這一張財務數字樹狀圖，我讀了很久，才終於了解其意義，我好像發現新大陸一般，過去我從沒有以這種角度思考經營。而其中每一個數字都可以變成檢查公司營運健康與否的角度，也可以成為企業改善營運績效的思考角度。

瞭解這些數字，我對公司的營運有了更深度的解讀。

書中第二個點醒我的是：思考及解決問題的方法。

企業經營無時無刻不面對問題，每天都在解決問題。而一旦面對複雜而難解的問題，就考驗經營者的能力。為什麼我們無法提出有效的解決方法？大多數因為問題是一個複雜原因的組合，可能結合了許多的小問題，最後再整成一個大問題。大前在書中先教讀者拆解問題，找出問題的各種細微面向，再針對關鍵問題下手解決。

大前的策略思考方法是先解構問題，瞭解問題的本質之後，再重組問題，以尋求最佳解決方案。

在解說了基本的思考方法之後，大前再把這一套方法用在企業經營的實務上，分別從（一）擬定企業的中期經營策略。（二）面對眾多產品，如何決定最有效益的產品組合。（三）針對市場變化，如何訂定產品推廣策略。

大前完全用實務的案例來說明擬定策略的方法，並且把過程步驟化，讀者可以一步步學習使用。

本書的第二部，大前從企業面對的長期低成長挑戰為背景，模擬企業如何重新擬定正確的企業策略，以擺脫競爭對手。

大前提出了三種方法：

（一）成功關鍵因素（KFS）的企業策略。

（二）相對優勢的企業策略。

（三）發展新路線的企業策略。

所謂的「成功關鍵因素」，其實用現在流行的企業語彙來說，就是所謂的「核心競爭力」，而要探討一家企業的KFS，通常可由拆解企業活動下手，企業活動可以從最源頭的掌握生產原料開始，歷經生產設備、產品設計、生產技術、專利的掌握、商品組合、商品應用服務，到銷售力、銷售網的建立，最後到售後服務。一家成功的公司，其成功的關鍵可能只在企業活動的一或多個環節獲得優勢，這就是KFS。

而這些環節的關鍵成功因素，也就是該企業已掌握了核心競爭力。當企業要制定企業策略時，當然要環繞著企業的KFS下手。

至於相對優勢的企業策略，則為著重在市場競爭者如何突出自身產品的相對優勢，以打敗競爭對手，這就是相對優勢的企業策略。

而開發新路線（產品）的企業策略，就是做出差異化的新產品，或開發出全新的新產品，其實這就是創新，不論是市場的創新、生產原料的創新、生產流程的創新、或者是生意模式的創新，這都屬於新路線的企業策略。

大前的這本《新・企業參謀》因為出版時間較早，許多現在大家耳熟能詳的企管理論，如差異化、創新策略、核心競爭力等，在當時都還沒有盛行，因此大前在書中並未使用這些名詞，可是書中探討的主題，都已涵蓋了這些層面，讀者如能仔細消化大前書中的理念，都可以觸類旁通這些新穎的觀念，一旦讀者能讀通書中的含意，那就能融會貫通了。

此外大前此書，到處充斥著實務的經營案例，每一個案例都充滿了啟發性，只要讀通任何案例，都可以在實務上活用，所以建議讀者不可錯過任何案例。

最後我一定要說：這是一本歷久彌新的商管書，也是一本不易讀通的商管書，以我自己為例，我前後大約讀了三、四次，最後總算抓到其真正的意涵，也才真正把書中的理論，與最近廿年西方世界發展出來的管理觀念相互印證，才能有較具體的收穫。

這是一本值得反覆閱讀的商管好書。

策略大師的第一本書

許士軍
台大管理學院首任院長、中華民國管理科學學會理事長

這是大前研一先生自稱他的第一本著作，出版時他才三十二歲，書中所記載的，是他進入麥肯錫顧問公司後，將所碰到的各種狀況隨手記下的心得，居然成為全世界的暢銷書，事實上這本書所反映的，就是大前研一的思維方式，也就是支持他直到今天被人推崇為策略大師的道理所在。

企業經營者的必讀經典

郭瑞祥
台灣大學工商管理學系教授

新經濟時代來臨，舊經濟時代的線性思考邏輯不再管用，大前研一先生早在一九七五年便洞悉此一趨勢，以麥肯錫工作經驗與個人生活體驗為基礎，出版管理顧問業聖經——《企業參謀》，三十年後，強調結合透徹分析、過去經驗、直覺與思考力的思考型態《新・企業參謀》再次出版，所提觀念依然歷歷如新，以企業與政治家觀點，提出策略性思考的獨到見解。因此，這本書不僅是參謀者要讀的武功祕笈，更是想要積極突破困境、創造優勢的企業經營者，所必讀經典。

一生可以讀無數遍的一本書

楊千
交通大學榮譽退休教授

這本書在大前研一所有著作中最具日本通俗書籍的特色：專為普羅大眾而寫，用了極多的圖表增加它的可讀性。是一本圖文並茂的書。

大前研一寫這本書的用意，用他自己的話來表達就是：「在於試著描繪出策略性思考家的樣貌。」整本書都是他個人專業上的「撇步」（祕訣）。他的所有著作中，從來不曾有過如此詳盡的細節交代。從許多例子中，作者特別強調我們應該由傳統以簿記為基礎的加減法會計思維走出來，而要以乘除法的策略管理思維來規畫。例如，對ROCE（資本運用報酬率）中所謂的「資本」是什麼，書中就交代得很詳細。對於其他與策略執行面相關的概念，他也用很通俗易懂的方法解釋。所以不同的讀者在不同的經營環境就可以有符合自己的策略思考。

雖然全書分成兩部分，各自有五章及四章，但是讀者可以隨選閱讀。其實只要讀了任何一章都很值得。一般的暢銷書，你可能一生只會讀一次；但這卻是一本可以典藏的書，我相信本書可以歷經時間的考驗。相當適合台灣企業的環境，是各層經理人可以自修的書。由於台灣與日本有相當程度的相似，本書「應用在政事上」不只讓業界可以參考，如經濟部等政府部門的公務人員也可以透過它來了解政策擬訂應該思考與兼顧的項目。

分解、重組，再創新的策略性思考

盧淵源
國立中山大學企管系教授

近來，重新把管理大師亨利．明茲伯格寫的《明茲伯格策略管理》（*Strategy Safari*，商周出版）再讀一次，書中盡訴十種學派關於策略形成之看法，對管理實務上帶來的影響。每個學派都各有其獨特的觀點，都專注於策略形成的一個重要面向。但在讀完大前研一的《新．企業參謀》後，對策略如何形成，我有了更清楚與深刻的了解。原來，探討策略如何形成，學派不是最要緊的事，最重要的是，策略之形成取決於，我們如何問問題。

管理大師彼得．杜拉克說過：「未來的領導者必將是一個知道如何提問的人。」愛因斯坦也說，如果他只有一個小時可用，他願意花五十五分鐘去想什麼是最棒的問題，而在剩下的五分鐘想出正確的答案。但是，為什麼連天才都要投入最多的時間去想問題呢？大前研一告訴我們，因為思考事物的本質始於「問問題的方法」！唯有問對問題，才能剝開包著「常識」外衣的事象進行分析，才能組合成最有效能的思考型態。也就是說，「你的問法，有助於找到解決方式。」

所以，大前研一以他在麥肯錫顧問公司的多年經驗，提出一些幫我們找問題的方法。例如，運用主題樹，就是一種先列出重要的問題點（主題），再以互不重複的方式分割為兩個以上「次主題」的方法。如此這般，把一個原本大到不知從何著手的問題，漸漸分割為一個個處理得來的問題。而在問對問題後，方能徹底理解各要素的特質，再把人腦發揮到極限，用非線性的思考方式，重新將要素予以組合。

大前研一更要我們勇於挑戰「業界的常識」，也是就轉換思考方式，不斷的問為什麼。大前舉了許多例子去說明，勇於破除常識的企業，如何讓自家的產品變成領域內的龍頭。例如，波音公司率先在飛機尾翼裝設引擎，打破了大家總認為「引擎應該對稱」的常識。新力推出的特麗霓虹電視，則破除了電視螢幕色彩的產生方式。

總歸一句話，頂級策略參謀可以獨擅勝場之處，就是不受限於常識，自由發想。而我在《新・企業參謀》書裡的體悟即是，看穿事物本質、重組，再創新的策略性思考。策略性思考的第一步就是，問對問題，而這取決於我們處理問題的心態。

當然，大前在本書中除了大談「問對問題」的重要性之外，更詳列許多可供業界人士評估，以及發想策略時可用的方法。諸如參謀五戒、利潤樹、策略自由度，以及技術組合管理等方法，都是想掌握策略深層本質的參謀，必須學習並善用的思考方法。

最後，以大前在書中的話做為結語。策略的擬定不過就是把你的生活態度，以及有條理的把你平常的思考記述出來而已。策略的擬定不是一種手法，而是一種對事情的想法與思想，是一種思考。唯有真正理解這樣的道理，策略規畫者才能變成真正的參謀、擔負重任。

新版序

《企業參謀》與《續企業參謀》分別於一九七五年與一九七七年出版，本書《新・企業參謀》則是二書的合訂修正版。書末所收錄的《先見術》則是刊登在一九七九年一月號《總裁》雜誌上的文章。這次新裝版重新付梓，我並未更動它們的任何內容，因為這樣反而能忠實反映出日本在石油危機（一九七三年）後，那個經營的苦難時代。我想，留下這樣的實況，將可為今天的我們帶來更多教訓。前述這些著作，分別在我三十二、三十四以及三十六歲時出版的。

特別要提的是，實質上算是我處女作的《企業參謀》，是我三十至三十一歲時，私人所寫的筆記。我在二十九歲加入麥肯錫，在一竅不通之下，我一面工作，一面學習到底什麼是經營。這是我在當時記錄下來的東西。當然，初出茅廬而且沒沒無名的我，在寫下這些東西的當時，完全沒有想過要出書這回事，它只是我過去以來的習慣而已。我不過是想把學到的東西留個紀錄，或是試著把已經理解的東西以更簡潔易懂的形式寫出來而已。我把筆記拿給當時鑽石時代社（現在的總裁出版社）的總編輯守岡道明看過後，他覺得很有趣，於是決定出版。這書在一九七五年出版時，就賣了十六萬本，使我才三十二歲就成為暢銷書作家。

很不可思議，其後經過了數十年，到現在這本書都還是職場新手研習等場合所使用的書。

每年一到四月，它就會開始暢銷。我猜想，這恐怕是因為企業的社長在還是小主管時讀了這本書，學到一些有用的東西，後來回想起這本書，才會想讓新人也讀它吧！

我的這兩本書很暢銷，讓進公司沒多久的我，在麥肯錫裡也成為全公司的話題。大家都追著我問：「你呀，應該是個什麼都還不懂的新人才對，到底有什麼東西好寫的？」他們是因為我沒有先翻譯成英文取得總公司同意就出版，而諷刺我。不過，一點都不誇張，這本書出版後，麥肯錫的東京分公司就不斷有客戶找上門來，因此前輩們也沒有辦法找我痛罵一頓。我也覺得，如果我有時間翻譯成英文的話，還不如用來寫下一本書，所以也暫時沒有去管這件事。

後來，公司內部有了個專案，由倫敦分公司的羅蘭・曼擔任總編輯，將這兩本書在一九八一年交由麥格羅・希爾公司出版。此外平裝版也於一九八四年由企鵝出版社出版。這些書到今天也是一樣，還在世界各個角落翻譯成各國語言，持續受到大家的閱讀。其中一個例子是，我目前經營的軟體開發公司JASDIC，與三家印度企業合併了。其中有一家叫Infosys（也在紐約證交所上市的優良企業）的公司，執行長南丹（Nandan Nilekani）也是我的讀者之一。大約在五年前，我第一次與他在印度的邦加羅爾（Bangalore）見面時，他就帶著一本企鵝所出版的《企業參謀》（*Mind of The Strategist*）告訴我，「這本書改變了我的人生」。那本書已經讀到破破爛爛的了，他自己還寫了各種心得上去。他當時的眼神讓我印象深刻，讓我深深覺得「以後要找機會和這個人合作」。

這是一本很神奇的書。仔細想想，我進麥肯錫才沒幾年，根本沒有什麼關於經營的經驗可以談。麥肯錫內部也沒有什麼特別的祕笈，只有幾個優秀經理在實務訓練時指導過我而已。至少在我撰寫《企業參謀》一書時是這樣，但到了我三十四歲寫《續・企業參謀》時，已經是進公司五年的資深員工了。

在麥肯錫內部，五年就已經是老員工了。公司的規矩是，進公司五年如果沒升到資深，就「滾蛋」。全球的麥肯錫都是如此，至少我是一面這麼想一面工作的。在七〇年代的麥肯錫內部，現在在全球一流企業擔任董事長職務的路・葛斯納（IBM董事長）、哈維・葛魯伯（美國運通董事長）、菲利浦・普瑟爾（摩根史坦利董事長）等人，當時都還是做大案子的新人❶，我有一種不能輸給他們的心情。或許就是那樣的公司氛圍，給了我寫這本書的動機。

大家雖然都說現在景氣不好，但當時也是如此的。只要讀過本書，想必會有很多人感到訝異吧？因為當時的環境和現在幾乎沒有什麼不同。過去的日本一向都很有危機感。但是在八〇年代中期到九〇年為止的廣場協定（Plaza Accord）❷所導致的泡沫下，人們卻完全麻痹了。

現在日本真正的危機，起因於國民也好，企業經營者也好，都沒什麼危機感。石油危機時那些慌張得睡不著覺的經營者們，都到哪裡去了？結果，現在回頭一想，誰都明白，當時將郵政貯金等資金以財政投融資❸的形式做為「沒有終止之日的景氣政策」，只不過是把問題留到以後解決而已。

個人非變革不可，企業也非變革不可。就算對國家或地方自治體說再多次的「快改變」，它們也不會自動改變，因為它們不過只是個人的集合體而已。個人或企業要想改變，關鍵事實上在於一種「這麼做的話，就會改變」的「氣魄」。

石油危機時受到嚴重打擊的日本，就有這樣的氣魄。豐田汽車原本雖然與通用汽車約有二十倍的差距，但該公司仍相信只要肯做就做得到，以「追上他、超越他」做為勉勵自己的話。小松製作所之於卡特彼勒公司❹，山葉鋼琴之於德國的史坦威鋼琴，日立、東芝之於奇異電氣，新力或松下之於飛利浦，全都有這樣的氣魄：希望自己能克服規模上的差異，和對方一樣成為世界一流的公司！

讀過本書的讀者會注意到的，應該就是這一點。一種「日本企業無論處於何種困境，只要這麼去制定策略就行了」的訊息。這毫無疑問正是本書能在時代的氛圍中暢銷、受到各方喜愛的原因。本書的英文版翻譯成各國文字，也一樣給了讀者們勇氣。如今在商學院等場合，都還在用它做為企業策略的教科書。

聽到總裁出版社計畫出版新版時，說真的我有點不知所措，因為書的結構十分緊湊，重寫根本是不可能的任務，不過書中有許多希望讓現在的年輕人看看的東西。總裁出版社的書籍編輯部長山形佳久說：「今天的我們，非得擁有和當時一樣的氣魄、打破現狀不可。所以不要修改，直接請讀者們閱讀二十五年前的原汁原味比較好。」受到他這句話的鼓勵，我希望以這本書之所以再次問世的緣由，以及我現在的心情，做為新版的「前言」。

一九九九年十月

大前研一　於東京

❶ 路・葛斯納（Lou Gerstner）已於二〇〇二年四月交棒；哈維・葛魯伯（Harvey Golub）已於二〇〇〇年交棒；菲利浦・普瑟爾（Philip J. Purcell）也已於二〇〇五年下台。

❷ 一九八五年美國為改善貿易大幅赤字，誘導美元走貶以增加國際競爭力，由五大工業國法、日、美、英以及當時的西德簽署的協定，同意以抛售美元方式干預貨幣市場，讓美元相對於日圓與德國馬克貶值，日圓便因而不斷飆漲。有人認為廣場協定就是導致日後日本泡沫經濟與十數年低迷的主因之一。

❸ 一種日本財政部將郵政儲金等資金融資給特殊法人（公庫或公營事業等），再由特殊法人運用於建設道路、機場、國宅等建設上的制度。

❹ 小松製作所是日本建築機械等大型器械製造商，卡特彼勒（Caterpillar）為美國建築和採礦設備、柴油和天然氣引擎及工業燃氣輪機的製造商。

第1部

何謂策略性思考

前言

常有人說，「日本人愛抬轎」或是「日本人的多頭責任制等於無責任主義」。但就算這樣的說法再怎麼真確，箇中隱含的問題之深遠、解決之困難，若沒有能因應的具體提案，就和說「埃佛勒斯峰很高」或「喜馬拉雅山很遠」，是同樣的沒有意義。就算再補上一句，「那麼，讓我們來爬爬那座好高的埃佛勒斯峰吧」，單憑這樣的提案，還是無法達成目的。

前一段開頭提到的「日本人」，指的是「大多日本社會組織裡」的日本人，「轎子」指的是「很重的、一個人無法獨自承擔的東西」，至於「抬」，則是在比喻「力氣出得太多或太少，都會給別人帶來麻煩」的一種「力量的恰到好處」。再怎麼說，「轎子」也比不上汽車或在鐵軌上飛馳的火車來得快，轎子不過是一種只有在祭典時才有意義的東西。在戰後的GNP祭典裡，「轎子」一年一年變豪華、變大，但轎子的搖晃程度卻也變得愈來愈明顯了。既然其原因在於苟安主義以及多頭責任制，那麼要想改正，就必須設法更換為所謂的「集體無責任制」才行。換句話說，要做到這一點，得靠個人或極少數人負起自己的責任思考、訂定計畫，以及執行每件事。要想攀登險峻的高山，就必須要有周詳而具體的計畫，以及落實它的意志力。

這幾年，我一直在思考這種彷彿理所當然的事情。在拙作《惡魔的循環》一書裡，我以潛藏於日本人心中、凡事無主見的看法與想法為焦點，試著分析其原因。在很多友人給我的意見裡，有一個共通的批判點：「……很可惜書中沒提到怎麼改善。」由於我自己對於如何跳脫「惡魔的循環」也沒有好方法，當時也只能說聲「現在我正在想」來回應他們的期待。

幸運的是，我在工作上常會碰到一種極其艱難、當事者再怎麼努力都解決不了，似乎借重外部力量比較好的狀況。這種狀況需要的，不是什麼日本或西方的一般性理論，而是需要「答案」。而且就像成衣合不了身一樣，你非得視每次的狀況找出其特有的答案不可。像這樣不斷累積實戰經驗後，我漸漸覺得，至少在以「企業」為單位實施之下，有機會可以跳脫「惡魔的循環」。它靠的是採取策略性思考的團隊。

策略性思考的團隊，是一種身處組織之內，卻能像身處組織之外一樣，極其客觀與獨立的幕僚團隊。他們做的不只是一般幕僚所做的事，而是懷抱著能左右企業命運的高階人員的精神，以及一種自居為企業體的大腦中樞，制定策略性的行動方針，並交由生產、銷售等部門據以執行的獨特力量。有的企業已經擁有這樣的團隊，但大多企業的社長室或總公司企畫室，都會淪為處理一般事務，而變得徒具其名。不過，現在客觀情勢已經將各大組織團團圍住，再也不容許它們像變形蟲那樣了。這些大組織也都和最高等的動物「人類」一樣，非得要有大腦中樞不可。而且光是思考還不夠，還必須「持續因應瞬息萬變的狀況變化」來思考；也就是說，有必要學會策略性思考。

戰後呈現蓬勃發展的日立、新力、松下、小松、本田等優秀企業，如果哪天變得停滯不前，應該是因為這些公司開始出現「多一事不如少一事」、「只看缺點不看優點」等作法，遮蔽了它們原本較其他公司優秀的「管理變化的能力」所造成的吧！因此，不單單是那些已經老化的大組織需要策略性思考，連乍看之下表現良好的組織，也需要策略性思考來維持其慣性。

我寫這本書的目的，是想描繪出一群策略性思考家的樣貌。只要我沒有特別註明的部分，全都是我自己從零開始構想出來的。對於一些別人已有過完整說明的方法，我也會在提到的時候，根據我自己的看法與經驗來寫。因此若有不純熟之處，希望各位能見諒。另一方面，在我執筆撰寫本書的過程中，許多人在日常生活或工作上給予我不少指導，很遺憾無法一一感謝。此外，由於我的工作性質，而在過去數年內和我有密切往來，製造了許多學習機會的各位顧客（客戶）的大名，我也無法一一列出來感謝。這點我感到遺憾萬分，希望各位能夠見諒。

有很多事情勞駕麥肯錫公司的顧問們。看過我的原稿，給了我有用意見的若松茂美、海老原寬、久保田達夫等先生，以及爽快批准我出版本書的昆斯．漢錫卡與華倫．卡農兩位董事，我由衷感謝。

還有鑽石時代社（現總裁出版社）的守岡道明先生，從本書開始計畫以來這一年半的時間，給我各方面的支援與指導。進入編輯流程後，該出版社製作室的副室長帶谷善三先生也很照顧我。我十分感謝這兩位先生。

我以成為策略性思考家為目標，所以針對本書的內容，很希望能聽到各位讀者的寶貴意見與批評。若有討論研議之必要，我希望自己可以盡可能在能力範圍內為各位讀者解決碰到的困難問題。我衷心期盼，可以有更多人透過策略性的思考方法，在環境許可的範圍內，盡早找到最佳的解決策略。

一九七五年四月

第1章 策略性思考入門

1.「舊模式」的經濟理論不管用

前些日子，旅行社給了我一些週末前往風光明媚的地方享受運動之樂的旅遊廣告。賣點是高爾夫球、網球、射箭、自由車、遊艇……什麼都有，就是希望大家能到國立伊勢志摩公園裡頭去玩。我以前當過導遊，所以很清楚，從東京到志摩半島玩兩天一夜的話，實在是太趕了。但這本介紹手冊仍引起我的注意。

星期六早上坐遊覽車出發，當天傍晚六點到住處；第二天早上自由從事前面提到的運動項目，下午兩點半又要坐上遊覽車，晚上九點半回到東京，像是部隊的急行軍一樣。這讓我覺得能用來享受手冊中強調的「綠色的稜線」、「透明的天空」、「蔚藍的大海」、「漂浮著真珠養殖竹筏的水灣」、「生意盎然的大自然」等項目的時間似乎並不多，因此我試著做出其時間分配圖（圖1）。

［圖1］兩天一夜運動之旅的使用時間分析

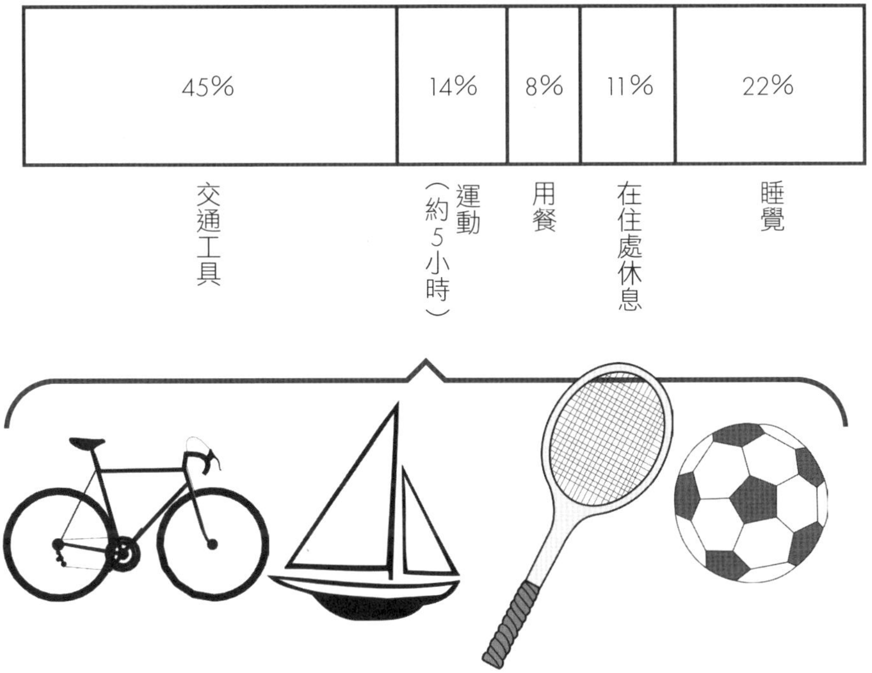

●該旅程中網球場的實際場地費……每小時3000日圓

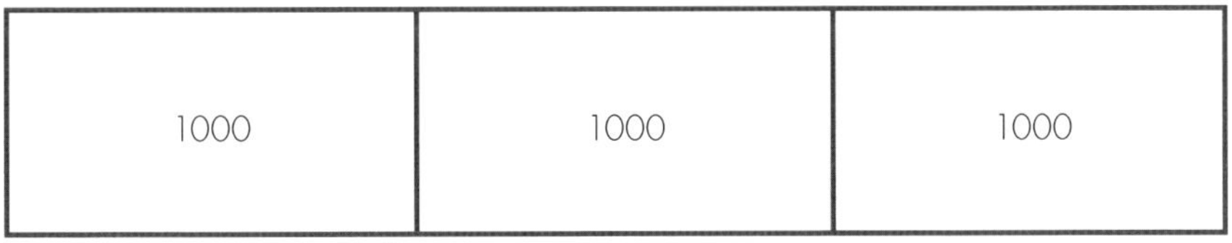

●東京近郊的網球場場地費用……每小時1000日圓

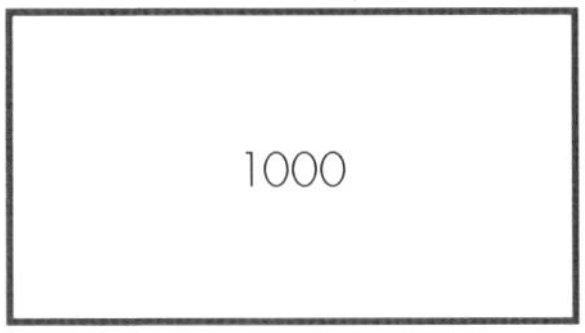

果不其然，時間有將近一半花在交通工具上，而且人在家時也一樣要做的睡覺與吃飯時間，也占了有30%。而最重要的、做運動的時間，最多也只有5小時而已，不過占14%的時間。

從這次旅行的一萬七千日圓費用中扣掉餐費，以一萬五千日圓來計算的話，每運動一小時，實際上就花掉三千日圓。那還不如找一天租下東京近郊的昂貴網球場，開個二、三十分鐘的車，付他每小時一千日圓（原本覺得很貴）的場地費慢慢享受，還比較划得來。當然，如果這麼分析起來，應該會有人罵我說：「旅行途中看到的景色啦，或是離開東京到外頭走走那種都會人所體會到的解放感，並沒有考慮進去。」事實上這正是問題之所在。確實，對方賣的是把許多元素包在一起而不可分割的氣氛，所以照常理來說，並無法說明到底那一萬七千日圓是用來買哪個部分的氣氛。然而，在思考事物的本質時，實有必要把這種「不可分割」的東西拿來分解清楚。而且也有必要針對徹底分解出來的每個要素，了解它們各會對整體造成什麼影響。若以剛才舉的運動之旅為例來說明，如果光只考慮運動的部分，在市中心花高額場地費打網球，還是會比去旅遊實惠三倍。必須在弄清楚這件事的前提下，才來考慮自己是不是本來就一心想在大自然中打網球，或是今年是否怎樣都想看一眼志摩半島的景色。這是我覺得很重要的一件事。也就是要從聽了別人的講法覺得「似乎是如此」而花錢購買氣氛，稍微轉變為以自己的想法來判斷。

包裝下的商品是什麼

和這個例子很像的，是理髮店的收費。我小時候去理髮，對方花一小時很細心地幫我剪，只收二、三百日圓。但曾幾何時，理髮費漲到五百日圓、七百日圓，終於漲到一千日圓以上，最近變成要收一千四百日圓了。如果和各種物價膨脹率相比，或許這樣的漲幅算是和平均差不多而已，但我心裡還是有疑問。

我用〔圖2〕來表示自己最近五次去理髮時，對方作業時間的分配狀況，然後再試著以我在美國待了三年半的經驗所推敲出來的，美國理髮店作業時間的分配狀況，並列起來比較。日本這裡理一次髮是一千四百日圓，美國則是三美元。不過，如果觀察其作業內容，日本和美國就有很大的差異了。日本的理髮店實在是很細心，這種細心的程度，在過去理髮費還很便宜的美好時代，我固然很歡迎，但現在工資變得這麼高，就讓我不得不多考慮一下了。

依我不專業的看法，在五十分鐘的理髮時間中，事實上有百分之七十是花在可以自己在家做的刮鬍子等動作，或是一回到家洗個澡就沒有了的服務上。這部分的費用是九百八十日圓，和美國（時間那麼短，算起來比較貴？）理髮店的二百二十五日圓相比，大約是它的四倍。以這樣的現實狀況為前提，如果還是很懷念在過去美好時代裡為你殷勤理髮的那種感覺，那就付錢買他的服務無妨，也就是把氣氛的費用也包括在內的商品。不過，如果要我選的話，我會覺得上理髮店這種沒有生產性的時間，愈短愈好；再者，我也會為了自己把九百八十日圓從家裡的浴室流到排水溝裡，而覺得難過。

但以現實而言，理髮業似乎是日本職業公會裡最團結的，幾乎不可能讓身為顧客的我們自由選擇包裝裡的商品內容。在這種人為決定價格的地方，常會是聰明人發掘市場潛力的好地方。例如，把美式的二十分鐘理髮店，訂價為一千四百日圓的百分之四十，也就是六百日圓上下來開店。那麼，有很多和我有一樣想法的人，就會到這家店來消費。假設每天每位理髮師的

［圖2］男性理髮的作業劃分

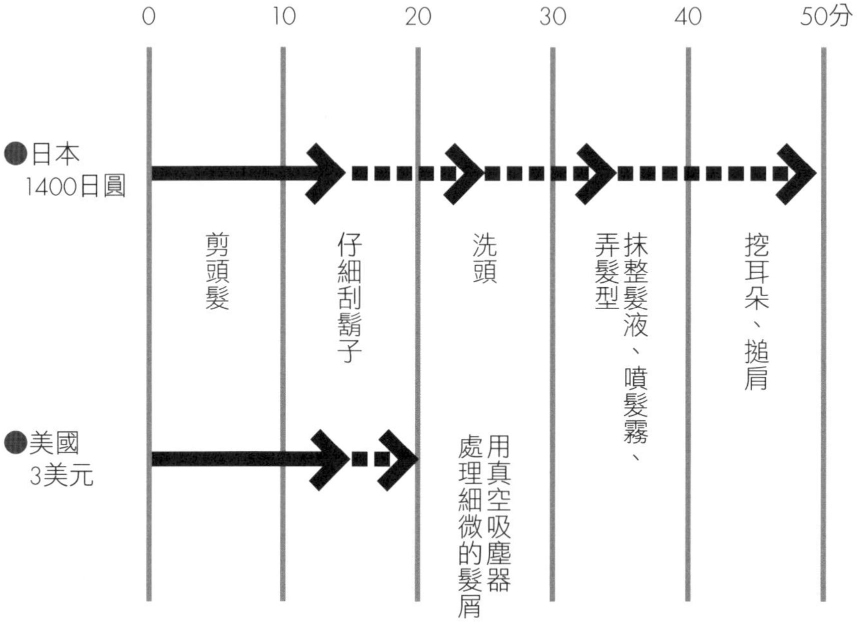

為理髮時已失去效果的作業項目所支付的金額

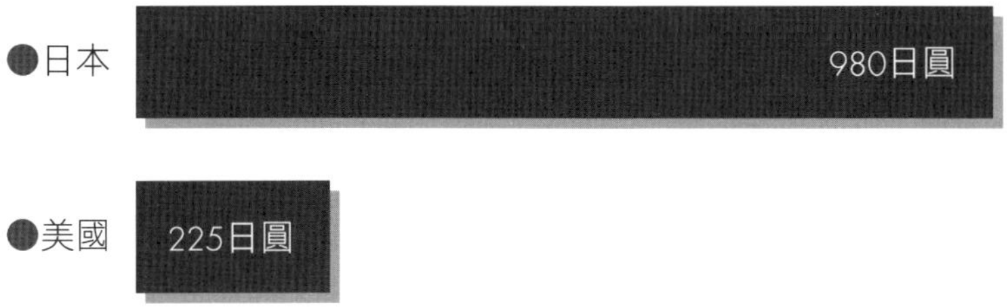

實值上，日本的理髮店比美國還貴好幾倍。

顧客人數會變為二點五倍，算起來「收入」就應該會和原本訂價為一千四百日圓差不多。

其原因是，此時市場的規模對變革者來說可以視為無限大。如果想提高「收益」，就不要訂在六百日圓，而訂在七百日圓，恐怕也就夠了，這樣才只是行情的半價而已。

還有別的例子，是你沒注意到包裝裡的商品內容，而只靠感覺付錢的。我想再舉一個這樣的例子就好，這次的例子是日本旅館的住宿費。運動之旅與理髮店的例子，都只是商品內容比較籠統而已，但日本旅館的例子則是利用人的錯覺，這一點在性質上略有不同。假設我們要在旺季的時候訂一家京都的旅館，我們打電話去問：

旅館A：「現在是旺季，可能要收您四千五百日圓。」

旅館B：「我們這裡是包含各種費用四千五百日圓。」

那麼，如果要在二者之中擇其一，兩個都強調四千五百日圓，而且B又是把費用都包括在內（也就是稅金啦、服務費這些就不用再另計了），怎麼想都覺得B比較便宜。但我們看過旅館業的成本名目後，卻找不到有什麼可能讓旅館A與旅館B有不同的隱藏收費項目，所以我們有必要把A、B兩間旅館放在同一標準下檢視（圖3）。

比較之下，可以發現旅館A與旅館B是基本服務內容「住宿場所的提供」以及「餐點的提供」加起來出現了百分之三十的差距。如果這樣的差距全都算在旅館的變動費用「餐飲費」上，事實上它提供給顧客的餐點，就是百分之六十的差距了。當然，這樣的數字多少可以透過旅館的管理提供一些其他優惠，但服務品質有差距是錯不了的。我想再強調一次，很重要的一

［圖3］日本旅館的住宿費（單位：日圓）

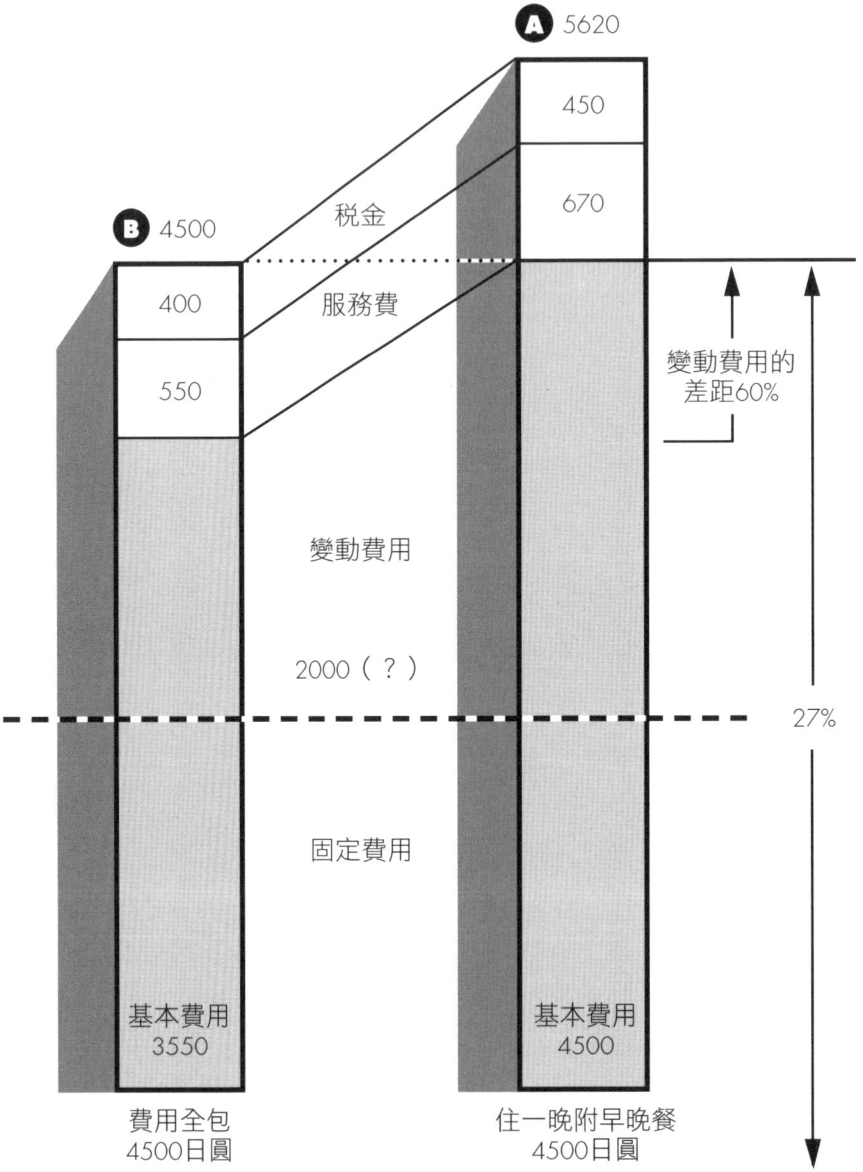

有時候對方可能會用不同說法，讓你不會去注意裡頭差了將近30%。

件事是，你是不是覺得吃得差一點無妨，只要有地方過夜就好，然後才基於這樣的認知選擇旅館B？我認為這種冷靜的態度（亦即你的判斷並非誤以為「四千五百日圓費用全包，真是賺到」）是很重要的。

非線性思考的重要性

我認為策略性思考的底蘊在於，它是一種針對乍看之下渾然一體、包著「常識」外衣的事象進行分析，依據其本質逐一拆解過後，再將帶有不同涵義的各部位以對自己最有利的方式組合起來，然後轉為攻勢的作法。

這是一種先徹底理解各要素的特質，再把人腦發揮到極限重新予以組合的思考方法。由於世上的現象並非全呈線性，所以想把各要素搭配起來的時候，最可靠的（並非系統分析之類的方法論）應該就是世上最為非線性的思考工具——人的大腦了。

我想強調的是，這種方法和既有的機械性系統思考，也就是在分解事象與重組現象時均採線性思考的作法大相逕庭。它和只重感覺，不分析現象，光憑直覺就突然跳到結論的作法也極為不同（圖4）。唯有結合冷靜透徹的分析與人的經驗、直覺與思考力，組合成最有效能的思考型態，才是在面對任何困難的新事態時，最能找到最佳解答、突破困境的方法。

正因為如此，我認為無論在戰場上或在市場中，這種思考方式都是讓我們在遭遇到前所未見的考驗時，擬定策略、度過難關的最佳方法。

[圖4] 思考方法的流程

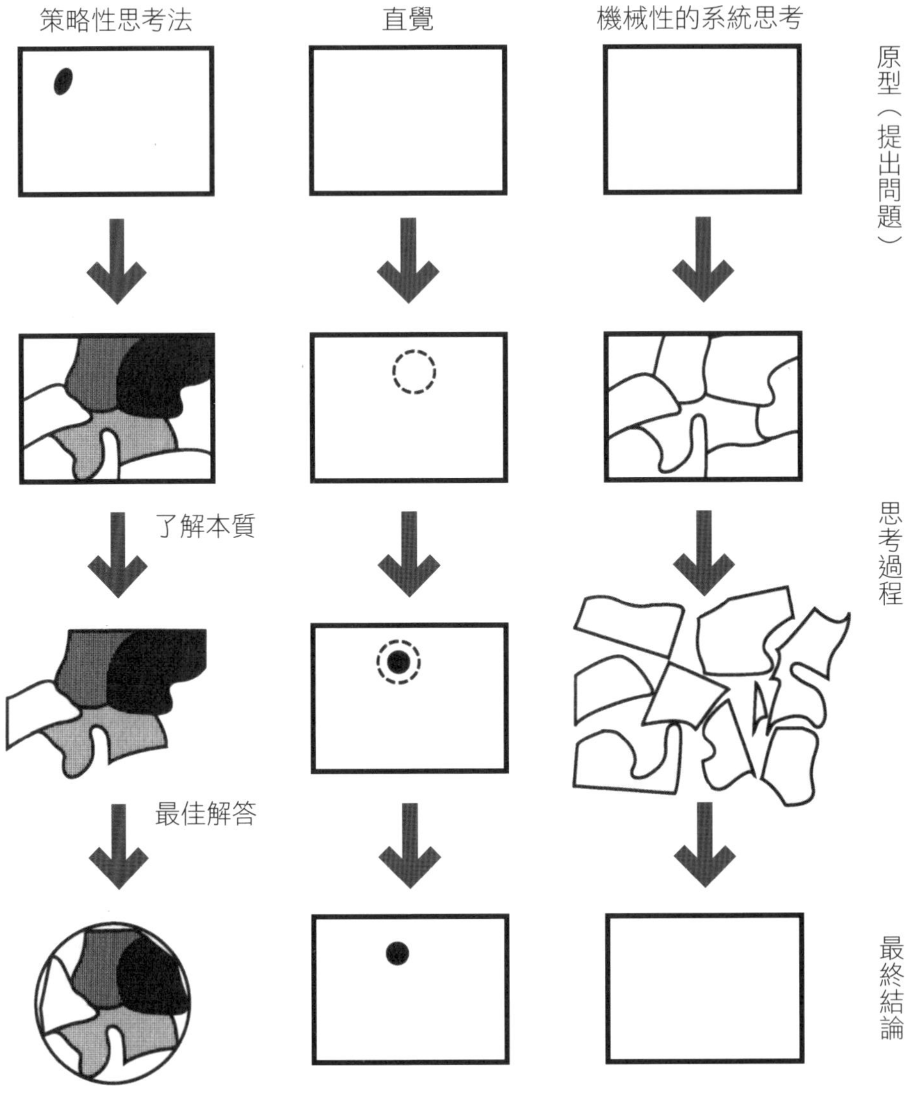

策略性思考包括依據事物的本質予以分解，以及運用人的頭腦以非線性方式重新組合。

2. 思考事物的本質

策略性思考的第一個階段，就是要思考事物的本質。毫無疑問地，誰都想掌握事物的本質，但或許有人會覺得，能否掌握到事物的真正的精髓，或許只是運氣好壞的問題；但我覺得重點不在運氣好壞，而是和處理問題的心態與方法有很大的關係。一開始最重要的應該是下面這件事：

「提問的方法，要能有助於找到解決方式。」

例如，針對同一個問題，有必要嘗試多種不同的提問方式。一家公司的員工加班情形愈來愈嚴重，業績又不如預期時，如果你問「應如何減少加班？」毫無疑問你會得到如下的答案：

*白天努力工作
*以五點鐘下班為目標來工作
*縮短午休時間
*禁止講太久的私人電話

事實上，在那些以ZD（Zero Defect，零缺點）運動等活動，透過公司全體的參加，力求減少不良品、降低成本的公司，常會像這樣提出問題，徵求全體員工的意見，在經過一定的篩選後，用於實施改善活動。不過，我認為這種提案箱式的作法，在本質上有其局限，因為這種發問方式，本身是無助於找到解決方法的。

我們來更換一下發問方式看看。

「以公司的工作量而言，人力是充足的嗎？」

這麼一來，答案就只有YES或NO兩種了。在回答「人力充足」前，必須先進行相當程度的分析不可。焦點應該鎖定在和同產業的其他公司比較，或是看看公司營業額還只有目前一半的時候，管理等間接人員每人的作業處理量、電腦化程度及其經濟效果等事項上。

如果從營業額、從每人平均獲利、從直接與間接人員的比例，與其他公司比較，以及從歷史資料來看，每一項都是在現有員工人數下比較差，也就是回答NO的話，就等於是找到解決方案了；亦即以「增加員工人數」來解決加班嚴重的問題。它是根據企業經營的各項指標正當化之後才獲得的答案。實施此一解決方案，很可能就能獲得原本期望達成的效果。

在同樣的狀況下，如果再把發問方式更換為：

「公司是否依照工作內容的質與量，安排能力最合適的員工？」

也一樣是一種為求找到答案的發問方式。這是因為如果答案為NO，就表示「公司用人並未適才適所」，也就是解決方案會是「人才培育」或「吸收優秀人才」了。如果答案是YES，那就不是員工素質的問題，而是員額不足的問題了。因此解決方案不在培育，而在「人數」。也就是說，此時只要能正確分析，以「有助於找到解決方式」為目標發問的話，即便中間的過程不同，還是很可能得到相同的答案。

就像這樣，我們可以在「是質還是量」這種本質性的地方正面切入，做出判斷。現在我們回頭看看原本的問題「應如何減少加班？」所獲得的四種答案。員工人數確實不夠，經營指標也顯示出增加人員有其必要，像「白天努力工作」或「縮短午休時間」這種對策既沒什麼效果，也無法解決本質上的問題。

像這種由公司全員參與討論而獲得答案，有人說是日本企業的經營精髓。我不認為它完全無用，只是若要花同樣的力氣，就應該更能遊刃有餘找到答案，以之為目標。這樣不管從精神面或是從所耗費的人力、物力來看，我認為都會是比較好的方法。

不過，在接下來這種案例中，我就無法苟同守舊不進步的「全員參與討論」方式了。

A公司有某種產品的銷售不佳。在全員參與討論下，假設提出來的問題是：「如何才能提升銷售量？」

毫無疑問，大家一定會提出一些誰都想到的點子。

＊打折賣給員工及其親友。

＊提高廣告宣傳的活潑度。

＊發給業務員業績獎金。

＊讓消費者在舊換新購買時，可以用舊品抵更多金額。

不過，我不認為這些稱得上是可以治本的解決方案。我們更換一下問問題的方式，使它更有助於找到解決方案：

「公司的銷售額之所以不振，是不是因為市占率沒有上升？」

要回答這問題，就必須先進行如〔圖5〕右側的那種分析；也就是說，我們有必要把「公司銷售額」沒有成長的現象，分解為以下幾項要素：

（銷售額 元）＝（市場規模 元）×（市占率 %）

此時如果出現像〔狀況一〕那樣的圖，就可以得到如下的解釋：

「公司的銷售額之所以沒成長，是因為市場已完全停止成長，以及公司在過去幾年雖然投注許多努力在銷售上，仍未能提高市占率所致。」

此時我們有必要追問以下兩個問題：

「市場規模不會再擴大了嗎？」

「有沒有方法能提高公司市占率？」

或者，再搭配更好的兩個問題：

「在該產品市場中，決定市占率的主要是什麼？」

「公司是否充分具備此一決定性因素？」

此時，如果第一個問題的答案是NO，也就是市場規模已不會再擴大的話，A公司就必須賭上全公司命運回答第二個問題不可；如果第二個問題也是NO，那麼A公司把成長的夢想寄託在該產品上，也已經是於事無補了。企業若以成長為目的，那麼該公司就必須多角化，也就是非得在該產品之外的地方研擬解決方案。不過，假如第二個問題中，發現該產品市場中，決定市占率的最主要因素是業務員人數（或是市場覆蓋率）的話，A公司就應該把擴大覆蓋率做為公

［圖5］銷售額=市場規模×市占率

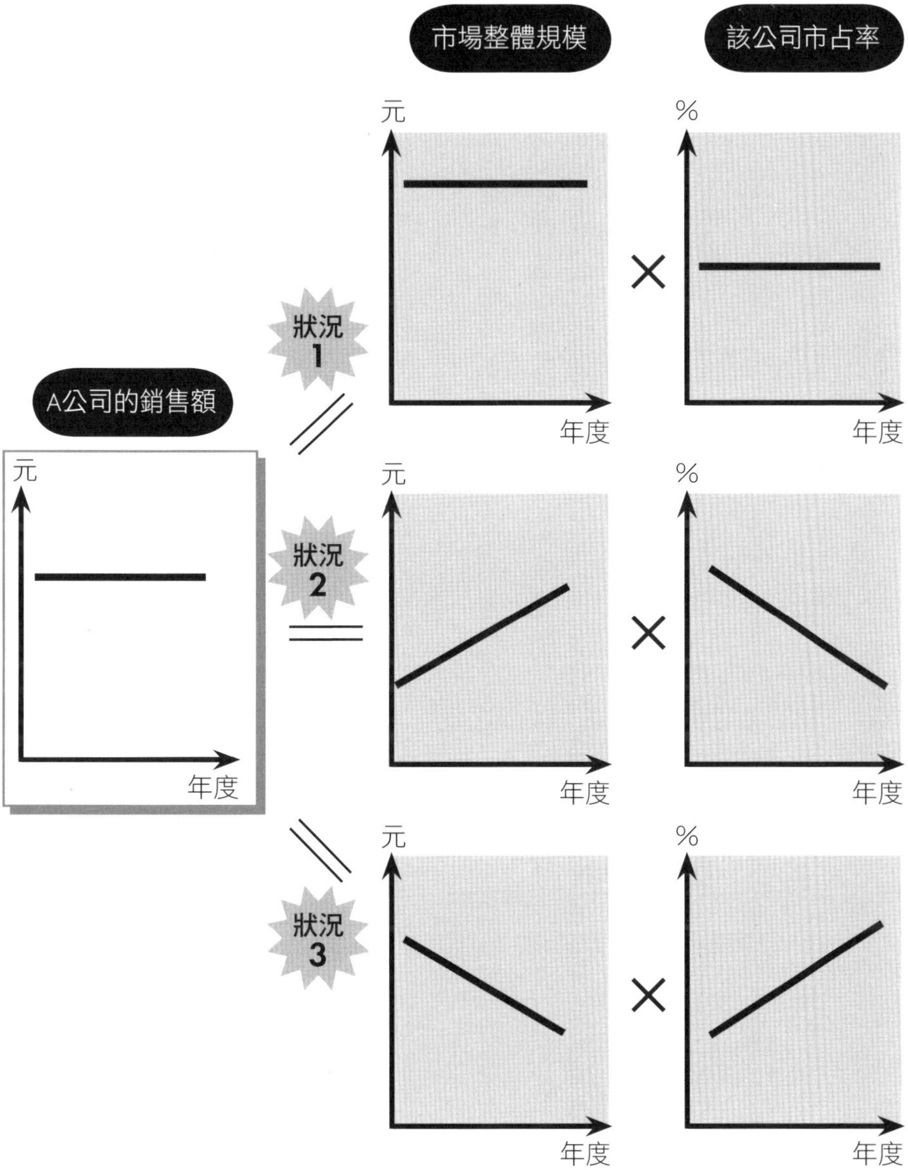

銷售額沒有成長的原因視其本質的不同會出現三種組合。

司應採取的最重要策略。這種策略對於提升市占率的效果應該是很大的。在探討決定市占率的主要因素時，常見的答案包括：

＊產品的品質
＊服務的好壞
＊價格
＊商譽（品牌名稱）
＊業務員素質
＊銷售據點的數量與分布情形

無論決定市占率的主要因素是哪一項，只要A公司有心去做，沒把心力分散到其他地方的話，獲得實績的可能性是很高的。因此，結論應該會像是以下這樣：「A公司的該產品所屬的市場已進入成熟期，成長已幾無希望。但若能增加業務員人數的話，提升幾個百分比的市占率是可能的。不過這樣的努力之下，也只能讓銷售額比目前增加百分之十左右而已。」這結論對A公司而言是極其重要的。

〔狀況二〕應該是經營上的努力最可能獲得回報的情形吧！也就是說，該公司銷售額之所以不振，是因為市占率的顯著偏低，而市場本身仍健全地成長著。由於市占率是一種能透過人為努力改變的對象，這一點是比〔狀況三〕要來得好的。（〔狀況二〕中若要求提升市占率的對策，可以像〔狀況一〕那樣提問以獲得答案，在此略去不談。）

接著再看〈狀況三〉。

*市場似乎已走完產品的生命週期，正急速被替代產品取代中。

*由於競爭業者已經從市場抽身，A公司的市占率急速上升。

在這種狀況下，雖然圖中沒有顯示，但A公司該產品的獲利率（即便市占率上升）應該是顯著惡化中的，或者也很可能即將要開始惡化。這是因為競爭對手為了從市場撤退所採取的一種策略，故意提高公司產品的價格，以期降低市占率；而處於此一正在縮小的市場裡，A公司卻沒有採取這樣的訂價策略。即便A公司急忙提高價格，能獲得利益的那些量很可能已經消失了。電暖器出現後十多年，還留存在市場中的某煉炭業者，以及冰箱普及後的製冰業者等等，都屬於這樣的例子。

此外，也有公司是以完全相反的角度來解讀〈狀況三〉的市場，自行放棄市占率，而成為現代經營學樣本的——在輕型汽車業界市占率高達百分之三十二，卻決定停產N360的本田技研。在縮小的市場中，要確保充分的利益與銷售量，可以說是奇難無比。讓多數公司深陷其中，嘗到現實苦果的，是一種對於「輝煌過去」的感情上的留戀。能擺脫這種制約、抱持「制敵機先」氣勢的企業，只能說十分有氣魄。

練習提問的必要性

如以上案例所示，A公司固然有銷售不振的問題，但若訴諸「徵求提升銷售的點子」，是打不中紅心的。如果像〔狀況三〕那樣，原本應該採取能盡早減低損失的方法，退出業界，卻選擇了「廣告與宣傳要做得更活潑」這種點子並付諸實行的話，那簡直不知道要虧到什麼時候了。提問方式的重要性，在看過這樣的例子後應該很清楚了吧！另外一件很重要的事是，千萬不要漫不經心隨便選個改善方案，而應該透過訓練，學會能導向解決方案的發問方式。

今日那些身居高位的人之中，不是就有不少人在大幅偏離本質的地方讓自己大吃苦頭，又一聲令下，讓大部分優秀部下最後只是徒勞無功嗎？

3. 找到問題點與解決問題的流程

要想透過發問而找出迫近事情本質的解決方案並正中紅心，就必須先正確掌握問題點在哪裡。例如前一節提到的「銷售之所以不振，是不是因為市占率沒增加」，若想問出這樣的問題，至少要先掌握住「銷售有不振的現象」。然而，像銷售額這種任何公司都會追蹤的變數，卻未必能傳達出事業內容正在惡化或正在好轉的前兆。

因此，如何鎖定問題點、如何找到問題點，就成為解決問題的決定性方法之一。我認為在這個階段最重要是：

「根據所看到的現象來鎖定問題點。」

有一種常用的抽象化流程如〔圖6〕所示。圖中我們以某歷史悠久的大企業中出現的典型現象當例子。

此時要做的第一件事是提出所看到的現象。不管是腦力激盪，或是大家輪流提出意見，用其他什麼方法都可以，總之就是大家把所想到的，該公司比不上新興企業的事項條列出來。接著，找出這些事項之間的共通點，以基礎數學裡誰都懂的，把同類的項目集中在一起的方法，進行歸類。完成後，再以群組為單位，檢視其共同的問題點在哪裡。

這樣的流程，稱為抽象化流程。

[圖6] 如何鎖定問題

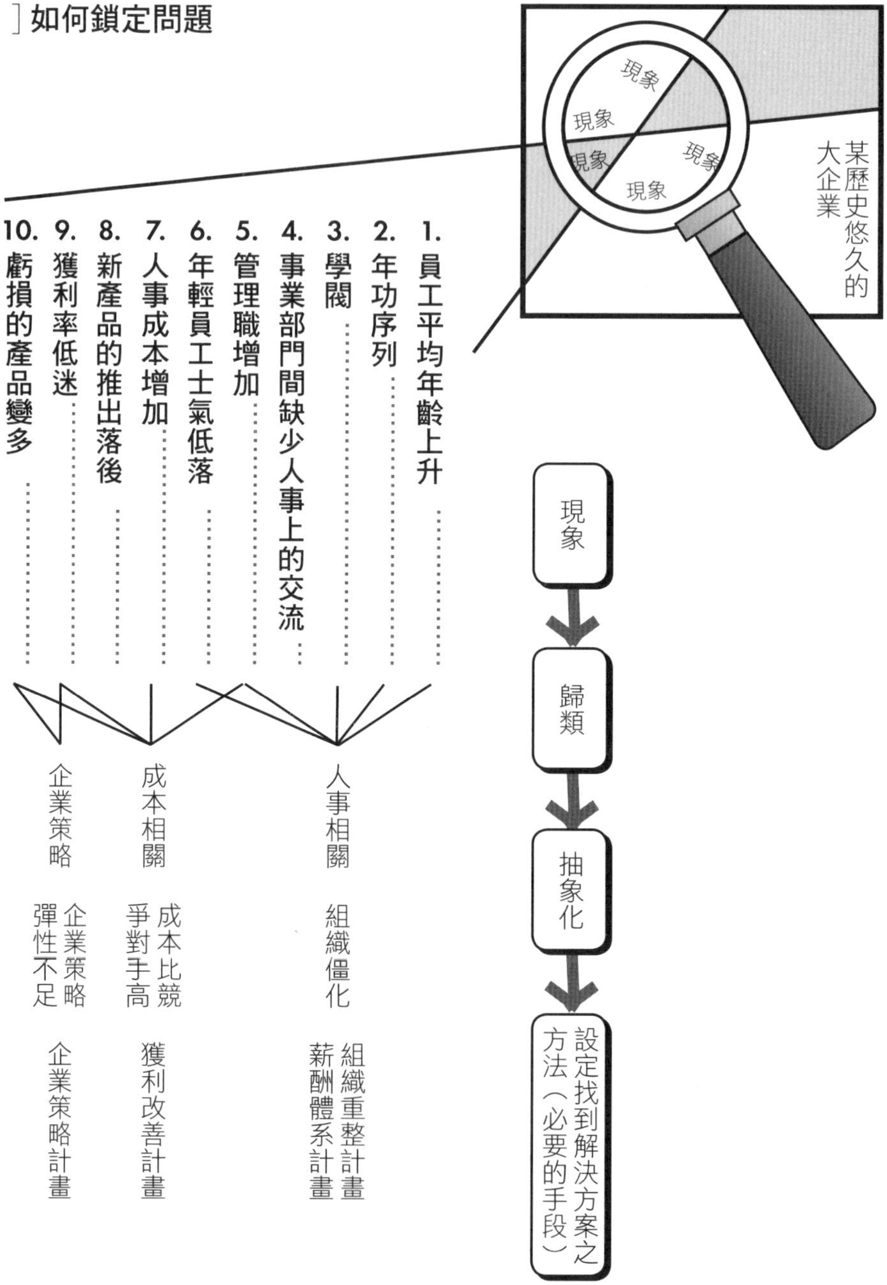

根據現象鎖定問題點，然後漸漸抽象化……

像這樣，就能萬無一失找到該公司面對的真正問題了。以我到目前為止所看過或聽過的來說，企業內部已呈例行公事的業務改善計畫或專案活動，都沒有採用這種抽象化流程。因此，所找到的問題點或解決方案都很膚淺。如〔圖7〕：

「問題」＝事業部門間缺少人事交流

「對策」＝讓事業部門之間能更容易產生人事交流

這樣的解決方案是很膚淺的。如果不能根據顯現出來的現象找到問題點以及其所屬的問題類別，也不知道問題與哪些事項有密切關係的話，實在很難找到真正的解決方案。

［圖7］治本的問題解決流程

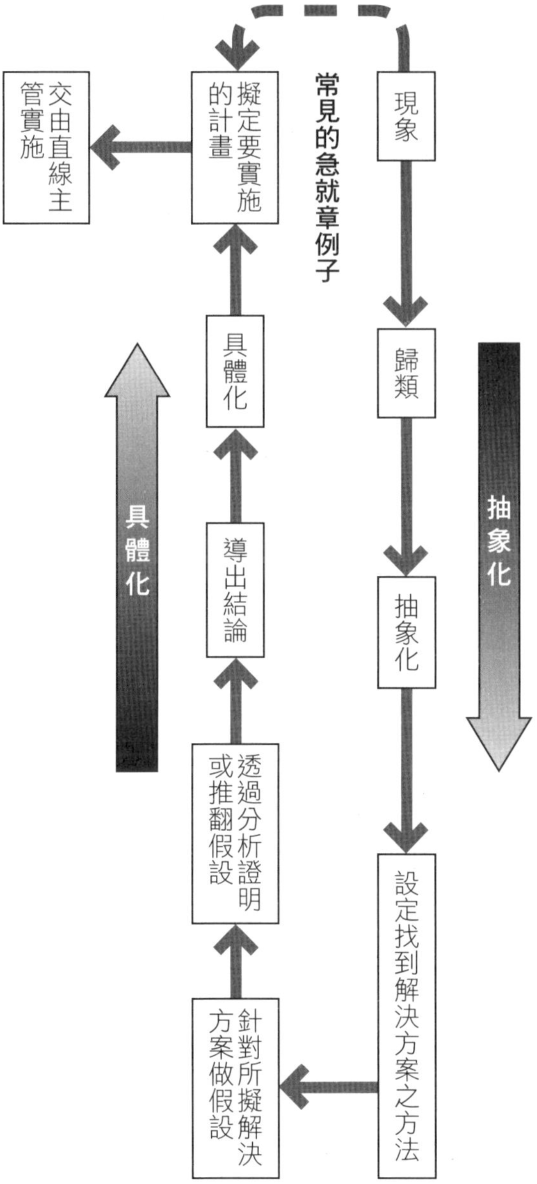

抽象化與具體化的流程是以治本方式解決問題的特徵之一。

［圖8］麥肯錫公司的研究分布

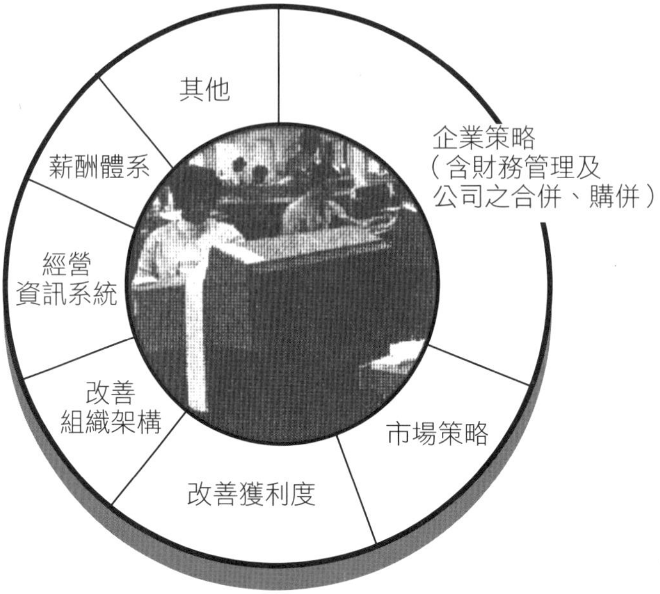

與過去多以營運上的問題為主不同，現在是策略上的諮詢所占比例較大。
（麥肯錫在全球各國的業務總計，1970 ～ 1973 年 =100%）

下一節會提到的方法論，也有不少可以拿來做為參考資料使用。我所服務的麥肯錫公司在接案子時，就經常運用這種分類方式。例如，一九七〇年至一九七三年麥肯錫受託的案件別如〔圖8〕所示，我想應該有人會對其中薪酬體系計畫所占的比率之高，感到不可思議吧！由於薪酬體系與管理工作者的報酬有密切關係，到底該給各職位的管理者多少薪資、到底要以什麼機制發放，才最能激起當事人、其同事及其部下的鬥志，有效提升生產力？要從提出這樣的問題開始。日本許多公司都採年功序列制度，很難利用薪資做為激起管理工作者鬥志的方法。因此，不太會有日本企業委託麥肯錫進行這種研究。不過，麥肯錫美國總公司在十年前也沒有這種客戶，所以也不能說一定沒有這樣的日本企業。

談到改善獲利度的計畫，日本的新聞等媒體最近也介紹過獲利改善計畫（Profit Improvement Program, PIP）。其實這些方法只要精通一次，就可以充分應用到其他產品或事業上，可說是一種很有邏輯的方法。不過再怎麼說，麥肯錫公司受到最多委託的，還是像〔圖8〕那樣，占了約半數的各種企業策略計畫之擬定。本書也是一本以如何擬定策略為焦點的作品，只要問題接近快要解決的程度，就等於開發出具有廣泛應用範圍的「手冊」了。我會在下一節與下一章略做介紹。

再回頭看〔圖6〕，圖中的抽象化流程並非設定找到解決方案的方法後就結束了，這裡才是要解決問題的開始而已。在抽象化、決定找答案的方法後，接著就是要具體化地彙整為執行計畫書。再怎麼能幹的直線管理者，也無法執行抽象的計畫；再怎麼治本的解決方案，只要無法執行，就產生不了實效。先前的例子之後仍有機會再提到，現在我們只要重新檢視一次〔圖7〕，知道這種抽象化與具體化的流程，是治本解決方案的特徵之一就行了。

4. 能經常掌握事物本質的方法論

事物的本質固然已經有一個樣子了，但要怎麼做才能盡早掌握到它呢？這裡要介紹的，是一套專為無法單憑本能區辨事物本質的天才所準備的方法論。

首先，如果可以認同「分析是逼近事物本質的一種工具」以及「分析務求有邏輯」的話，就已經可以在經營學之外的學術領域，從別人已構思好的思考型態學到不少東西了。

(1) 主題樹

這是寫過電腦程式的人都很熟悉的深入思考型態，是一種先列出重要問題點（主題），再以互不重複的方式分割為兩個以上「次主題」的方法。這樣可以把原本大到不知從何著手的問題，漸漸分割為一個個易於處理的問題。由於整個是由一個問題點所衍生而來的主題之樹，所以稱為主題樹。

假設現在某公司的產品A成本過高，有競爭力極為不足的現象。問題在於要降低成本，但怎麼做才能降低成本呢？這家公司以及產品A都有其歷史與環境背景，如果連這些東西都沒分析就想用經驗或直覺決定解決方案，也太盲目了吧！此時，一個真正的策略性思考家，會在白紙上畫出這種主題樹（圖9）。畫這種圖的要訣在於，畫到最後一定要產出自己做得到的，而且有效的確切項目才行。

[圖9] 主題樹的例子

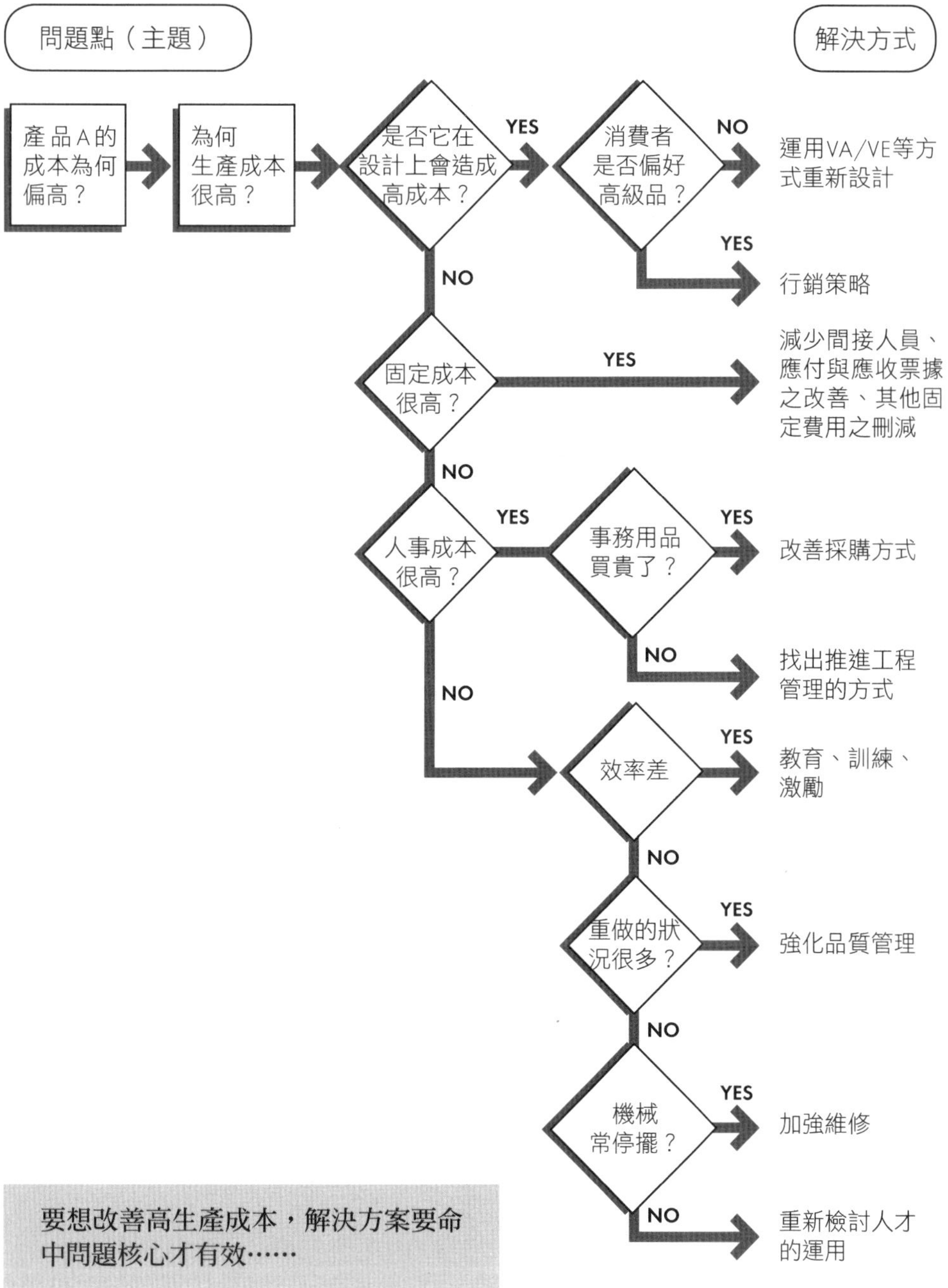

要想改善高生產成本，解決方案要命中問題核心才有效……

如果說產品A的生產成本很高，那麼首先一定得看它的設計。如果根據設計圖來生產，會做出價格高到無市場競爭力的產品的話，很明顯就是過度設計了。不過，即使是過度設計，也沒有必要馬上變更設計，而應該在調查過消費者的基本需求與嗜好後，先看看產品A比競爭產品過度設計了多少，再看看如果把這部分的差距拿來提高售價，市場的需求量會減少多少。掌握這樣的數字是必要的。如此計算後，如果需求量減少之下，公司仍有自信賺得到錢的話，解決方案就在於行銷方面了；也就是說，公司必須設想，如何才能把「產品A是貨真價實的高級品」這件事傳達給適切的客層，而且是要透過適切的媒介，運用他們能理解的廣告與宣傳作戰來告知。富豪、保時捷、賓士等汽車業者從來不刪減成本的，因為無論生產成本高多少，這些公司都會完全轉嫁到消費者身上。

但如果現實中產品A無論採價格政策或從市場規模來看，都無法把高成本轉嫁給消費者的話，就只能以價值分析（VA, Value Analysis）或價值工程（VE, Value Engineering）來處理了。日本大多製造商，都已在日常業務中運用這些方法。

VA和VE是以更科學化、近代化方式管理採購的方法。它們是從價格面調查與分析採購品，以期降低成本或對新產品的開發有所幫助。它們要檢討採購品的設計與機能是否適切？它在材料、加工方面的價格是否合理？它的作業工程、價格的組成，以及採購對象如何？

不過，比較大的問題在於，這群製造商是否已善用了這些以英文縮寫稱呼的手法。一個人把VA或VE當成「手法」，不就已經顯示出他大腦的思考開始僵化了嗎？

如果你問我為何要進行VA，原因應該是像〔圖9〕那樣，慎重研究過產品的設計是否足夠符合市場需求後，發現現行設計無法在該市場中充分取得利益所致。因此，我們不該像市面上那些教人使用VA或VE的教科書一樣，以「降低成本」為主要目的，而應該以「這麼做才能滿足市場競爭的必要條件」為目的來運用VA或VE。任何產品，都不是獨自在沙漠裡或在月球上賣，一定要想著還有競爭產品的存在。因為競爭產品與產品A先構成了此一產品市場，才出現消費層或價格。因此，如果此一市場中的所有製造商，全都是生產高級品，然後以低價（也就是薄利）提供到市場上的話，再怎麼從工學上把木材換成塑膠，還是無法有變更設計的效果。也就是說，即使VA或VE這種東西是在「絕對空間」裡進行的，但應該也不是設計者自己關在房間裡，憑空想像哪個地方可以刪減成本，就能夠完成的。

最有效的方法應該是，把該市場中最為成功的產品完全分解後，擺在產品A的旁邊，徹底研究其工法、零件數量、材質等項目。藉此我們可以明確得知，產品A到底是哪個部分的成本比對方高，至少在推動VE到與對方同水準之下，是不太需要擔心失去競爭力的。此外，即便整體來說產品A的成本比較高，但應該還是可以在該競爭產品中，找到一些比我們優質的零件，或是做得更精緻的地方。此時我們應該要容許成本增加，或說應該容許這個部分的成本增加，藉以改良產品的設計。如果採用那種「只以降低成本為目的」，如教科書上所教的VA、VE的話，將無法達成這種有機的產品改良。

雖然繞了點路，但今日多數公司的設計、製造與銷售部分，都帶有縱切的、排他的傾向。這會讓公司錯失那些跨領域的、能大幅改善獲利狀況的潛在策略。在訴諸行銷或VE這種只在縱切領域內實施的「手法」前，還是多相信常識與頭腦，分析時別管不同領域間的界線。

請各位再重新審視一下〔圖9〕。即使懷疑問題出在變動費用上，而在流程中選擇往下走，只要能進一步分析出原因，還是可以知道解決方式在於現場的教育，或是採購手法的改善等等。如果單單只認為變動費就代表採購品，找出改善方案的機率是很低的。

前面也提過，這種透過主題樹鎖定問題點的方法，和設計電腦程式的方法很像。或者你也可以想成，它是一種醫生透過問診找到患者病灶所在的方法。企業就像有機的生物一樣，身上某個地方如果生了病，做為成長能量來源的利潤（或是未來的潛在獲利）就會出現陰影。交給企業內部的策略思考團隊或交給企業外慣於和這類問題打交道的顧問來代替醫生追究病因，或許是極其理所當然的想法。

（2）利潤樹

由於生產成本偏高，所以我們像前一節所述進行了原因的分析。但如果追問「為什麼我們只以生產成本偏高做為追究原因的主題」，而想到「這與事物的本質有關嗎？」就必須回頭從更根本的大方向來探討。我們所看到的現象是，在給定的某個市場中，採用目前的銷售方法銷售產品A，會得不到什麼利潤。此時，我們必須把層次回推到比目前為止所談的例子更為根本的問題，以「利潤有多少改善空間」這個問題開始探討。

理所當然，產品的利潤只是以三個變數決定的。

＊售價（P）
＊成本（C）
＊銷售量（V）
利潤$=（P－C）V

我曾受託協助診斷與改善某機械產品的獲利狀況，在投入專案前，事先做了如〔圖10〕至〔圖11〕的準備，製作出與利潤相關的主題樹。這棵樹一方面可以適用於大多產品，而且也是一棵與企業的根源「利潤」相關的樹，所以我稱它為「利潤樹」。

［圖10］利潤樹的出發點

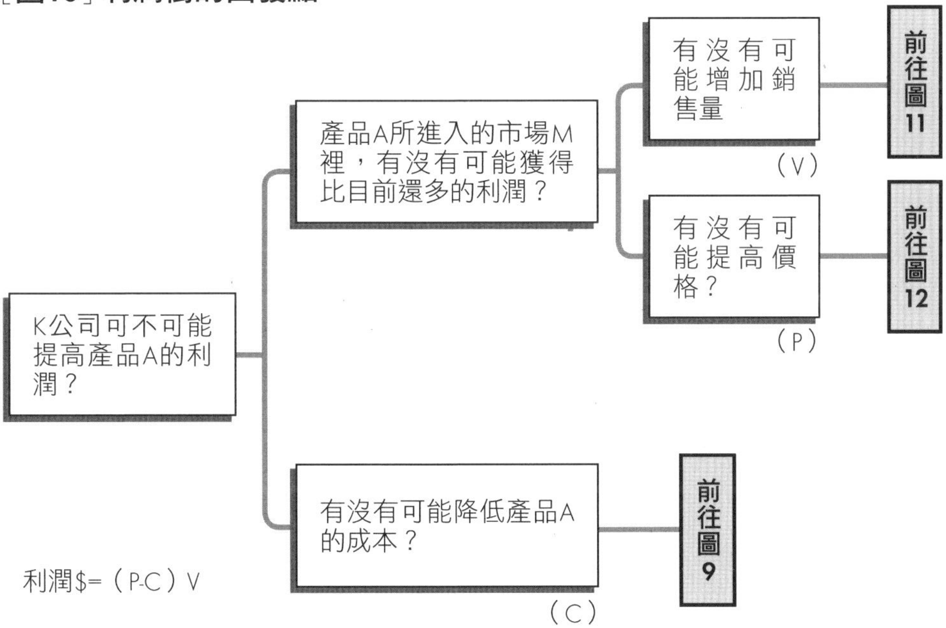

為改善獲利狀況而著手診斷時，必須同樣重視構成利潤的三變數。

必要的分析事項（例）

- 預測構成市場的各產品群之需要（未來三到五年）

- 分析在市場M中，決定M這個區塊的主要原因是什麼
- 預估要因的變動狀況

- 擴大地理區域的可能性
- 擴大最終消費者區塊的可能性
- 比較擴大後的成本與效益

- 消費者基本需求
- 競爭產品的分析

- 銷售通路別、地域別覆蓋率的變動情形
- 服務能力、交貨期的比較

- 認知調查
- 分析購買的決策機制

- 求算價格彈性
- 分析付款條件、舊換新條件對購買行為的影響

必要的分析事項（例）

- 形式別、地域別、銷售通路別的漲價可能性
- 計算價格彈性
- 競爭業者的業績（隨其漲價的可能性）
- 了解各市場區隔中消費者的基本需求
- 求算價格彈性
- 成本與效益的分析
- 針對流通進行基本經濟分析
- 規模的經濟分析
- 分析銷售據點的數量與市占率、市場覆蓋率的相關性

- 求算各流通通路的物流彈性
- 分析銷售意願

- 分析其對長期策略的影響
- 分析其短期的成本與效益
- 確保銷售技巧的可能性

[圖11] 以擴大市占率為目標的利潤樹

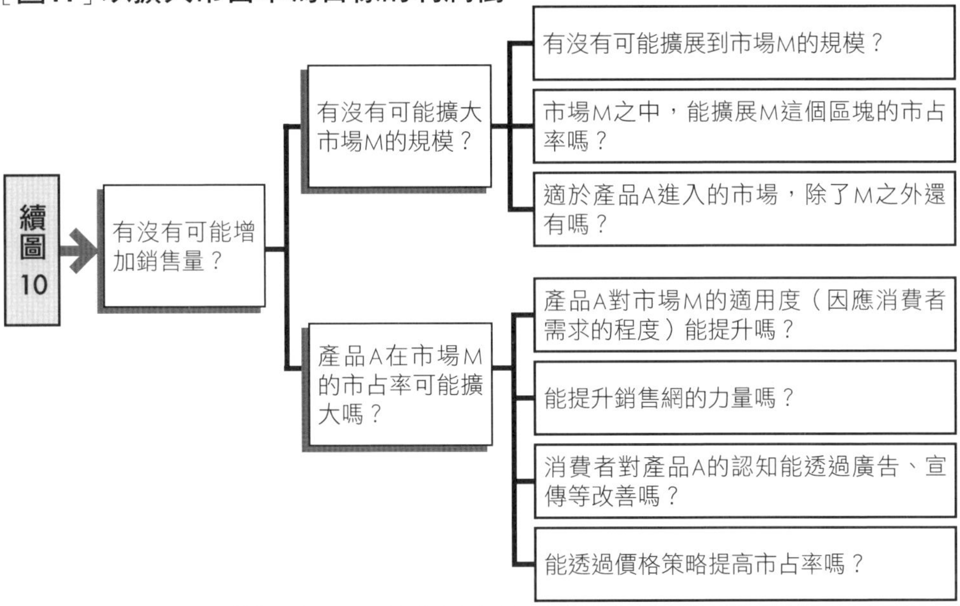

透過完全分析對銷售量有所影響的要素，擴大銷售的推估就能定量化了。

[圖12] 以成本為主要著眼點的利潤樹

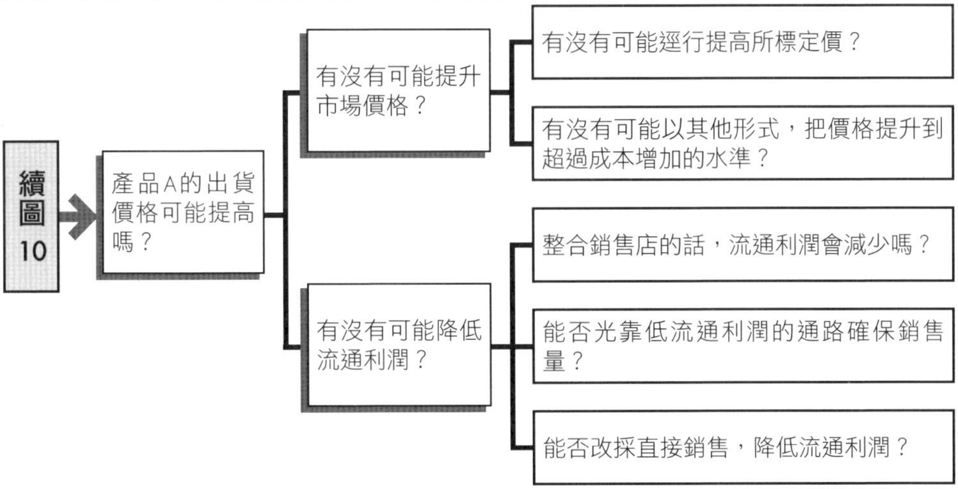

製造商的價格政策將對市場價格與流通利潤產生影響。

5. 用於衡量問題是否解決的標準

到前一節為止，我們談及解決問題的方向與方法。接著我們要在本節討論，該用什麼標準來衡量問題是否已成功解決。

如果企業的本質目的在於生存與成長、企業的成長原動力在於利潤的話，企業內的問題是否已解決的第一個衡量標準，就務必要從財務資訊中找尋。

日本國內大多數企業的財務資訊，都還離不開「簿記術」的會計學。不過這種方法原本只是用來對帳而已，是提供給稅務機關或有價證券報告、股東所使用的，並非用來訂定經營策略的東西。

因此，最近所謂的「管理會計」（Management Accounting）受到大家的深切關注。不過我還是沒見過真正能明確界定前者（簿記術）與後者（管理會計）之間的界線，並徹底活用二者的例子。現代大型企業（在獲利狀況上）的成功與否可以說靠的就是會計與出納人員的手腕。但相對於此一事實（圖13），大家卻還是廣泛採用舊有的會計方法，這種矛盾讓我難以理解。

以物理學上的「質量不滅定律」為出發點，比較舊式的會計手法經營策略用的會計則是把焦點放在企業這種組織固定的資源投入與產出間的「增幅率」（圖14）。

這裡所謂的增幅率，不折不扣就是「獲利率」的意思。因此，我們先了解，在這裡視為問題來探討的會計學，講的並不是日本多數企業一向當成問題的「銷售量」絕對值或「利潤

（××億日圓）」絕對值，而是相對值，是一種能讓經營的努力更容易轉換為利潤的會計、出納系統。

因此，獲利率或獲利狀況這些詞的定義，就帶有很重要的意義了。

詳細內容就留給會計的專業書籍，在此我只想針對幾項獲利狀況的指標提出一點意見。

［圖13］美國大企業社長出身領域的推估

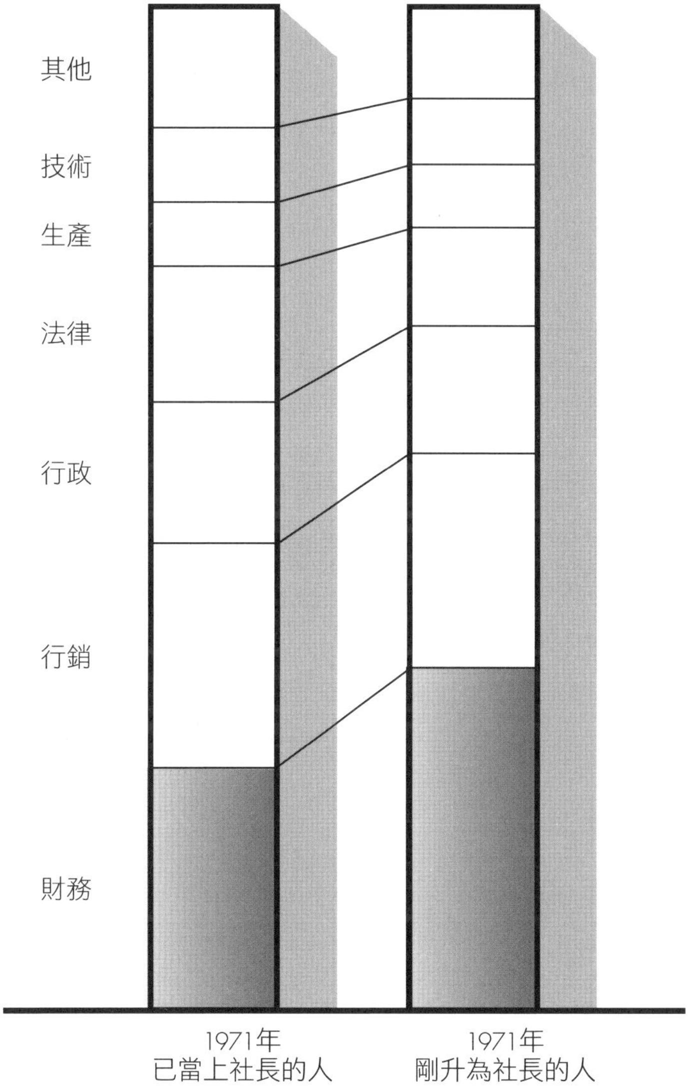

＊資料來源：1972年5月號《富比士》雜誌，根據774家大型美國企業的情報。

企業愈大，擁有會計學背景的重要性就愈高……

［圖14］經營策略用的會計學

過去的會計學	新的會計學
物理學	
流出量＝流入量+增加（減少）的量	產出＝增幅率×投入
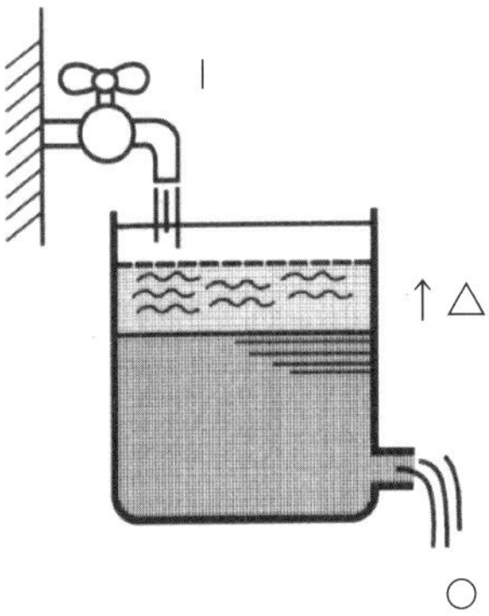	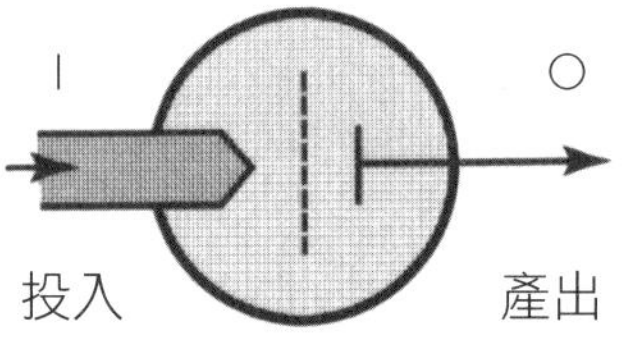
○= I+△ △＝○－I	○=aI 或 a = ○/ I
會計學	
利潤或損失（P/L）＝收入－支出	利潤增幅率＝售價／成長

經營策略所使用的會計學，焦點在於「組織的效率」。

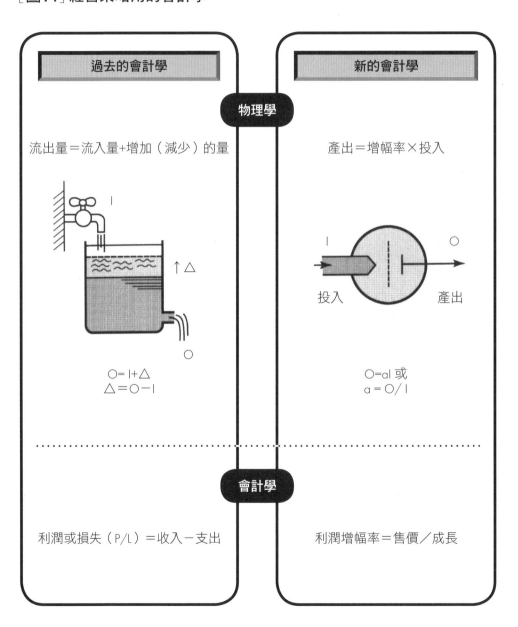

純益率

純益率（ROS, Rate of Return on Sales）是我們談論獲利率時，最廣為運用的指標，它是以純益除以營業收入。不過，想透過此指標了解經營內容時，就必須再明確定義分母與分子。也就是說，營收之中如果包括有雜項收入，雖然用來提供給稅務機關不會有問題，但成為買賣對象的產品到底獲利狀況如何，就不得而知了。還有，這兒的純益也指的是稅前的，而且一定要扣除為達成該銷售量所花費資金的利息，否則會無法正確掌握事業內容（也就是說，這麼做的話，就可以運用於下述的ROCE）。

此外，即便我們已經要大家這麼去注意分母、分子，但經營者若要運用純益率這個指標，必須要相當注意才行。

假設有一家公司，生產與銷售A與B兩個系列的產品，A產品幾乎都仰賴外部生產，B產品幾乎都自己內部生產。如果二者的ROS相同，而且市場性也相同的話，這家公司就可以在強力推銷產品A之下，以少許的必要資金低風險地提升利潤。極端情形下，對產品A而言，這家公司的角色就像企業一樣。即使其獲利率較花費心力的產品B來得低，也無所謂。現在大多製造商或多或少都會購買完成品或半成品再組裝，然後提供給最終產品市場。從原物料開始生產到成為最終產品為止的作法，已經少得可憐了。因此，各位應該可以了解，這些生產商的多數產品系列，都會有不同的內製與外製比例，落在前面列舉的產品A到產品B之間的廣大範圍內。在這種狀況下，用ROS來比較不同產品系列間的獲利狀況，並沒有太大的意義。

此外，基於同樣的理由，即便屬同一產品系列，以ROS與同產業的其他公司相比，也是完全沒有意義的。也就是說，既然各公司在內製與外製比例上有所不同，風險的高低，以及達成相同銷售量所需之資金量，應該會完全不同。

最後，以ROS衡量獲利率還有一個決定性的弱點，面對最近這種資金失去流動性的市場，它會變得更明顯。要獲得一定的利潤，如果處於過去那種很容易向銀行融資或從股市集資的時代，是不太會在意投入多少資金的。或者可以說，只要是能賺錢的生意，就借別人的錢來經營就好了。不過如果像最近這樣，可使用的資金（或者可以更擴大解釋為「資源」）有上限的話，就勢必要在有限的資金內，最有效率地經營事業。在這種背景下，銷售量的魔法消失了，純益率的魔法也失靈了。

例如，在一個週期非常短（而且其週期也很難預測）的產品市場中，經營理念相異的經營者會採取的策略，在利益與風險上會有很大的差異（圖15）。此時若採用過去那種把銷售量或ROS最大化的方法（即便能夠證明這麼做有其道理），就會變成必須暫時把寶貴的資本轉換為風險比較大的財貨——庫存。一九六〇年代時，這方法正中紅心的機率極高，所以即使經營者口中講著「庫存調整」之類的話，事實上他們根本沒有考慮到「所有事業資本重新分配」的問題。但今後我們能運用的資本就有其上限存在了，因此也愈來愈需要獲利率的「指標」，讓我們能在可運用的範圍內讓報酬最大化。

總資產報酬率

如果希望這樣的問題多少能獲得改善，只要能衡量出我們對某一事業所投入的總資產（現

[圖15] 針對市場變動激烈的產品所採策略的例子

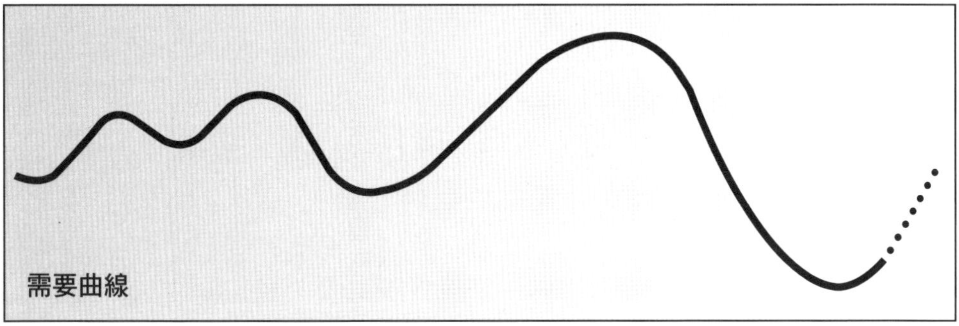

經營理念	典型策略	優點	缺點
最大銷售量	經常性維持一定且高度之生產水準，不太在意庫存之增減	市場景況好時，會呈現爆發性高銷量	景況不好時庫存過多
最大純益率	在預期市場需求即將回復時，為求避免錯失機會，而盡可能累積庫存	景況好時ROS會變得非常高	運用的資本不平均，景況差時會變成需要大量高風險資金
資本的有效運用	盡可能配合市場需求來生產，趕工不及的部分就併用價格策略	事業風險相對而言較低	沒有短期大賺的甜頭／在現行制度下，容易增加但不容易減少，缺少能自由增減投入資本的好處

視經營方針之不同，所需資本量及風險也迥異。

金、應收帳款、庫存等流動資產；以及設備、土地等固定資產的總計）到底得到多少利潤，應該就可以了。總資產報酬率（ROA, Rate of Return on Assets）就是能做到此事的指標。想要與不知道詳細經營內容的其他產業或其他公司比較時，這個指標很方便；不過，如果要用它來衡量公司內部一些相異的產品、當它是事業盈餘的絕對值看待，或是用它來進行長期性的衡量，可能就比較不合適了。這是因為，能實際投入於某事業以求提升利潤的資本，通常會因為進貨帳務的存在而變少。

使用總資本＝總資產（流動資產＋固定資產）－短期進貨帳務

這裡所謂的進貨帳務包括應付帳款以及應付票據，這些項目就像是以別人的資本肥了自己的資產一樣，變成了庫存或（可處分）應收帳款等項目。

資本運用報酬率

此一指標就像是要去除前述ROA的缺點一樣，從分母「總資產」扣除了短期進貨帳務。因此，它是一個能在名目上同時正確評鑑盈虧與資產負債表的優良指標（圖16）。對於一向只注重盈虧，資產負債表就處理得很不恰當（或說因為社會認同那樣的處理方法）的多數日本經營者而言，ROCE（Rate of Return on Capital Employed）可以算是最適於衡量他們是否真的善於運用資本的指標了。在資金調度漸漸愈來愈困難的美國與英國，ROCE成為相當常用的指標並非偶然。只是，此一指標的用法也和其他指標一樣，必須有「但書」。

［圖16］ROCE

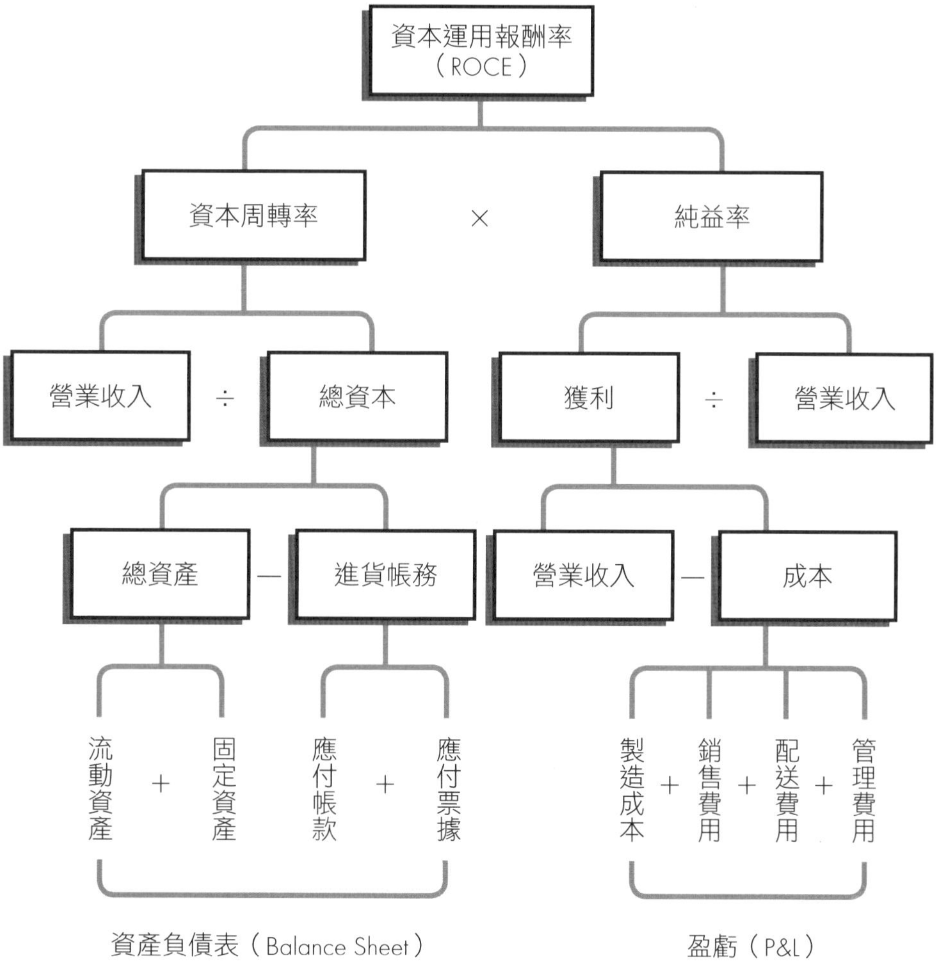

ROCE是了解盈虧與資產負債表之間關係的優良指標。

第一個但書來自於日本的金融現況。歐美所謂的資本，主要是自有資本或長期債券，所以只要從總資產扣除短期進貨帳務，就可以得知真正的投入資本。

日本的企業平均有高達百分之八十的總資產是向銀行貸款的，而且其中有很大一部分是低利率的短期貸款，每三到六個月就變更一次利率，不斷延伸下去。因此，雖然在名義上是短期借款，事實上卻有不少是運用於設備投資，有如長期借款一樣。再細究下去，即便在有多餘資金的時候，也無法輕易拿去還銀行，因為這種資金對經營者而言就像是歐美的債券或資本一樣，是可以拿來營運的東西。因此，在歐美有其意義的ROCE，在日本如果照它字面的意思去運用，會失去它成為良好指標的適切性〔圖17〕。要防止這種情形發生，就必須趁它還是短期債務時做一些必要的處置，像是扣除掉原本就準備要延伸期限的固定借款等等。

接著要注意ROCE的分子，也就是投資報酬的部分。因為在運用ROCE以了解一項事業是否成功時，處於今天這種利益起伏波動極大的環境中，若在成本面把支付的利息也算進去的話，即便事業本身經營得很不錯，但支付的利息增加多少，ROCE就會減少多少。當然，在貨幣政策寬鬆時，只花同樣的努力，業績一樣會自動好轉。這種事對股東來說固然重要，但因為任何企業都完全無力控制的部分會妨礙到「策略訂定」，所以應該從分母與分子中去除。接著訂出真正能透過經營的努力程度而產生影響的業績指標，以之做為衡量努力成果的單位，並個別訂定決策。這麼做的話，就可以把外在條件當成邊界條件的變化，其影響只及於策略訂定時的某個範圍，卻不會成為業績的評鑑對象。企業經營者應該在心中銘記著這樣的鐵則。

[圖17] 獲利度比較

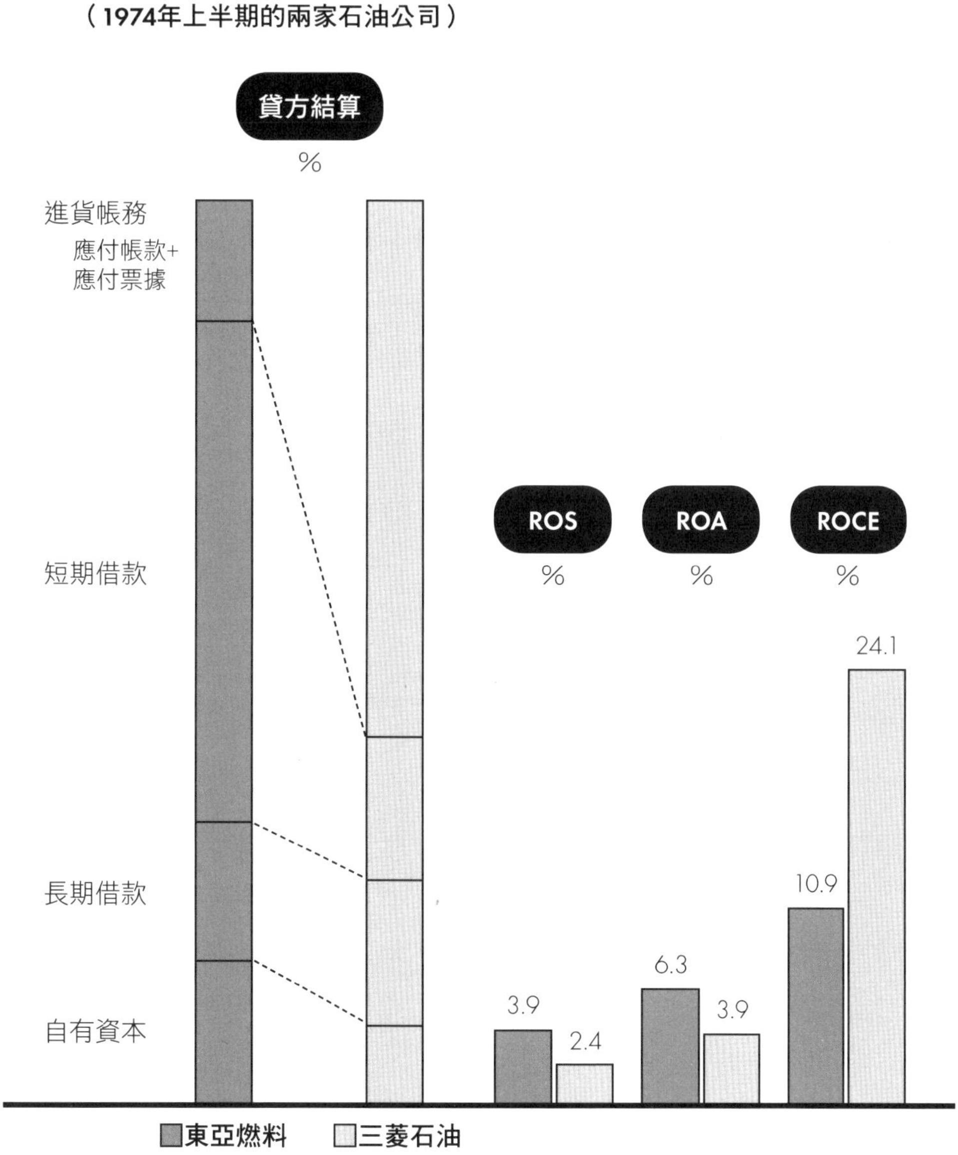
（1974年上半期的兩家石油公司）
貸方結算
%
進貨帳務
應付帳款+
應付票據
短期借款
長期借款
自有資本
ROS
%
ROA
%
ROCE
%
3.9
2.4
6.3
3.9
10.9
24.1
東亞燃料
三菱石油

6. 衡量標準的使用方法

上一節所提到的標準如果直接拿來用，對經營者的意義不大。這是因為即便在ROCE中再加入盈虧與資產負債表的因子，但業績會變好，也不是因為ROCE好才讓業績好的，而是因為許多經營因素中，有幾項變好了，才讓集大成的指標ROCE也跟著變好。因此，衡量標準中如果顯示出每年的不同變化，或是各產品的ROCE呈現不同的變化，就有必要加以分析。一般所稱的各項財務比率，很適於用來做這種原因分析。如〔圖18〕所示，把構成ROCE的各項因子，分解成在經營上有意義的各種比率。

如此而獲得的各項比率值，至少有三種方式可以運用。

第一種運用方式是，徹底追蹤各比率每年（或每月）的變化，然後注意那些在平順的曲線中突然出現的轉折點。此時我們不在出發點去研究該比率的絕對值是否正當，而只在經營上出現異狀時徹底分析其現象。原因若可透過管理行動修正，就著手改善。例如，如果流通費用對總成本的比率，過去三個月以來的傾向更彎曲的話，就集中心力透過管理來矯正。

像這樣把比率的變化當成測量標準來使用的時候，並不保證一定會往健全的經營體質發展。這會造成「錯誤只要被認同，就永遠被認同」的問題。此外，這麼做也沒有考慮到，如果把同樣程度的努力用在經營別的事項上，有可能更容易達成，並更有效能。因此當我們偶爾採用這種方法的時候，會陷入一種非得逆勢而為，以超乎想像的決心做到「把流通費縮減為原來水準」的境地。

第二種運用方式可以說是為了因應這種狀況，與第一種運用方式的想法相反所產生的。它的內容是，如果把這些比率全都假定為有了百分之五十的改善，那麼何者對ROCE產生的影響最大？就是所謂的「感度分析」的想法。另外有一種旁支的作法是，事先調查好各個比率需要多少現實的經營努力才能改變，然後計算各比率達成最大限度變化時，ROCE能有多少幅度的改善，再依有效程度的高低，訂定經營者的努力目標並實施。這種方法，也可以包括在第二種運用方式之內。

由於實際展開改善活動時，需要相當程度的集中努力，所以通常會組成專案小組，逐一訂定詳細的改善實施計畫書。例如，若認為對於刪減流通費用有其效用，就成立由兩、三人組成的「流通費用刪減專案小組」，診斷與分析整個流通業務，具體掌握改善契機。

此外，若發現一般管理費用很明顯有問題，也可以用麥肯錫紐約辦事處的約翰・紐曼（John Newman）所採用的系統化OVA法（Overhead Value Analysis）來解決❶。這種方法是要能左右一般管理費運用的極高層管理者（約三十名左右）提出其部屬對時間與經費的詳細運用狀況，並要他回答「假定我們要把這一項刪減百分之四十的話，有什麼方法能達成嗎？」之類的問題。這些方法再由中央團隊交由相關部門檢討其適切性並陳述相反意見，進而謀求企業內部能有一致的想法。

其後再由更高一層的管理者立場來看，確認這些刪減管銷費用的作法沒有違反企業目的之後，再實施。這方法的步驟雖然簡單，但因為與一直以來未經溝通就刪減一般管理費用的作法

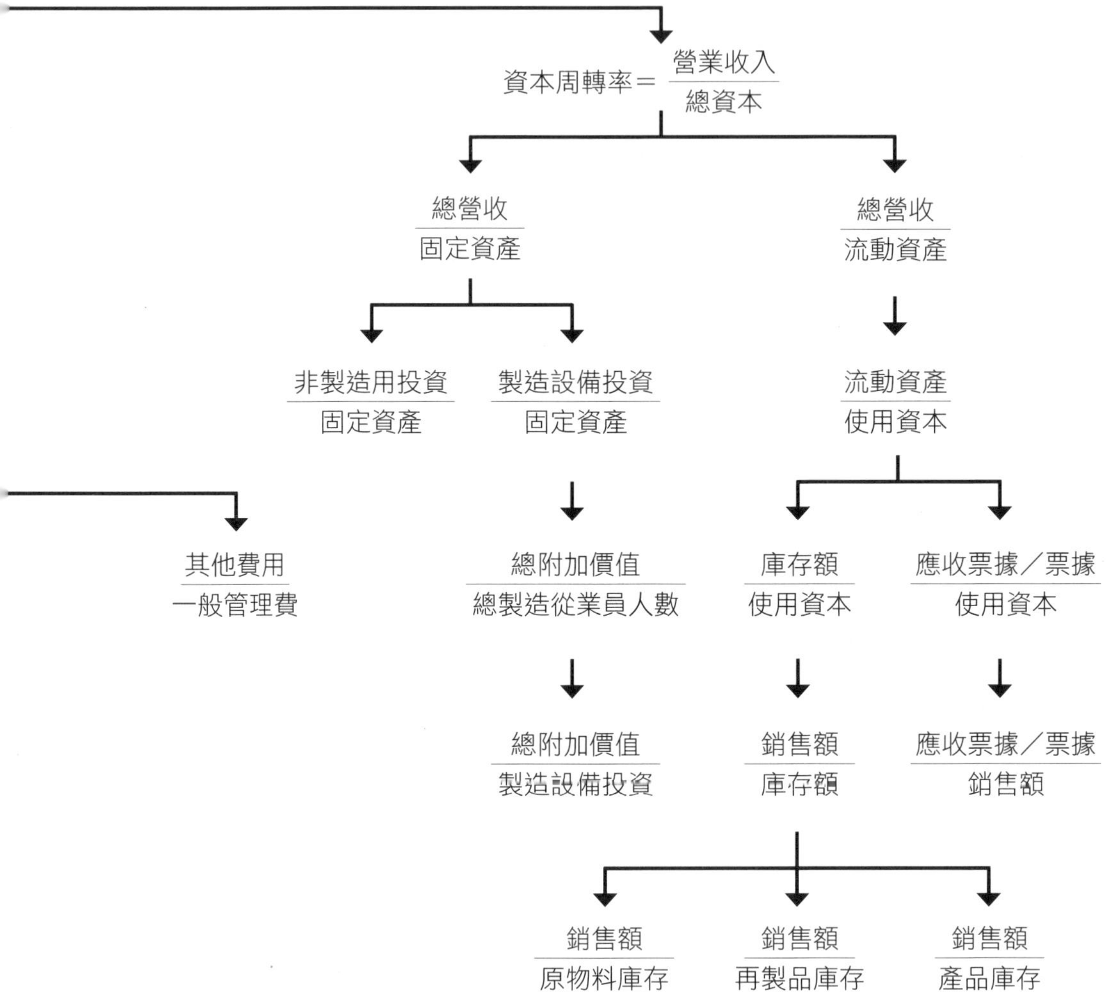
資本周轉率＝
營業收入
總資本
總營收
固定資產
總營收
流動資產
非製造用投資
固定資產
製造設備投資
固定資產
流動資產
使用資本
其他費用
一般管理費
總附加價值
總製造從業員人數
庫存額
使用資本
應收票據／票據
使用資本
總附加價值
製造設備投資
銷售額
庫存額
應收票據／票據
銷售額
銷售額
原物料庫存
銷售額
再製品庫存
銷售額
產品庫存

[圖18] 各經營比率——著眼點的演進（例）

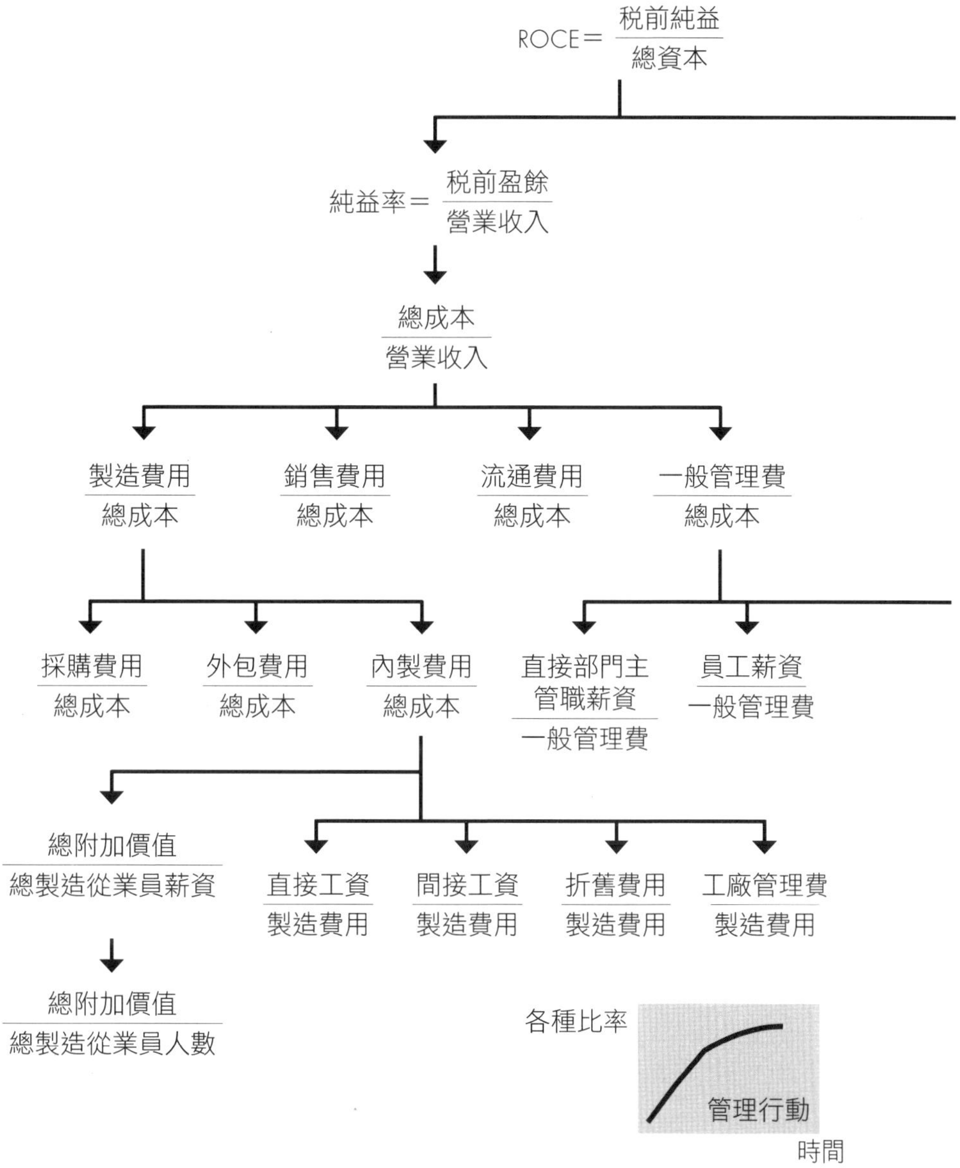

製造者的高階管理者必須看好到達ROCE為止各比率的變化，管理轉折點。這點很重要。

相比，可以在刪減人事成本時，遭逢較低的抵抗，也更能基於整體的共識，所以頗獲好評。這種方法在系統化後，短短三年內，已經有紐約、芝加哥、達拉斯、倫敦、巴黎、阿姆斯特丹、杜塞道夫、慕尼黑、米蘭等大城市近郊百家以上的企業實際實施了OVA專案活動。一般管理費用平均減少的幅度，從百分之十五到高達百分之三十。

據此再延伸下去，我並不以「如果想讓一般管理費用減少百分之三十到四十……」這種流於幻想的問題切入，而改為以「假設銷售額變成目前的一半……」的角度，然後估算在這樣的銷售額（或生產量）下，間接作業與非間接作業各是多少。針對銷售量是一半時的間接費用取得共識後，再回過頭來估算原本設想的銷售額下，各項目的數值；也就是試著挑戰帕金森定律（Parkinson Law）。結果我們發現幾項大優點，像是很容易實施、刪減管銷費用後功能也不會減少，以及容易取得共識等。

有些公司還可以把這種進行改善活動的專案，從一般管理費再推展出去，以有系統的方式，經常性地在〔圖18〕所示的範圍內，找出兩三個能改善的項目，持續累積提升ROCE的努力。透過這種系統化的方式，營收一千億日圓、資產一千億日圓的公司，甚至可能達成每年五十億日圓的改善幅度。在此提到的思考方式，是麥肯錫公司採用的獲利改善計畫（PIP）的一部分，多年來已在全球許多企業應用過。過去日本幾家大企業應用這套方法後，也證明這種系統化的方法確實也適用於日本。

把經營比率當成衡量標準的第三種方法，是把各比率與同產業競爭業者的比率相比較，以其高低做為經營者參考的方針。不過，在日本如果沒有雇用商業間諜，就無從得知其他公司的這些經營比率（某公司的人聽到我這句話，感嘆他連自己公司的各經營比率都無從得知）。不過，只要各企業的經營者能相互提供有意義的經營資訊，謀求提升產業界整體的經營水準的話，應該可以採取以下的方法。

作法是只標註公司規模與所屬產業，定期提供學者團體（假設其為中立的顧問）各經營比率的數據，然後由該團體計算業界平均或依規模分組後計算各組平均，再提供給參加的企業。企業經營者可以根據此一資訊，掌握與理解自己公司經營比率的特徵，找出偏離平均值太多的項目，採取「強者守之，弱者補之」的作法。

只要能夠維持資訊的機密性，要設置像這樣的中央服務機關就不會是夢想了。目前在英國稱近似於此的作法為「企業間比較」（Interfirm Comparisons），也有個叫做「企業間比較中心」（The Centre for Interfirm Comparisons）的機構來扮演此一角色。該機構執行得十分細膩，甚至會告知參加的企業各比率的嚴密定義，讓資料更具一致性。比率可以像這樣粗略分為三種使用方法，當然這些方法之間並不相斥，只要依據公司的特質或財務資訊易於入手與否，再確立適用於自己的監督機制、異狀偵測、改善與實施等流程就可以了。

順便一提，在此我要先介紹一下衡量標準的用法在美國的現況，這對下一章討論企業策略有很大的助益。

六〇年代中期，當時奇異電器的副社長佛許對於什麼因素對企業獲利率影響最大，感到相當有興趣。例如，他有這樣的疑問：同樣是GE銷售的電燈泡與冰箱，兩者的銷售額與市占率明明差不多，獲利度（投資報酬率）卻相差甚多，這是為什麼？還有，同樣生產堆高機的A公司與B公司，兩家都是百分之十五左右的市占率，但獲利度卻是天壤之別，這又是為什麼？

佛許覺得，如果能把對獲利度造成決定性影響的各要素與主因分離出來，積極控制各項因素，或許就能操縱各產品系列乃至於GE全公司的獲利度。

此一研究其後由哈佛大學商學院接手，以半公開的方式進行。就像英國的「企業間比較」那樣，他們以不記名的方式收集了五十七家公司、六百二十種產品系列的內部資料，輸入電腦進行多變量分析與相關分析。現在這個稱為「市場策略對獲利之影響」（Profit Impact of Market Strategies,PIMS）的專案，已經有了頗為明確的研究結果。詳情請參閱說明內容的原文資料❷❸，在此我只針對用於衡量企業家努力成果高低的獲利度（投資報酬率，ROI）會在市場上呈現何種變化，整理一下發現的幾項結果。

A. 市占率愈大，投資報酬率也愈高（圖19）。

理由在於：

(1) 生產與銷售的規模經濟。

(2) 市場支配力，特別是透過價格。

(3) 管理能力（想當然耳）出色。

此外，再進一步分析的話，高市占率的事業與只有低市占率的事業間有一些典型差異，成為兩者間投資報酬率相異的背景。這些差異是：

(1) 雖然市占率增加也無法提升多少資本周轉率，不過純益率將因而大幅增加（投資報酬率

［圖19］投資報酬率會隨市占率增加而呈直線延伸

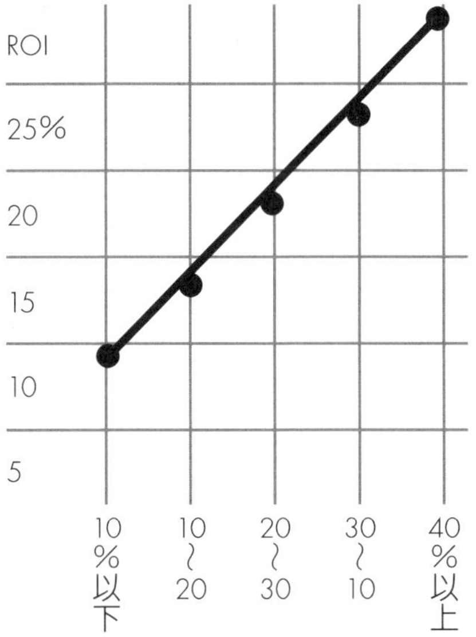

［圖20］品質也是獲利度的決定 因素

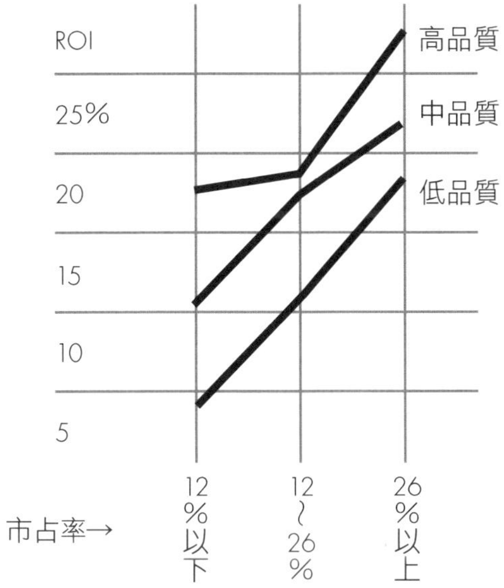

等於兩者的乘積）。

（2）對市占率最為敏感的成本項目，是相對於總銷售額的採購費用（日本所謂的外包、轉包、零組件採購費等項目的總計），兩者成反比。理由之一在於，市占率愈高，自製率往往也會愈高所致。

（3）廣告與宣傳費以及其他銷售費用，不會隨銷售額等比增加。

（4）市占率愈高，愈能讓價格與品質的因素與獲利度連結。

此外依產業別來看：

（1）購買頻率較低的產品，市占率對獲利度的影響較大。

（2）市場區分愈細的產業（不特定的多數消費者），市占率對獲利度的影響愈大。

B. 品質也是獲利度的決定性因素〔圖20〕。

C. 產品品質如果不佳，花再多的廣告費與宣傳費，也無法提高獲利度，反而會使它惡化〔圖21〕。

D. 市占率很低的企業即便投注研發費用，一樣會讓獲利度惡化；市占率高的時候，高研發費用反而能提升獲利度〔圖22〕。

E. 資本密集型產業中，低市占率的企業代表著獲利度極差；花再多的廣告費與宣傳費，事態只會愈來愈惡化〔圖23〕、〔圖24〕。

F. 中等規模的公司所經營的事業，其獲利度比大規模或小規模的公司所經營的事業差；中等多角化的公司，獲利度會比極端多角化以及走專業路線的公司差〔圖25〕、〔圖26〕。

G. 大企業若能在某種事業上達成高市占率，就能在該事業擁有極高的獲利度〔圖27〕。

如果對獲利度造成最敏感影響的因素有一定的項目，而我們又能定量地掌握各因素相對於獲利度的彈性值的話，企業的高階管理者就形同擁有重要的武器了。例如，下一年度若有一千億資金可供運用，這筆錢投入後，能有最高報酬率的是哪種事業？針對這樣的問題，我們

［圖21］廣告與宣傳費花在劣等品上也不會有效果

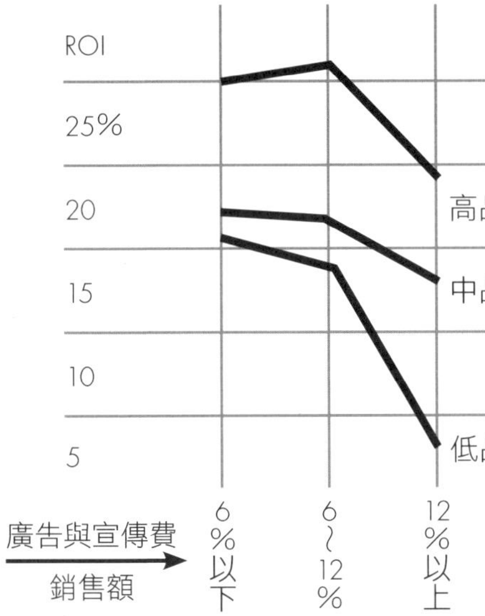

［圖22］低市占率的業者投入研發費用也不會有效果

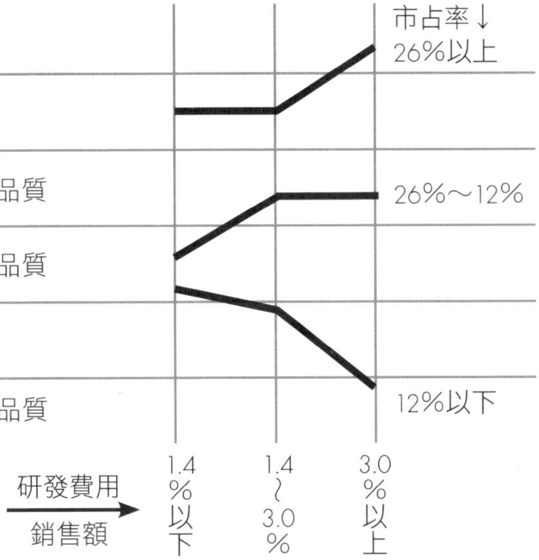

［圖23］資本密集型的產業中，低市占率是個噩夢……

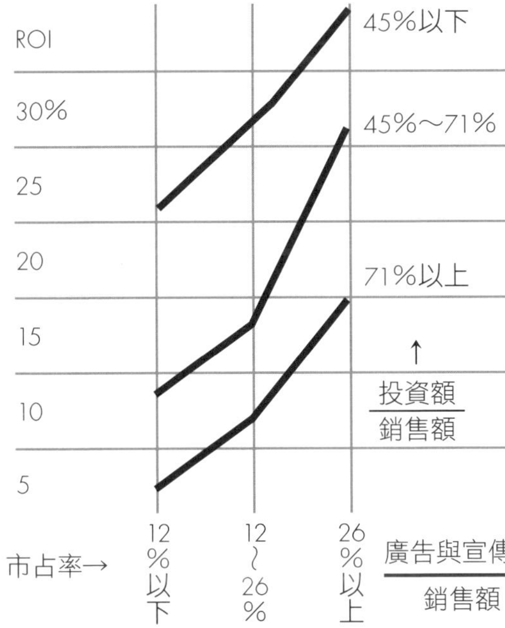

［圖24］以廣告與宣傳費用試圖挽回，只會讓狀況更糟

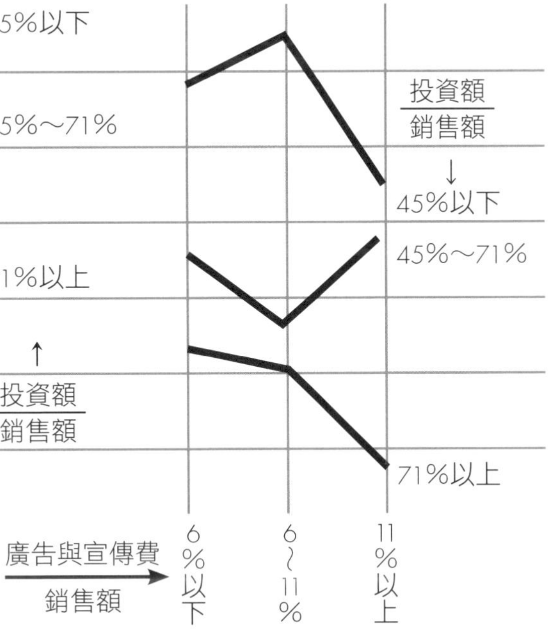

［圖25］中等規模企業所經營的事業平均起來獲利度較差……

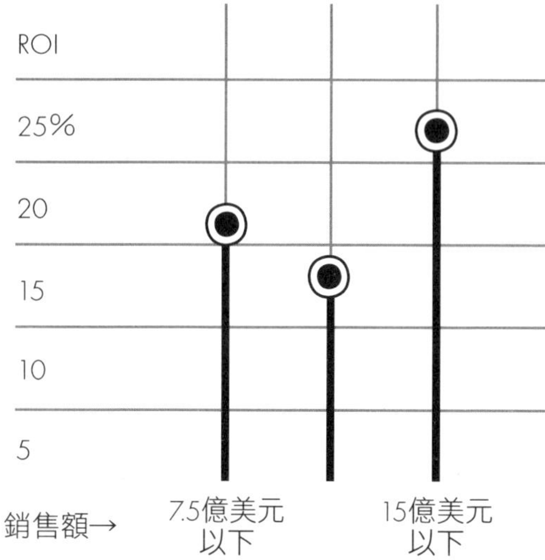

［圖26］多角化程度不上不下的話會有問題……

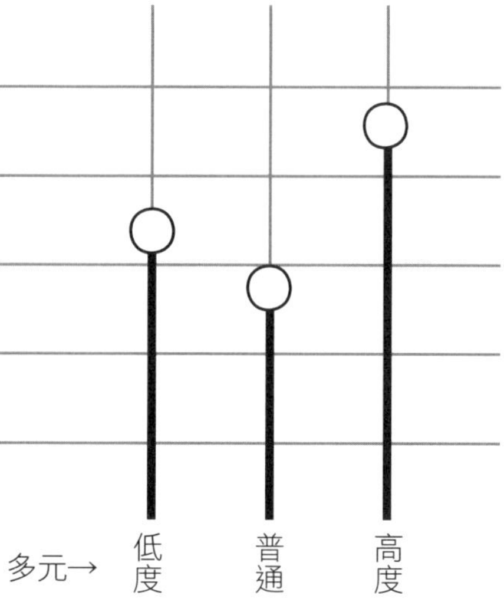

［圖27］大企業的高市占率事業有卓越的獲利度

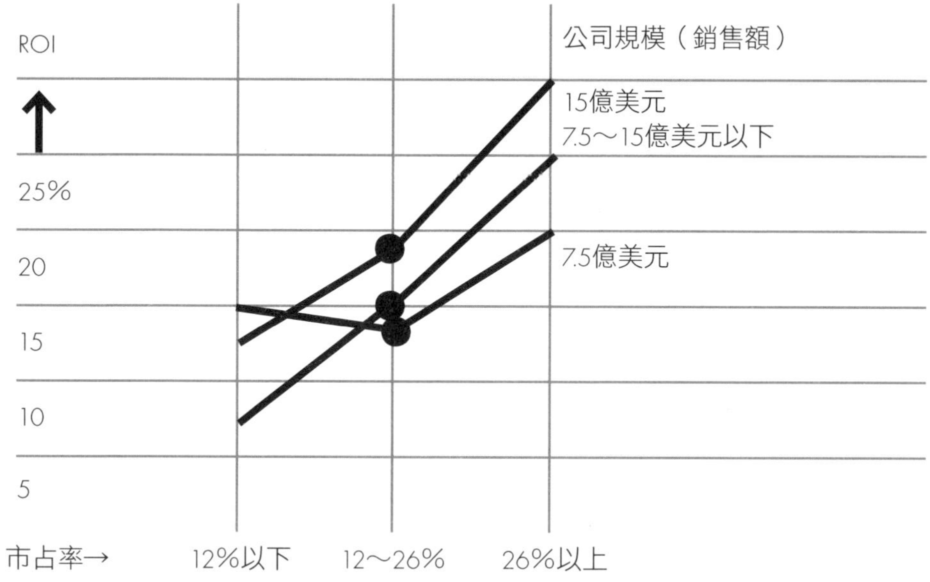

將可獲得重要的線索。或者，部屬向高階管理者提出幾項事業計畫（或投資計畫）時，至少這套方法可以用於初步的篩選，了解哪個案子風險較大、哪個較小。更細膩的例子是，總公司的廣告與宣傳費的預算額決定後，就能透過這種方法，根據各產品系列在市場中的強弱，以及消費者所認知的品質，來決定這筆錢該如何分配在幾種產品系列上，才能讓報酬最大化。

當然，運用PIMS那種一般化的資料庫，來決定每個項目的YES與NO，或許不能算太正確，但比起根據事業部之間的勢力，或是根據銷售額來分配預算，這種決策方式還比較科學一點，風險也小得多了。事實上，如果沒有這種客觀的資料庫，就很難定量地應用在我們後面會提到的產品系列的最佳組合管理了。

❶ 約翰・紐曼，《哈佛商業評論》（於一九七五年出版）。
❷ R.D. Buzzell, B.T. Gale與R.G.M. Sultan，〈市占率——獲利的關鍵〉，《哈佛商業評論》，一九七五年一～二月號。
❸ S. Schoeffler, R.D. Buzzell與D.F. Heany，〈策略規畫對獲利表現之影響〉，《哈佛商業評論》，一九七四年三～四月號。

第2章 企業的策略性思考

在完成第一章所提及的暖身（準備運動）後，本章的主題在於要擬定何種企業策略。企業裡需要策略性思考的地方，絕對不是只有企劃室而已。今天大企業大多數都已分權化，各事業部如果沒有充足的策略人員，中央再怎麼努力，一旦事業部進來的資訊或提案品質不佳，只會犯更多錯而已。基於這樣的理由，本章將講述一些具體實例，以說明總公司的策略團隊所採用的典型企業策略、產品系列的最佳組合管理、事業部層級能有效運用的產品與市場策略，以及做為事業部與總公司中樞間溝通媒介的中長期策略計畫等項目。

不過，我在此所介紹的，不過是企業家或顧問們在面對困難問題時，運用前一章所提及的問題解決法中蘊含的思考流程，所構思出來的一些「例子」而已。在技術領域中，只要有「例子」，就可以照著生產與賺錢，所以大家都有一種習慣，會競相模仿國外已問世的東西❶。但在管理流程的領域中，如果同樣以這種習慣，在初期時頻繁嘗試實施PERT、MIS、PPBS❷等制度（仔細想想，這些都是挑戰人與習慣等物事的系統），也不會太順利。即使表面能夠模仿，也不會有效果。如果能密切而徹底地和對方同化的話，事實上是可以有成果的。但由於是嫌麻煩，才會以外來的東西做緊急處置，本來就覺得不會太有成效，也因而覺得沒必要投入大量人力與增加投資，所以往往會弄得不上不下。這也是無法有充足成果的原因之一。

管理流程剛好可以應用之前第一章所提到的步驟：從正中紅心的發問開始，採用正統的問題解決方式，然後為各企業創造出最適切的流程。就像鑰匙與鎖、酵素與器官一樣，沒有所謂的「剛好吻合」這種事。我為高階管理者提供諮詢時最感困惑的是，當我告訴他們「並沒有直接合身可穿的衣服，每一件都是訂作服裝」的時候，反而讓對方陷於困惑。如果他們說：「你們企管專家每年做幾百個案子，裡頭應該會有恰恰適用於我們公司的解決方案吧」，而我回答「事實上不是如此」的話，也太殘忍了點；但如果在深入了解對方公司前就回答「嗯，我有一種再完美不過的解決方案」，又會愧對自己的專業。最理想的狀況，應該是對方像下面這樣拜託我：「你們是專家，幫過那麼多其他公司，已經有了不少成果了。敝公司也有著如此這般的問題，所以能否與敝公司人員相處一陣子，也為我們解決問題看看呢？」

真正的企管顧問，在心態上不該只想賣一些技術性的東西給客戶就算了；他應該做的是把這樣的思考過程活性化，而不是自己動手為病人開刀、生產藥品、用藥。這些事情，應該要由該公司自己的高階管理者身先士卒來做才對。

在各位了解這些前提後，接著，我要請各位研究一下，在幾個經營流程的領域中，策略性思考的應用實例。要特別告訴各位的是，我並沒有在各個領域特別去找來最新的例子，不過在內容上，全都在強調我自己的經驗與想法，而不拘泥於既有的常識。這點請各位先有充分認知再繼續閱讀下去。

1. 中期經營策略計畫

企業的高階管理者訂定某種計畫，其影響都不會是明天或後天就出現的。短期的事情，就交給現場指揮官去判斷就行了。如果連很細微的資訊都要傳送到企業中樞去，請求指揮的話，中樞神經應該會麻痺掉吧！另一方面，就算你掌握了再多優秀的大腦中樞，只要一談到十年或十五年後的事，就算不上是策略了，而變成一種接近空想的東西。就算能把德爾菲法（Delphi Method）❸用得再怎麼細膩，充其量也只是一層一層堆疊上去的「直覺」而已。此外，即便你能針對幾件事正確預測其十年後的狀況，但企業身處的環境變數，應該還是會大幅偏離現在所能想像的最確切的假設吧。

處於這種狀況下，作為參謀功能的策略團隊最能有效發揮能力的，不是短期也不是長期，而是介於二者之間的中期經營策略。在此所謂的「中期」，大約是以三年為中心的前後一兩年。這段期間正是策略的好壞對業績造成最大影響的期間。

順便一提，我之所以會拘泥於這種乍看之下很理所當然的事情，是有其理由的。公司高層非得成為公司的操縱者不可。特別是在今天這種凡事都由社長裁決的風潮下，更是如此。然而，大多經營高層都沒有與中階管理者就工作的分擔、工作方法等事項建立起共同討論研究的流程（規則）。因此就會出現兩種極端：有的高層是花費許多時間在空想遠大的計畫，有的高層卻是連家常便飯的事情都要一一指示。倘若大家約定好，認同由經營高層的主要成員負責訂定與執行中期計畫，日常業務則盡可能委由直線管理者負責，遙遠的將來就由公司從上至下的每位成員在夏天休假時躺在海邊再去想（或者，每天早上坐在馬桶上沉思時再去想也可以）的話，就不會再出現這種重複規畫策略的現象了。

我曾經在幫某家業績極度惡化的公司做初期診斷時，訪問過從經營高層到現場作業員為止的成員。當時讓我訝異的是，該公司由上至下，每個人都對同一個問題，也就是「公司的命運」感到煩惱。而且連新進員工都能像每天工作的一部分一樣（或是像剛上任的財政部長一樣），詳細講述經營高層的人事動向與能力。連基層人員都擔心公司的未來，這是日本一種充滿愛公司精神的優點，但依我的判斷，他們會連上班時間都大量討論這種事，卻犧牲掉討論建設性工作的時間。因此，為使全體員工依其層級都能有目標，我請該公司盡速訂定中期事業策略。我認為，一旦訂好建設性目標，他們愛公司的精神，反而可以變得正面，把原本大小與方向不一的力量，匯聚為一股強大的力量。

一般而言，我認為在訂定中期策略時，流程如果可以像〔圖1〕的八大步驟那樣去進行，會比較好。

步驟一　設定目標值

本階段可以是聽社長講一句「公司要在五年後讓銷售額成長一倍」或是「銷售額的成長已經夠了，就做到每年能分配百分之十五紅利的水準吧」之類的言論。或者，處於最近這種低成

[圖1] 中期經營策略的訂定流程

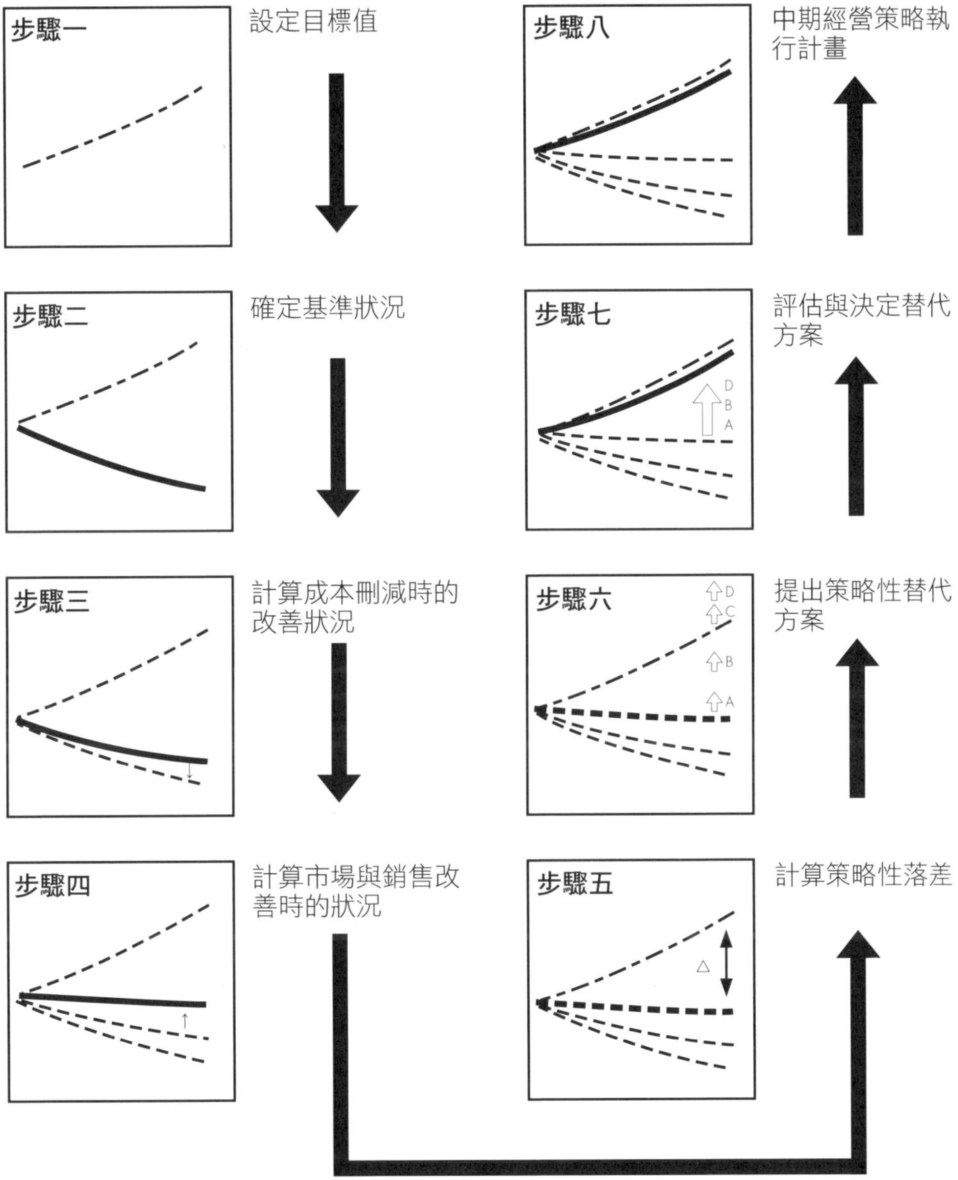

有必要在各階段依據明確的假設（Assumption）訂定中期經營策略。

長、不景氣持續成為威脅的狀況中（而且還是在日本式的雇用關係無法破除的狀況中），它也可以是「確保讓六千五百位員工都有工作做，都能填飽肚子」。無論目標是什麼，本步驟中有兩件事最重要，其一是不要提出空想的願望，而要參考客觀條件，設定大家都認為「具體」的期望。其二則是要把此一期望「定量化」，以利後續評估（當然，如果能使用第一章提過的各種衡量標準，將可讓後續作業更為簡單）。

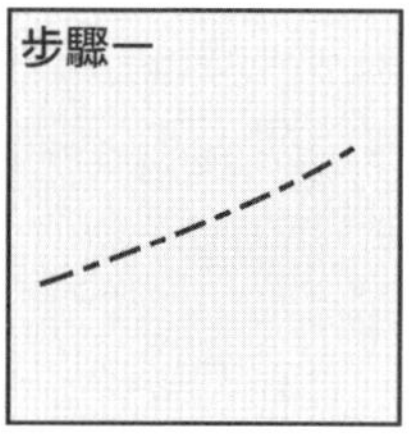

步驟二　確定基準狀況

使用衡量業績的標準來衡量目前某一事業的現況，它就是基準狀況。為完成此動作，須進行分析各產品市場、估算成本，以及預測競爭狀態等動作。其詳細操作方式，請各位參考後面會提到的產品·市場策略。在此我想針對中期策略裡，基準狀況所扮演的角色略作幾點補充說明。

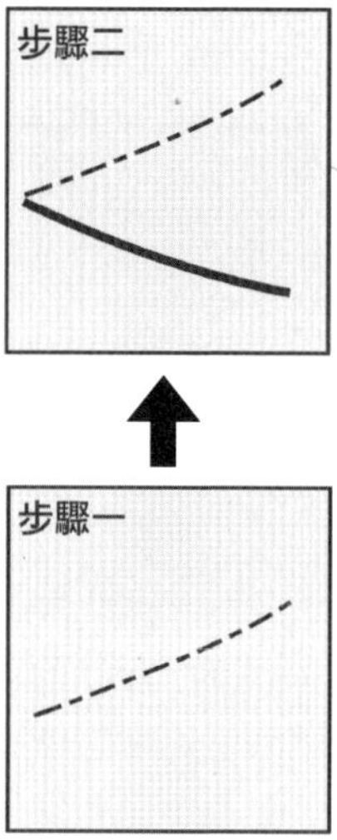

首先，最重要的一點是，在運用衡量業績的標準，畫出三年至五年的基準預測線時，必須

做出幾項極其重要的假設。這些假設的精密與否，將會左右基準狀況的精密程度（進而影響到改善後狀況的絕對值精密度）。

例如，在預測銷售額時，有兩個變數必須做假設：市場規模與市占率（因為銷售額是二者之乘積）。我們對未來幾年市場規模的預測，稱之為需求預測，它是運用今天的多種經濟模型，活潑地去進行的。不過大部分狀況下，這些經濟模型都與引發該產品需求的因素沒有直接關聯，而常會把總體經濟變數當成說明變數來使用。不是利用GNP的變化來預測卡車需求的變化，就是從個人消費的變化來預測彩色電視需求的變化。大致上都是如此。

像一九六〇年代那樣，一切都還甚為景氣的時候，不管你用什麼說明變數，回歸分析的冪數或係數都會偶然地呈現高相關值。不過這種情形的意義只代表著，Y＝X這條直線以及Y＝2X這條直線之間的相關係數是2，如此而已。若處於現在這種變化很多的時代，有的數值不斷增加，有的卻不斷降低的話，這種分析方式就會無用武之地了。一個真正能解決問題的人，會懂得具體而細微地去選擇真正有相關性的說明變數來預測需求量。他們會做出「某種營建設備的需求量與住宅的動工興建戶數有密切關係」，或是「都市土木設備的需求量，與改建戶數成正比」之類的預測。此外，全國範圍內的個體物流量，應該會與堆高機等物流設備的處理能力成正比才是。這種方式不會突然去預測土木設備的需求，而是根據公共投資或個人投資等數量，以及根據住宅等需求量求算出住宅的動工興建戶數，再據以預測土木設備的需求量。相較之下，可是具體得多了。

若能運用這類手法，那麼當手邊所持有的、使用壽命較長的設備已達飽和狀態的時候，我們便可預測，說明變數（例如住宅動工興建戶數）的一直持平，會與這類設備的市場規模劇減有關。而且像這樣的事，都會有充裕的時間可以讓你好好坐下來想。石油危機後，彩色電視或營建設備、物流設備等等，可說都以實證給了我們這樣的教訓。

至於決定銷售額的另一個變數市占率，在把它加進中期計畫的基準狀況時，也有許多應該注意的地方。例如，明明市占率在過去幾年來都顯示出日漸減少的趨勢，計畫中卻列出「現況持平」之類毫無根據的假設；或者也有一些比較極端的例子，明明沒有要回復舊日景況的具體計畫，卻只因為要假設就把它加入其中。基準狀況應該只是想了解，如果我們延續過去所做的努力將會如何而已。如果在分析過競爭對手後，得出了「若順著目前的趨勢去走，將無法改變一切」的結論，就應該直接採用所得出的數字。如果接著又有更詳細的資訊，知道在景氣好的時候公司的市占率會增加，景氣不好的時候競爭對手比較占優勢的話，就應該在基準狀況中把此事定量化，讓關於景氣預測的假設能夠前後一致。

有明確的「假設」而不受任何事物左右，是中期計畫的一大要點。這麼做可以在客觀情勢改變時，更容易去分析在已加入既有計畫的假設項目裡，何種會受到最大影響。一方面也容易把該項目從整體計畫中分離出來處理。以前述的例子而言，對於住宅的動工興建戶數如果有了不同的預測，就根據新預測直接修正預測的銷售額。如果銷售額是全憑經驗來預測的話，就沒有辦法因應無時不在變動的企業環境，重新擬定計畫了。在為基準狀況做假設時，對於其他也很重要的項目，像是採購品價格的變化、春鬥（譯按：企業的工會每年以爭取加薪為主要訴求進行的活動）時對勞資協調結果的預測，以及市場價格與邊際利潤的變化等等，也有必要同樣地去細心注意，特別是一定要讓它客觀。

步驟三　計算成本刪減時的改善狀況

如果基準狀況就等於事業的中期計畫，就不需要什麼經營者了。真正的經營者，是要看他能做出多少努力，針對隨波逐流、順其自然的基準狀況有所變革。步驟三與接下來的步驟四，就要分別從成本面以及從市場面擬定變革計畫。讓這兩個步驟與基本步驟有所區隔，是很重要的。之所以如此，是因為計畫這種東西是在做出一些假設後而形成的目標值。目標值無法達成時，如果只丟下一句「很遺憾」，那麼訂計畫就全無意義了。在此應該要有資訊回饋，分析目標未能達成的原因，學會能盡速擬定對策的方法才行。還有，也必須適切評估主其事的管理人員是否做了足夠的努力。如果是基準狀況的假設出了錯，就不適於質問銷售部長為何未能達成銷售計畫（的絕對值）了（也可能是總公司企劃部的責任）。

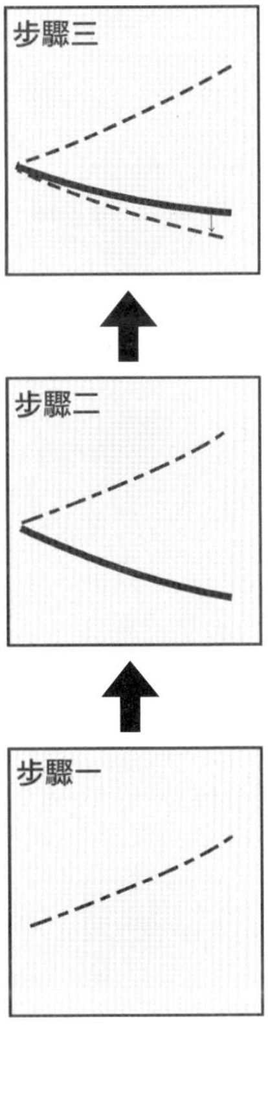

所謂的「成本刪減時的改善狀況」，是指相對於基準狀況中順其自然的成本值，考慮透過一定的專案，以刪減更多成本為目標進行大幅管理、累積努力下，預計能達成的成本刪減量。

[**圖2**] **成本刪減計畫**

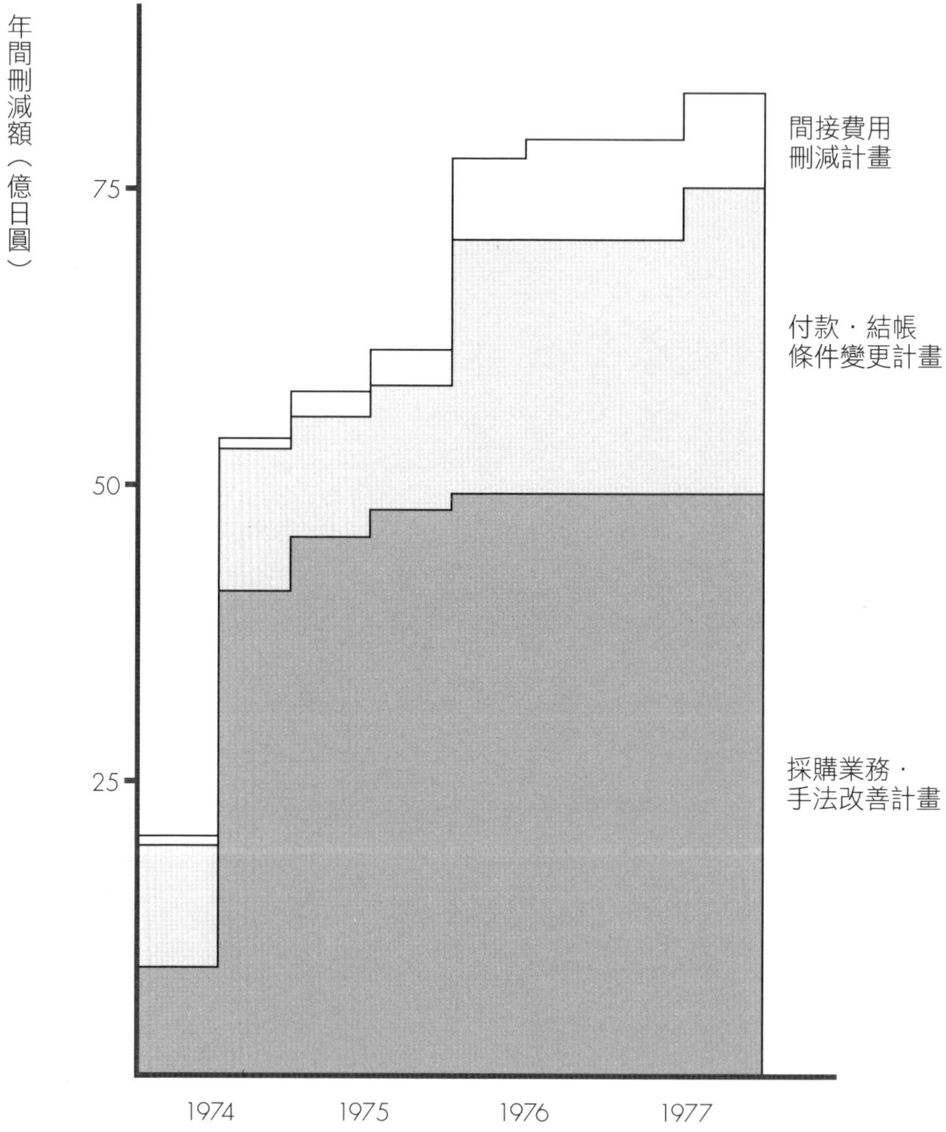

根據詳細的分析訂定執行計畫，預計可以在實施後大幅刪減成本。

如何分析成本並畫出邏輯樹，再找出對總成本最敏感的領域，在第一章已經提過。我提到麥肯錫內部稱這種嚴密的方法為PIP（獲利改善計畫），若把這種目標明確的成本刪減計畫，反映到基準狀況中的話，就會像〔圖1〕步驟三裡的實線畫的那樣，必須能運用所採用的獲利衡量標準，求得經常性的一定改善幅度（箭頭）。此一改善幅度是〔圖2〕所示的個別獲利改善計畫的累積值，必須由負責的各管理人員訂定詳細的執行計畫才行。

步驟四 計算市場與銷售改善時的狀況

成本刪減後的產品只要能賣到和原本相同的數量，就能看出其效果。如果不努力刪減成本，只繼續在市場中惡戰與苦鬥，其效果會很有限。如果回到理所當然的「獲利是邊際利潤與賣出個數的乘積」，就會像〔圖3〕顯示的那樣，在市場面的努力與刪減成本的努力匯聚在一起，真正實現整體的大幅改善。步驟四與步驟三之所以是一體的兩面，

［圖3］市場與工廠的相乘效果

步驟	銷售個數x（售價-成本）=毛利	改善幅度
(2)基準狀況	100x(100-80)=2000	0%
(3)成本的刪減（5%）	100x(100-76)=2400	20%
(4')純市場銷售改善的部分（10%）	110x(100-80)=2200	10%
(4)成本刪減+市場改善	110x(100-76)=2640	32%

成本刪減會呈現出能與行銷努力匯聚的效果。

應該在中期策略中予以詳述，就是因為這樣。本步驟也和前面一樣，必須把很明顯是透過管理者努力達成的預期銷售量增長，明確記載於各執行計畫書中。銷售量的部分也和〔圖2〕探討成本時一樣是預期數值，只是在本步驟變為成果。本步驟的詳細操作內容，請各位參考本章後半所介紹的「產品・市場策略」。

步驟五 計算策略性落差

事實上，完成步驟四後，步驟一中與目標值之間的差距若已全數追上，公司的經營階層就只要力行刪減成本與努力銷售，就可以「一家安泰」了。然而，此時通常會像〔圖1〕的步驟五所顯示的，出現明顯的落差。此一落差值，是目前的經營團隊在目前的事業中，即便做出了最大的努力，也無法補上的差距。它是營運面努力的上限值與目標值之間的差距。但若在此視之為不可高攀的名花而退卻的話，就不配稱為策略思考家了。正因為必須透過策略補上這段差距，我們就給它一個英勇的名字，叫做「策略性落差」（Strategic Gap）。

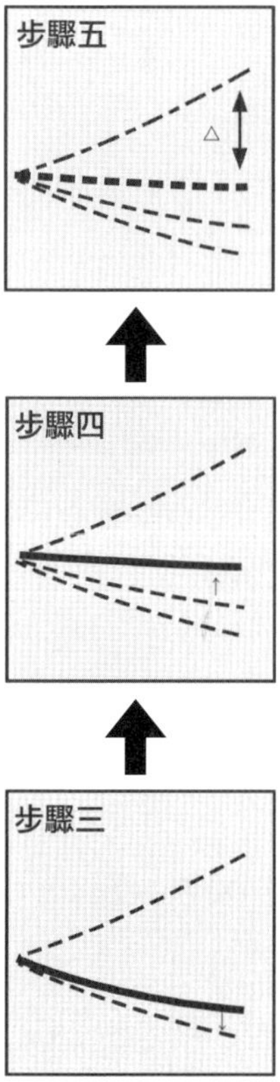

有人把填補策略性落差的計畫，稱為狹義的企業策略。我則認為步驟一到步驟八整個加起來才是企業策略，也就是把因應策略的營運面步驟（步驟三、步驟四）也包括在內。其原因是，一般擬定企業策略的人，都會以極為粗略的假設把步驟三與步驟四帶過去。比較極端的還會說「常識上行銷所能達成的改善只有百分之五、成本刪減充其量也只有改善百分之三的限度，所以……」，然後突然到步驟五去。任何經營者應該都很明白，想把這樣一句話的假設落實出來，不知道要做出多少沾滿血跡的努力才辦得到。因此，管理高層的雙眼如果只看到狹義的企業策略的話，就可能出現「策略訂出來了，母體卻搖搖欲墜」的狀況。

唯有透過踏實的努力讓策略性落差變得具體後，企業才能安心集中精神於策略之上。此外，我認為應該要設計出一套流程，讓生產、銷售或策略，到頭來都能夠由同一組團隊擬定。這就是我所謂的，來自於策略性思考團隊的中期經營策略。

具體而言，策略性落差應該以何種形式表現為宜？本章開頭處我提過的，「管理流程並沒有直接合身可穿的衣服」，在這裡也一樣適用。苦於獲利問題的公司，就採用衡量獲利度的標準就好了。特別是在股東的影響力很強，或非得讓母公司看見出色業績的時候，就採用ROCE或EPS等指標。

另一方面，如果主流想法是「大就是好」，與敵對業者間的表面競爭成為媒體或股東最關心的事項時，也有公司是直接以銷售額為指標。如果是都市銀行的話，由於存款總額對獲利度也有很大的影響，所以大家都很清楚，應模擬以存款總額，也就是以市占率為目標去拚命。此外，公司的問題如果在於無法解雇員工，目前的事業又無法讓所有員工都有事可以忙的話，可以用「兩萬人份的工作」這種表現方式來描述策略性落差，也是不壞。

我認為，一直以來日本的低失業率是一種偽裝出來的假象。無論你去看哪家公司的組織圖，通常都會發現，管理職的人數比功能上所需要的最低人數還多了近一倍。這也是形成無效率惡性循環的原因之一❹，若裁掉這些中間管理職，自然就會出現大量的冗員。石油危機後闖入不景氣中的大企業在認真計算過後，今後事實上會有百分之二十七的人力是不需要的。在找到解雇兩萬人的方法之前，先找到能讓兩萬人繼續求得溫飽的方法，這正是日本企業對付策略性落差的方法，也是一種應該會獲得極高評價的經營方法。倘若策略性思考家的使命經常只有「利潤最大化」的話，就會覺得茫然，不知道自己為什麼平常要培養高度的分析力與思考推敲能力了。

步驟六　提出策略性替代方案

由於策略性落差的存在是因為現狀的延長線上找不到答案，所以我們必須到原有的框架外，才能找到新的解決方案。解決方案未必只有一個，如〔圖1〕所示，應該有好幾個替代方案可供考慮。通常在此流程中，不會嚴密地去解析。由習慣於訂定策略的專家提供諮詢，或透過公司內部的腦力激盪，會比較有效。當然，由於最後還是必須把多種想法建設性地整合在一起，希望各位能學會運用本書前半提到的，能貼近「事物本質」的方法論。常見的替代解決方案，可以粗略分為以下幾種：

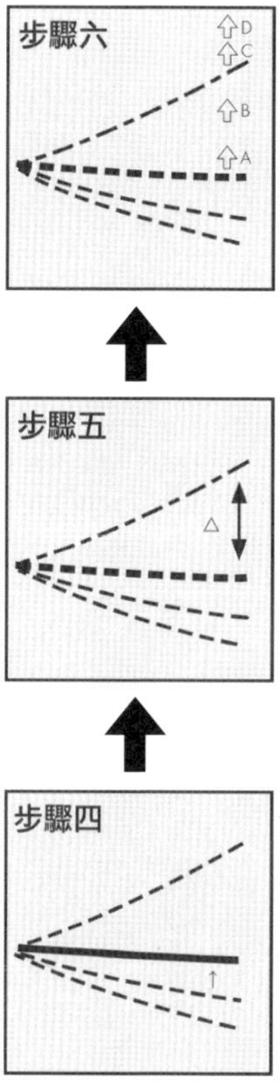

(1) 開發新事業——多角化。

(2) 進入新市場——海外市場等。

(3) 向上游、下游或雙向整合（垂直整合）——由石油的精製往上游而去的話，有輸送、採掘等產業；往下游而去的話，則包括有機合成化學、加油站等產業。

(4) 合併、吸收——其目的不單單像(3)一樣只在於整合，也有單純為擴充產品系列，或為求強化管理能力而進行的。

(5) 業務合作——共享銷售網、聯合採購零組件、技術合作等。

(6) 事業獨立——另行成立新公司，透過專業化達成經營效率。

(7) 撤退、縮小、出售——包括出售事業到退出市場的各種放棄小我、保全大我的作法。

本步驟最困難的地方在於，策略方案的範圍太狹窄的話就比較難治本，但太廣的話，風險與現實的考驗也會讓人束手無策地擴散開來❺，形成一種二元對立的兩難狀況。某纖維公司曾經賭上公司的命運投入多角化，以幾乎相同的重視程度討論過從拉麵到電腦都包括在內的多種替代性方案。此時系統化的問題處理能力會變得特別有效，成為策略性思考的最佳舞台。

步驟七 評估與決定替代方案

如果在前一個步驟已加諸某種程度的範圍進行過篩選，應該只會剩下屈指可數的策略性替代方案才對。本步驟就是要以定量方式再評估這些替

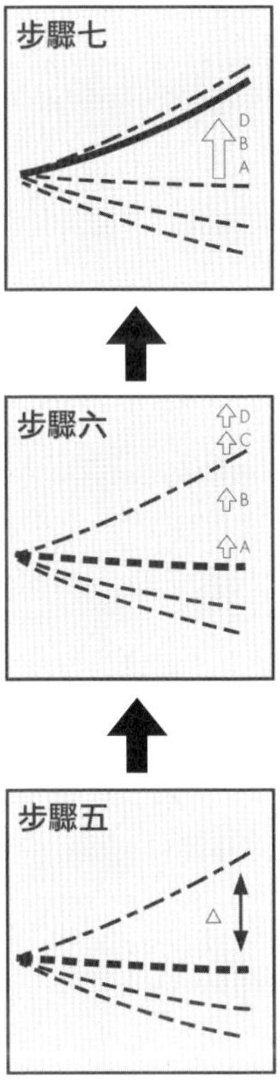

代方案，例如替代方案若為某種事業，或由公司進行合併與吸收的話，常會以相對於投入資本的報酬率，或是淨現值來與其他方案做比較。如果是設備投資的話，可以用還本期間（Pay Back Period）來比較，或以稱為PCF的「現金流量折現」（Discounted Cash Flow）來比較，會很方便。這些方法的使用技術，請各位參閱各大出色專門書籍❻。當然，策略性落差如果要以調整員工人數來表示的話，人力利用率就成為定量的衡量標準之一。此外，如果要以定量方式評估投資（新事業）帶有的風險，麥肯錫公司董事，也長期擔任作業研究學會會長的大衛．赫茲（David B. Hertz）有一套稱為「風險分析法」❼的技術，現在已經成為經典了。

步驟八　中期經營策略執行計畫

針對風險在可接受範圍內，符合公司目標與文化，又能彌補策略性落差的幾個方案，透過定量、定性方式挑選時，管理者的工作，在於為這些策略擬定在全公司執行時的詳細計畫書。公司的組織愈大，愈缺乏彈性，就愈需要一個流程❽把策略消化為直線部門的作業指令。相反的，公司愈年輕，多角化程度還不是怎麼高的時候，則可以由高層出手指導，引領公司向前。即便已進入最後一個步驟，我還是必須說，一樣不會有直接合身可穿的衣服。不過，累積長久訓練的策略性思考家，只要在這八個步驟中的每一個，都能以充足的彈性在思考與分析面

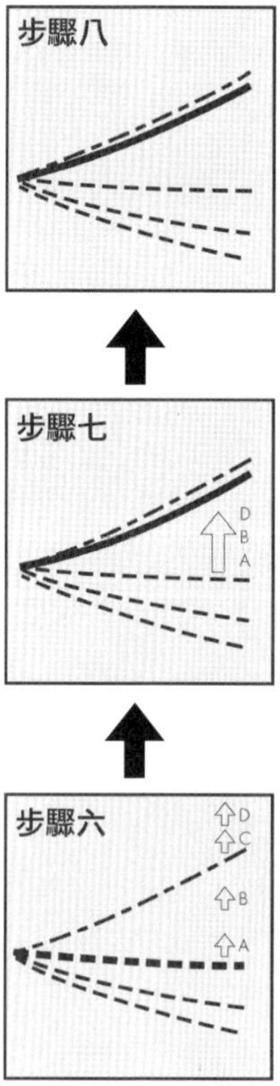

發揮創造力的話，一定可以擬出可行性極高的中期經營策略。

在此提及的八個步驟，每個都不強調立即見效。它們從頭到尾貫徹務實的觀點，因此並非單純的夢想或空想。實施的期間則是訂在兩年到四年（最多五年後）為止。要想讓策略性替代方案發揮功能，就必須以這樣長短的期間看事情。還有，真正的成本刪減計畫，一般也是得花上兩年才能完成。

此外，如果只是單純把小事業部零散丟出來的東西收集起來，充當全公司中期經營計畫的話，是不行的。比較正確的應該是要找到一種方法，在這個層次去除各事業部門間既存的區隔，共同運用該企業所掌握的真正機會。處於這樣的環境中，如果說中期經營策略的好壞左右了企業的命運，其實並不為過。不過，雖然實際要產生效果必須在這種長短的期間內，但就帶給全體員工方向性、整合分散的企業力量，以及激起大家鬥志等方面而言，還是可以馬上見效的。我深深覺得，這種中期策略對日本企業會特別有用。

2. 產品系列的組合管理

所謂的「組合」（portfolio），是一個大家還聽不太慣的字眼。翻開《韋氏大辭典》一查，可以知道它的原義是「彙集活頁等物件以利攜帶的平坦套子」。由此引申出另外一個意思：把政府的內閣成員，或是銀行持有的股票、債券等人或事做成的「一覽表」。此外，投資信託的投資標的組合，或藝術家的作品一覽等等，也算是portfolio。

所謂的「產品系列的組合」，代表的就是「某公司（或事業部）所擁有產品系列的總覽」。日本一直以來所採用的字眼，叫做產品組成（product mix）。

產品組成的管理（Product-mix Management）和產品系列的組合管理，到底有什麼不同呢？前者是極其狹義的組合管理，先給你一定範圍的獲利度、生產能力、市占率，然後以線性規畫求取總值（如獲利度）最大時的產品組成。如果是產品系列的組合管理，除了是更為非線型的問題外，時間軸也會成為重要變數。此外它也很重視隨時間軸演進，可以確保整體均衡到何種程度的「風險」概念。

「均衡」的管理

產品系列的組合管理（PPM, Product Portfolio Management）是這四、五年間才確立起來的管理科學的新領域。這裡指的是「針對各產品系列的獲利度、成長性、現金流量等因子，採取適用於各因子的不同策略，以期達成多樣化產品系列間的均衡，進而從整體的角度追求企業整體目標實現的一種管理技術。」

請各位回想一下，剛才我曾經提過，「portfolio」一詞帶有「內閣成員一覽表」的意思。日本政府在選擇閣員時經常出現的問題是，沒有做到「均衡」。諸如「如果三木當首相，福田卻不接受當副首相的安排，就無法取得均衡」或是「讓中曾根入閣，又讓石原入閣的話，鷹派就太多了，所以只能二選一」之類的討論，和產品的組合管理完全是一樣的。

所以在此的問題應該會是：「若採取這樣的產品組合，這家公司將來的現金流量沒問題嗎？」或是「我們公司生產的二十四種產品中，有三種虧錢，我也沒信心能把這三種產品做到賺錢。但如果集中力量於其中之一，一定會做到賺錢給大家看……」之類的狀況。奇異電器從電腦事業撤退，漢威聯合（Honeywell）卻買了下來；全錄也是，它收購美國各大報資料庫（University Microfilms）而進入業界的動作，是一種光靠「電腦本身的絕對市場價值」所無法解釋的現象。那麼，這些公司為什麼會各有盤算，進而獲得大異其趣的結論？

原因不在於電腦事業本身，而取決於該動作與這些企業所經營的電腦外的事業，是否能形成某種均衡狀態。亦即奇異電器❾是先有結論，認為「並無足夠的現金流量能保證原子能、飛機引擎、廣播用機器與電腦事業都能成長」，才決定割捨後面兩項，開始盡全力集中較多的精力於前兩項事業上。

另一方面，對漢威聯合而言，由於該公司必須靠電腦事業生存，所以它收購了奇異電器的電腦部門，提升自己的市占率與規模經濟。不只如此，該公司還能藉此擴大一直以來保有的產品系列，可謂一石二鳥之計。這件事既讓奇異電器取得大量現金，也讓漢威聯合身為「電腦業者」的地位獲得強化，改善了獲利度。

即便在同一公司內部也有這樣的例子，像是本田汽車為全力發展小型車喜美，就從持股百分之三十以上的輕型車部門撤退了。此外，沒充分計算現金流量就大量貸款（而且也不考慮與其他事業間的均衡）躁進，結果受傷的企業也不在少數。

PPM在日本為什麼不流行

倘若產品系列的組合管理，是一種能像這樣取得整體事業風險與現金流量平衡的管理方法的話，就會有個讓人覺得奇怪的地方：在重視「凡事要與身分相稱」或「均衡」的日本，為什麼這樣的管理方法一直都不流行呢？

我認為，最大的原因，還是在於銀行任意釋出資金（過度放款）。如果把事業看成一定得靠原來自有資本的回收而籌措的話，那麼理所當然，就不是用損益，而是要用現金流量做為最嚴格的限制條件才對。但一直以來企業卻只靠一句「遙遠的未來看得見燦爛的光明」，就輕鬆過關了。還有，在成長經濟下，這種大牛皮就不會破了。因為人力資源上可以透過全面照料大學以上畢業生的生活，以及白領階級藍領化的方式取得；至於技術竅門等等，不但不會成為限制條件，還可以無止境地從外國買到。

最近幾十年來，企業一直都呈現一種驚慌狀態：如果去思考原本的日本精神，也就是考慮到事業的均衡等事項的話，就會被競爭者甩開。再加上這樣的能量源源不絕供應進來，才會造成這種狀況。

基於這樣的背景，我的信念與希望是，今天，「產品系列的組合管理」並非過去那種橫著寫的外國流行語，而可能真正成為深植於日本企業的思考架構，協助企業達成事業經營的均衡。此外，從日本已經體驗過PPM的幾個例子來看，如果沒有誤用它（也就是說沒有過度偏重於理論、不去取代既有事業計畫系統，而能夠以並存與相互補強的方式慢慢融入企業）的話，PPM應該會成為大多企業在既有的事業預測方法外所增加的、全新的強力武器吧。

PPM開發自低成長的美國企業之手

一開始，PPM這種思考方式，是一九六〇年代中期，奇異電器為掙脫業績低迷的泥沼所採用的根本性對策。它是該公司善用請來的外部顧問集團，特別是麥肯錫與波士頓顧問集團（BCG公司）而催生出來的經營管理手法。當時該公司的活動所獲得的成果當中，有不少都被今天全球的先進企業實際應用於訂定事業策略之用。其中也包括本書前半所提過的，針對左右市場獲利度的變數進行分析（PIMS），以及稍後會介紹的，取代「事業部制」的「超事業部制」（策略事業單位，SBU）等。

在此我先不介紹奇異公司的具體實例。我想先把焦點放在我們在許多公司應用後精鍊出來的PPM手法，特別是探討今天的日本為何要重視這套方法。

首先，從PPM法問世時的美國，以及該手法在歐洲急速受到歡迎的六〇年代後半至七〇年代前半的狀況來看，很明顯與日本以石油危機為契機而進入七〇年代後半的低成長經濟十分類似。也就是說，包圍住現代歐美企業高層的，是以下這些狀況。

(1) 由於經濟成長趨緩，就獲利度來看，不可能讓事業無限制多角化。

(2) 所有市場都面臨有限成長下的激烈競爭，業績差的產品要想徹底翻身，將會極其困難。

(3) 人事成本高，再加上資金流動性不佳，使資源（特別是人力與資金）的有效運用與否成為左右企業優劣的因素。

(4) 在這種環境下，企業高層需要一種能以整體角度觀察多樣化事業的工具，用於推展效率最高，風險較低的策略。

在石油危機發生前約半年的一九七三年夏天，我曾經運用通產省（譯按：相當於經濟部）的統計數字，調查過日本絕大多數製造業過去十年的成長率。當時我注意到，有相當多產業呈現如〔圖4〕的概念性曲線所顯示的趨勢。也就是說，一九七〇年算是一個轉折點。一九七一年出現不景氣，一直到一九七三年復甦後，就回到和過去一樣的成長曲線。這是大多數人的想法。也就是說，在大多數人的想像中，會像〔圖5〕的（A）那樣。現在看來，這樣的想法很可惜是錯的。但對尼克森震撼（Nixon Shock）⑩以來陷入低潮的日本產業界而言，當時是排除日圓升值因素下少見的好景氣，因此會出現（A）那種樂觀派的看法，或許也不是太奇怪。

由於甚多產業都歷經一九七〇年的轉折點，所以實際上應該是像〔圖5〕的（B）那樣，日本以一九七〇年為交界點，開始變成低成長型的經濟。此外，我也認為，其後的不景氣與景氣掩飾住了此一轉折點的存在。大家都很清楚，處於成熟期的耐久性消費財很容易受景氣波動影響。日本也進入了成熟期，我很自然地想到，經濟變動也會漸漸變得愈來愈激烈吧！

如果是這樣的話，實際的景氣趨勢，就應該像〔圖5〕的（B）右側一樣，平均來說會成為極其和緩的成長線與激烈的波形交會才對。因此，即便石油危機是契機，也稱不上是能說明全貌的完整原因。還有，若依據這樣的想法，今天的極度不景氣，也就理所當然是成熟期經濟的結構性底部了。

仰賴新產品成長的下場

我並非經濟學家，卻根據自己的經驗和直覺針對景氣的變動提出我的看法，或許有點不負責。但我想講的重點在於，低成長基本上會持續下去，而景氣與不景氣將會週期性地到訪，振幅會比戰後成長期還要大。如此思考的話，可以說前面提到的歐美企業管理高層所面臨的四種狀況，已成為現今日本企業高層的現實威脅。日本經濟研究中心的研究，根據的是事實以及更為學術性的總體模型。該單位不久前的預測也持相同看法，認為一九七〇年代後半實質GNP的成長，相當於西歐在過去十幾年來體嘗到的經濟成長幅度〔圖6〕。

在這樣的低成長經濟下，最感到困擾的，應該是在過去十五年左右乘著總體經濟的大幅成長，不斷推出新產品系列的大企業吧！某大型電機製造商在一九六三年至一九七三年十年間，

[圖4] 石油危機為止呈現的傳統產業成長曲線

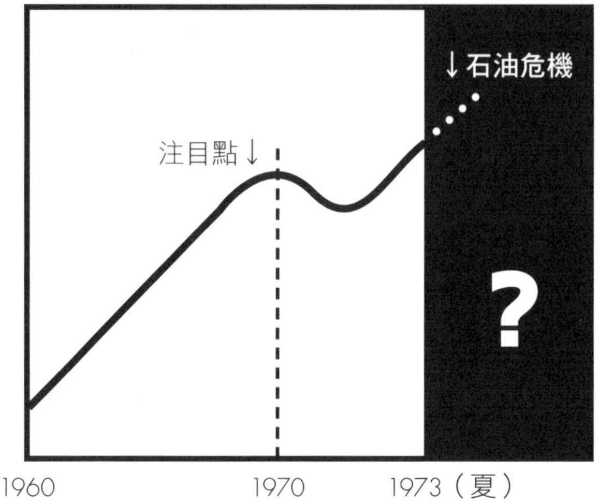

[圖5] 石油危機後，一九七三年下半年所做的成長趨勢預測

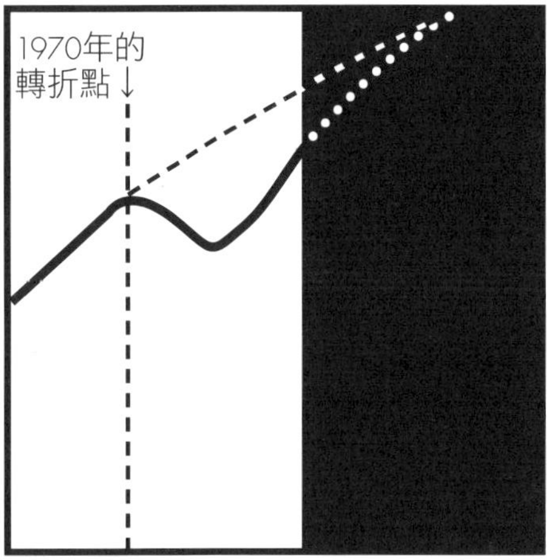

（A）高成長持續型

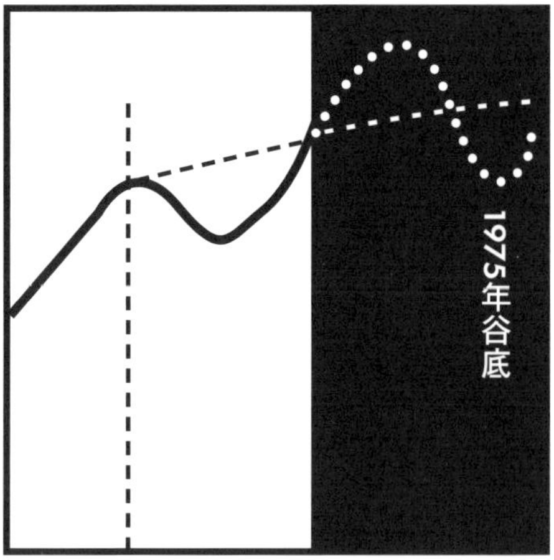

（B）低成長型

短期的經濟變動會使結構性的經濟變化變得很難掌握。

銷售額成長為三點三七倍，但同一時期內的GNP平減指數（GNP Deflator）卻是零點五六二。如果以此換算，銷售額實際上只成長為一點八九倍（此推論只適用於推出多機種、多類型產品，而且能假設其商品的實際成長與GNP的名目值大致相等的公司）而已。在這段期間內，該公司提供的（本質上能予以區辨的）產品系列，從大約一萬種成長到兩倍的大約兩萬種。也就是說，平均算起來（以通膨換算過後），一種商品實質上的平均銷售額反而變少了。本質上，這家公司可說並非靠擴大既有產品的銷售，反而是靠著不斷推出新產品系列，才維持住公司的整體成長。其下場是，那些目前整體看來仍經

［圖6］實質GNP成長率（年成長率的五年平均值）

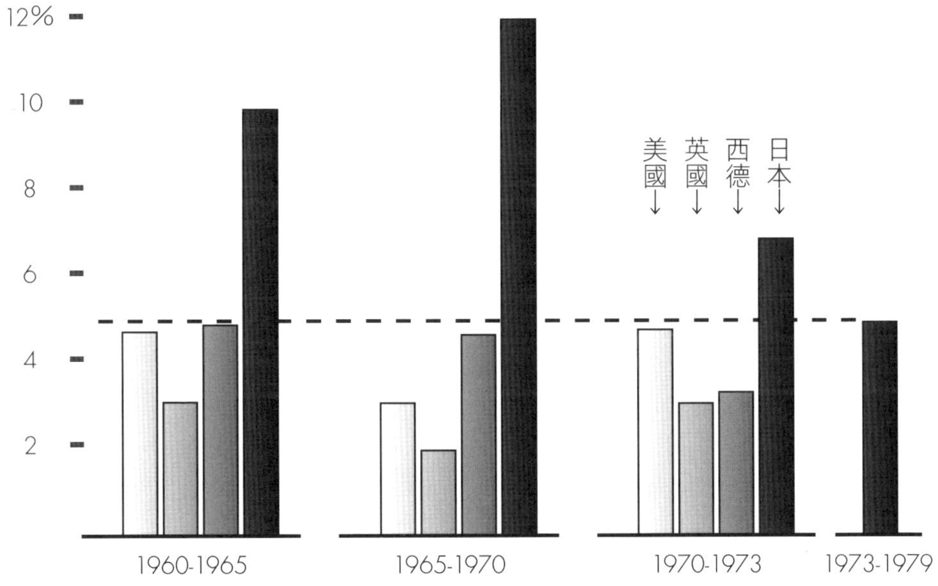

＊資料來源：日本經濟中心／1975年2月預測。

即便預期中1970年代後半的日本經濟成長率很低，但仍比歐美在1960年代時的經濟成長率要高。

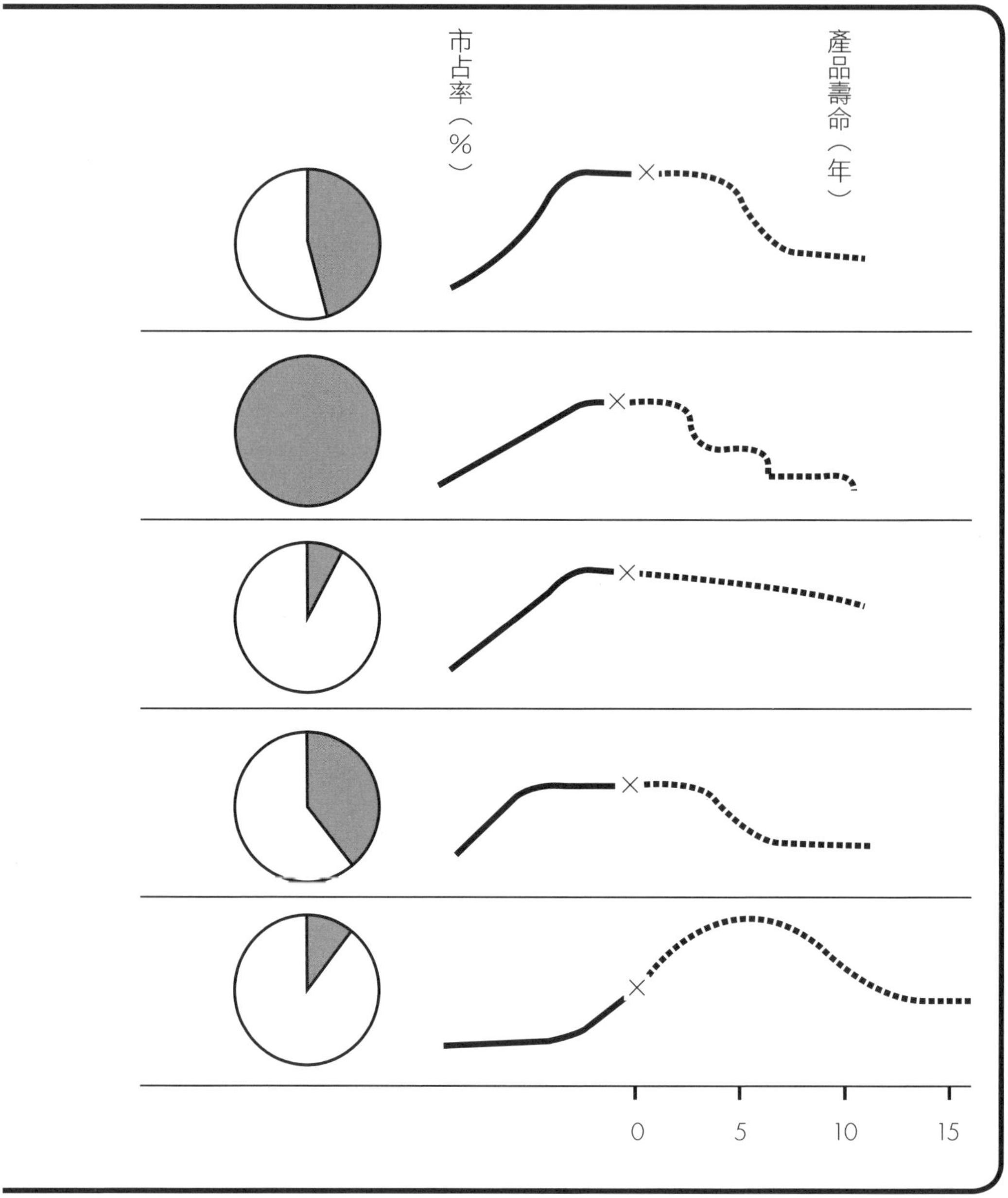
市占率（%）
產品壽命（年）
0
5
10
15

［圖7］某製造商的產品別ROCE

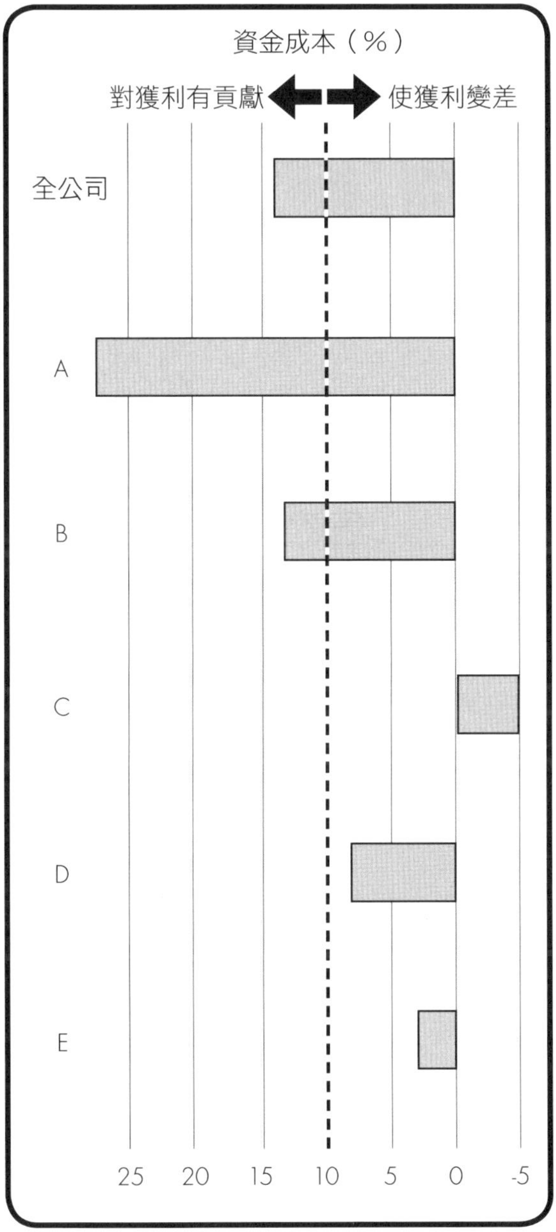

［圖8］各產品系列的事業內容

產品系列	占全公司銷售額的比率（%）	純益率（%）
A	40	18
B	5	3
C	20	-15
D	10	-2
E	15	1

增加產品系列的結果，是使獲利明顯分散。

營得不錯的大企業，事實上保有了許多不賺錢的產品。〔圖7〕顯示的是某公司一事業部各主要產品的資本運用報酬率。圖中可以明顯看出，由於不斷增加產品系列，獲利度很明顯分散掉了。這也是公司整體獲利度變得極低的原因。而且這些產品系列每個都面對了不同的狀況，不單單是最終消費客層或銷售方法不同，連市占率及生命週期等等，也都各不相同〔圖8〕。

公司高層面對這種狀況，到底該依何種順序，放多少的力量在每個產品上？還有，如果產品系列有幾十種、幾百種（像〔圖4〕或〔圖5〕那樣），高下難以區分的話，又該怎麼辦？

產品系列的組合管理，可說就是一種用於回答這種疑問的、極其嚴格的思考流程。

事業矩陣

首先，第一個流程，是要針對種類繁多的產品系列，就以下兩個變數深入了解其狀況。

(1) 產業的健全與否。這是公司無法自由操作的外部變數。像是彩色電視、摩托車等產業區隔的成長性、獲利度等。

(2) 在特定產業中，公司的優勢與潛力。這是可以靠公司的努力影響的內部變數。例如產業的市占率、技術、商譽、資金能力等代表公司強弱的參數。

第二個流程，是在根據這兩項變數定出某一事業位置後，考量它與公司整體間的平衡，有組織地訂定事業計畫。

〔圖9〕把第一個流程中某公司能左右的變數放在橫軸，無法左右的變數放在縱軸，做成事業矩陣圖（Business Matrix）。

雖然定量化有其困難，但一家公司所經營的眾多事業，應該都能在這張事業矩陣圖上的某一點顯示出來。例如圖中的A所表示的事業雖然屬於未來極其有望的產業，但該公司在此事業的地位卻相當居於劣勢。另外，圖中的B所表示的事業雖然是該公司最引以為傲的強力事業，但可惜的是，所屬的卻是已日薄西山的問題產業。

我們在事業矩陣圖上，將某公司所生產的三十種產品系列以座標點表示出來，如〔圖10〕所示。多數產品系列分散在完全相異的事業平面上，實在很讓人在意。而且這家公司還有十二種產品系列，是落在怎麼看都不討好的左下象限中。若以數量來計算，這已經占整體事業的百分之四十了。再加上在魅力日衰的產業中，該公司卻有六種產品擔任「領導者」的角色，也就是占事業總數的百分之二十。

標準策略

不過，如果是各位讀者親身面對這樣的狀況（而且假設你身為社長，什麼事都可以做）的話，你能提出什麼對策呢？

本書的主題「訂定策略的參謀」最能發揮真正價值的，可以說正是這種四面楚歌、孤立無援的狀態。他必須給這裡的三十個小隊長（各產品系列的經理）詳盡的作戰指示，並告訴統領

［圖9］事業矩陣與座標變數

外部變數

- 產業所處的外在環境▼社會的・環境學的／法律的・政治的／工會／產業集中度
- 獲利度▼產業第一名的獲利度／產業第一名的特質／關鍵變數的變化（例如規模／價格）
- 競爭狀態▼寡占度／生產能力／進入產業的困難與否／垂直整合／價格彈性／服務彈性
- 市場▼規模／成長率／安定度／分化的細密度

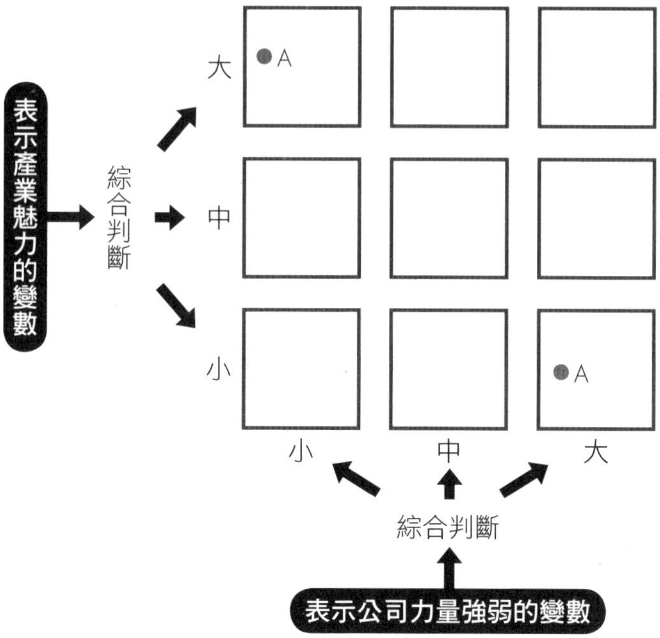

內部變數

- 競爭力▼市占率
- 獲利力▼邊際利潤／現金流量／ROCE
- 資源力▼資金能力／人才能力／原物料的確保／對轉包業者的統領管理能力
- 技術力▼專利、獨創技術／工法、工程／品質、設計
- 銷售力▼商譽／固定顧客／宣傳力／對銷售網的統領能力

一家公司所經營的事業，可以用一組外部變數與內部變數表現在事業矩陣中。

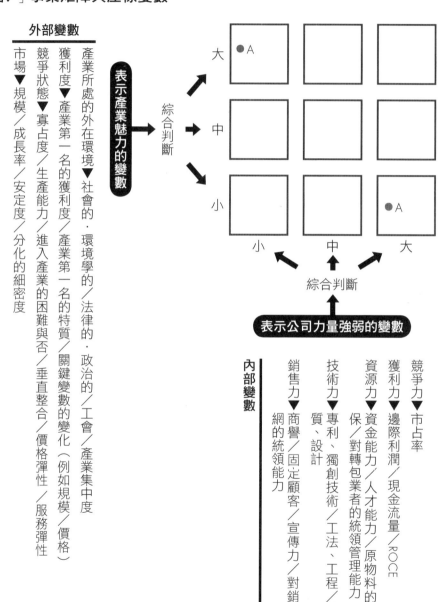

[圖10] 某企業三十種產品系列的座標圖

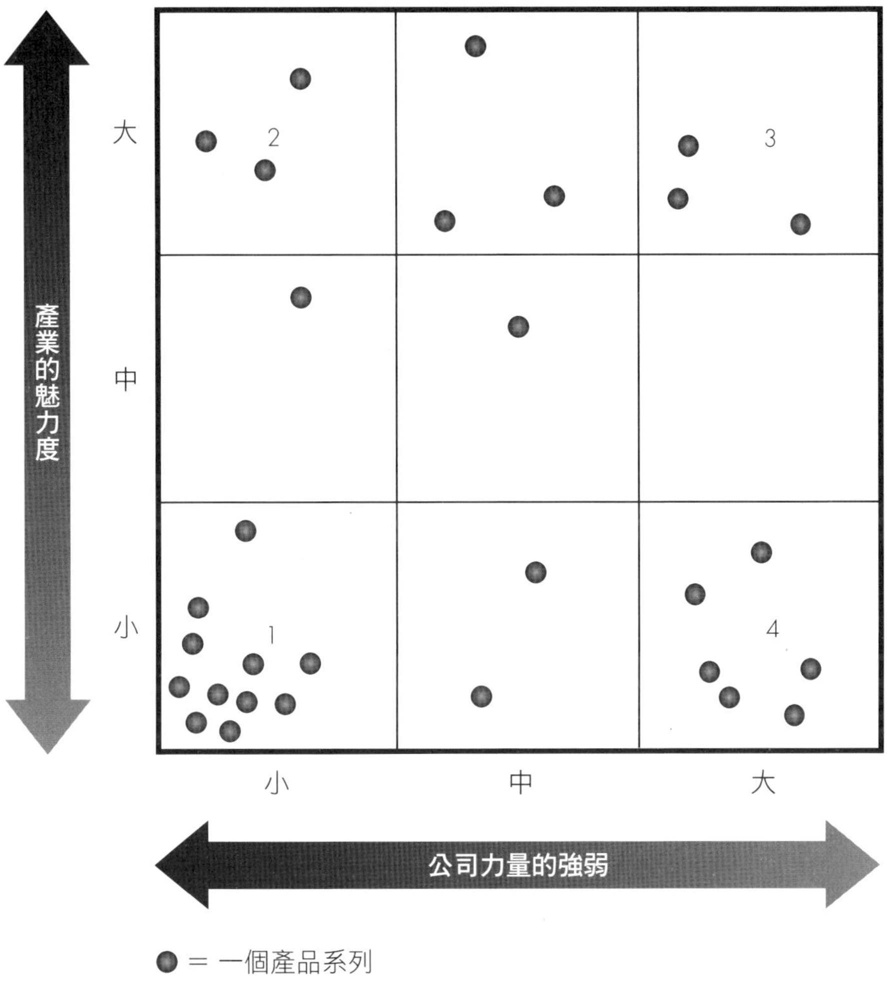

多數大企業都經營著背景各異的多樣化事業。

各象限的中隊長，應如何在各小隊行動時提供關照。接著，如果你目前是以「打長期抗戰」為大方向而指揮此一師團的話，不求勝也無妨，重點應該放在盡量減少資源與人才的消耗。這種作法很像是「在事業計畫中有效運用資源，緊縮當下的資金需求，一面使機會再度來臨前的損失降到最低，一面觀望」。

此外，有時候你可能必須在短期決戰中冒險，犧牲大量兵力擊潰敵軍的一個師團，以保有我軍將來的戰力。這就像是提高右下象限產品系列的價格，犧牲市占率而把重點放在現金收入，繼而從該區隔市場中撤退，可以比喻為一種「收成策略」（harvest）。

早期開發PPM法的先鋒，特別是波士頓顧問集團傑出的策略性思考家團隊，把由市場成長性與市占率構成的座標，當成一般代數用的那種四個象限來使用，試著予以抽象化。其結果如〔圖11〕所示，推導出一套可直接對應使用，讓人心情愉快的固定策略。

然而，在進行這類作業的過程中，大家已經發現，很明顯並非每次都能在完全無異議的地方畫上座標點。左下或右上象限姑且不談，但若落入其他的領域，就有必要多細心去加以注意。為此，必須增設一塊中間區域，讓這種大家看法不一的產品，也成為能敏感反應出何者需求最大，何者最吻合時代需要的策略對象。我舉的例子如〔圖12〕所示，等於在本節原本運用的九個象限中，再加入因應各狀況的「標準策略」，作為各產品的指引。

當然，企業都有它自己的作法與文化。在各產品系列的點描出來、標準策略訂好之後，並非直接把企業既定的成規拿來套就可以了。PPM充其量只能在企業高層的思考過程中當成一套嚴格的輔助用流程，所以在〔圖13〕我談的不是「絕對」，而希望先強調它只是策略的「一

[圖11] 策略指南

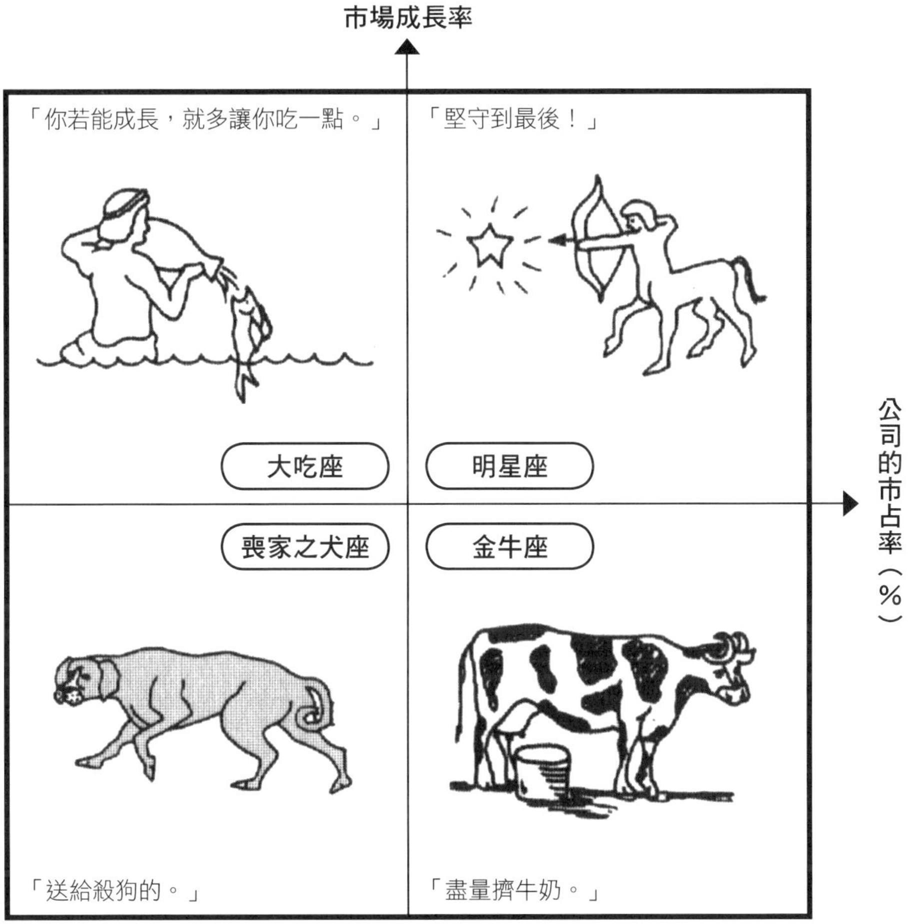

針對每個象限，都精心設計出明確策略。

［圖12］事業矩陣與標準策略的例子

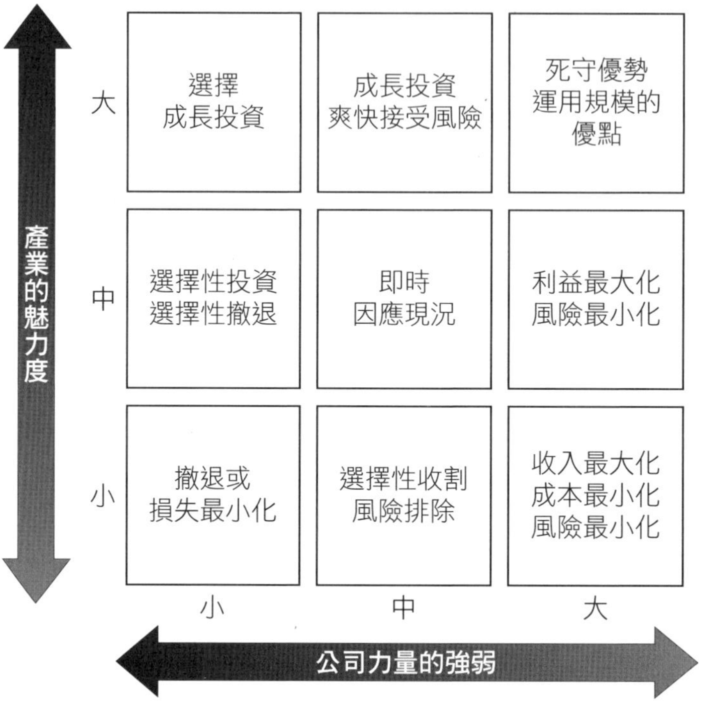

因給定座標點的不同，而採用不同策略。

［圖13］某科學設備製造商的三種代表性事業

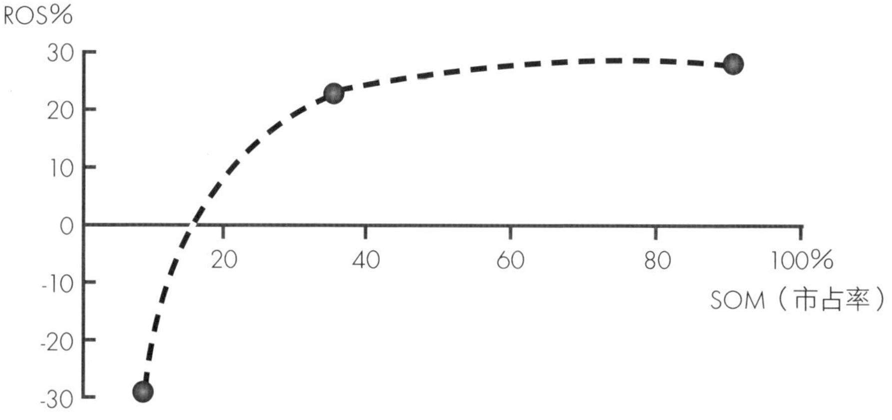

在日本也有許多例子可以看出，市占率與獲利度之間有明確的相關性。

例」而已。

因應生命週期的策略

為了讓「各象限各有其策略」能真正有意義，我們必須先假設「產品生命週期與該公司市占率形成一定關係時，能使獲利度最高」。一般而言這是正確的。也就是如果運用在第一章提過的PIMS專案，至少這樣的說法在美國已證實可以到達一般化的程度，而據我在日本接觸過的企業內部資料，除非是極特殊的例外，否則可視為此關係成立（〔圖13〕舉出其一例）。

反過來說，如果「市占率是左右產品獲利度的重要變數之一」，一般來說我們會期待可以訂定計畫，去形成像〔圖14〕那樣的關係。〔圖14〕下方附註的部分所講的是，在產品生命週期的不同階段針對各策略變數（這一樣也只是在一般理論的範圍內）採取的不同作法，以使公司產品獲得如虛線那樣的市占率，也讓產品在該階段中的獲利最大化。

重點在於，在產品生命週期開始時，如果決定要加入該產業，就必須致力於實現關鍵成功因素（編按：作者在本書中使用KFS, Key Factor for Success，與一般常用的KSF, Key Success Factory略有不同）。因此初期的投資應該是「所能負擔的最大限度」。此外也應該要有甘冒一定程度風險的心理準備。至於產品，則應該使其多樣化，不斷力求進入新市場區隔（不同地域或不同消費層）。價格策略上則應建構起價格領導者地位，採取最能使成本與效益間的關係

［圖14］生命週期與企業策略的例子

產品的生命週期

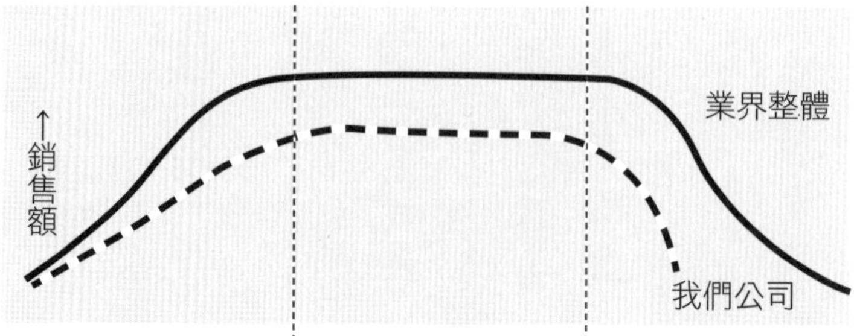

	成長期	成熟期	衰退期
我們公司的基本策略	求取長期獲利度，構築起市場地位	享受高獲利與充足的現金流量	使現金流量最大化，在受傷前撤退

策略變數

投資……在可能限度內盡量投資

風險……要願意承擔，但勿使之擴散

市占率……取得、開拓新市場

價格策略……成為領導者（低價）

產品……成為領導者
（多樣化、高品質）

成本……追求規模效益

銷售……新奇 、創意，擴大覆蓋率

（請讀者模仿左邊的例子填寫本欄位，做為策略練習。）

若能巧妙運用產品的生命週期，PPM會成為效用更強的手法。

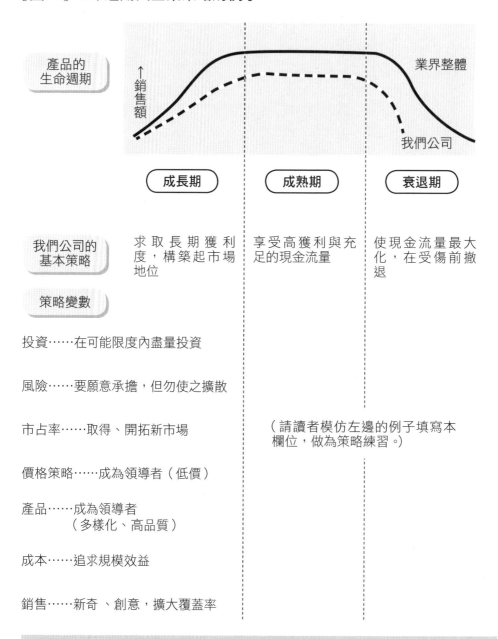

最大化的低價格策略。在成本上最初則採取「率先掌握規模效益，占住優勢」的策略。在銷售面，應持續追求新奇性與新嘗試（勢必得增加廣告宣傳費用），以提升市場覆蓋率為第一目標。這是在一開始接受了「成長吧」的大命令時，就同時發動的所有具一致性的「小命令」的集合。

我們經常會看到，有些公司的作法前後不一致。他們一樣也接受了「來拚一場吧！」的命令，但對於設備的投資卻多到幾乎超出負荷的危險地步，一心只想獨占全國市占率，而買了必要以上的設備；但另一方面，他們的銷售策略卻又採取完全相反的作法，因捨不得為此投資而全交給一家銷售公司辦理，或是以「太晚開始」為理由，不去嘗試市場區隔的多樣化。

企業所採用的策略，必須根據產品的定位，也就是根據「產業魅力度」與「公司力量強弱」所定出來的平面座標點，來決定大方向，並且要跟隨著大方向同時下令，進行與其一致的各策略變數。若無法做到這樣，就無法產生真正的效果。前述的前後不一致的例子，就像是師團長下令突擊，中隊長卻命令大家休息一樣。

把市場比喻為戰場（特別是對我這種沒上過戰場的人而言），固然是因為二者都帶有一種虛無感，但我卻覺得，決定企業生死的，是企業裡從中階至高階，那些訂定事業計畫的人們（不管他們的薪資再怎麼微薄）。如果公司的命運全都得看這些人的喜怒哀樂來決定的話，不就和戰場上參謀的職務沒什麼兩樣了嗎？這是我想認真提出來的質問。

透過觀點選擇策略，那麼，像這種能使各產品系列的潛力發揮到最大的標準策略，我們應如何運用於經營多角化下的所有事業呢？請各位看看〔圖15〕。我直接把〔圖10〕三十種產品系列的例子拿來使用。圖中我們可以看到概念性的事業平面分布圖。由於策略計畫所採觀點的不同，若想知道九個象限各應透過各種策略來補強，就必須採取不同的思考方式。如果用比較極端的例子來表示，將〔圖10〕那種客觀的圖點標示變成用〔圖15〕左方這樣，主觀式地用策略1到策略4套上去的話，策略4的作法「營收最大、成本最小、風險最小」可以適用於全體三分之一強的產品，因此可用於求取短期成果。

相反的，若為〔圖15〕右方那種分布，而以〔圖10〕與〔圖12〕一併來考慮的話，由於公

［圖15］策略組合與事業計畫之觀點

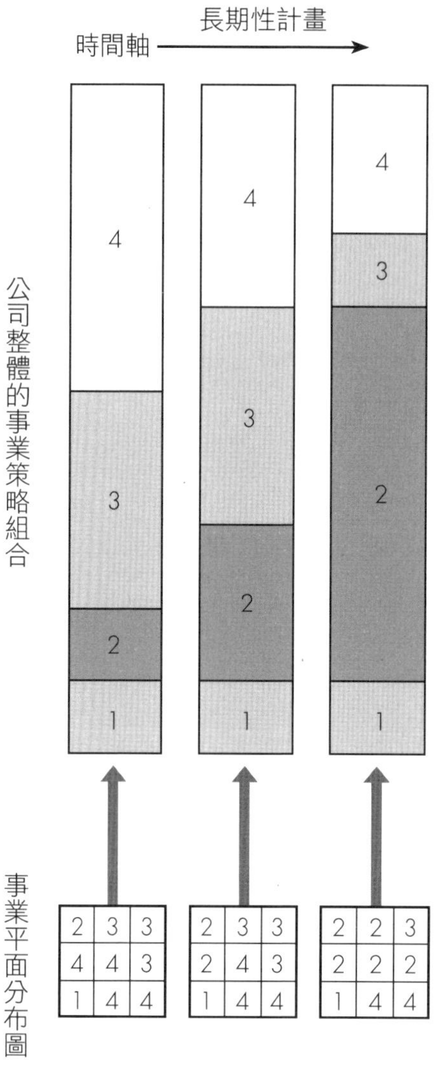

策略計畫依其時間軸位置的不同，較有效的策略組合也會不同。

［圖16］產品組合與業績的關係

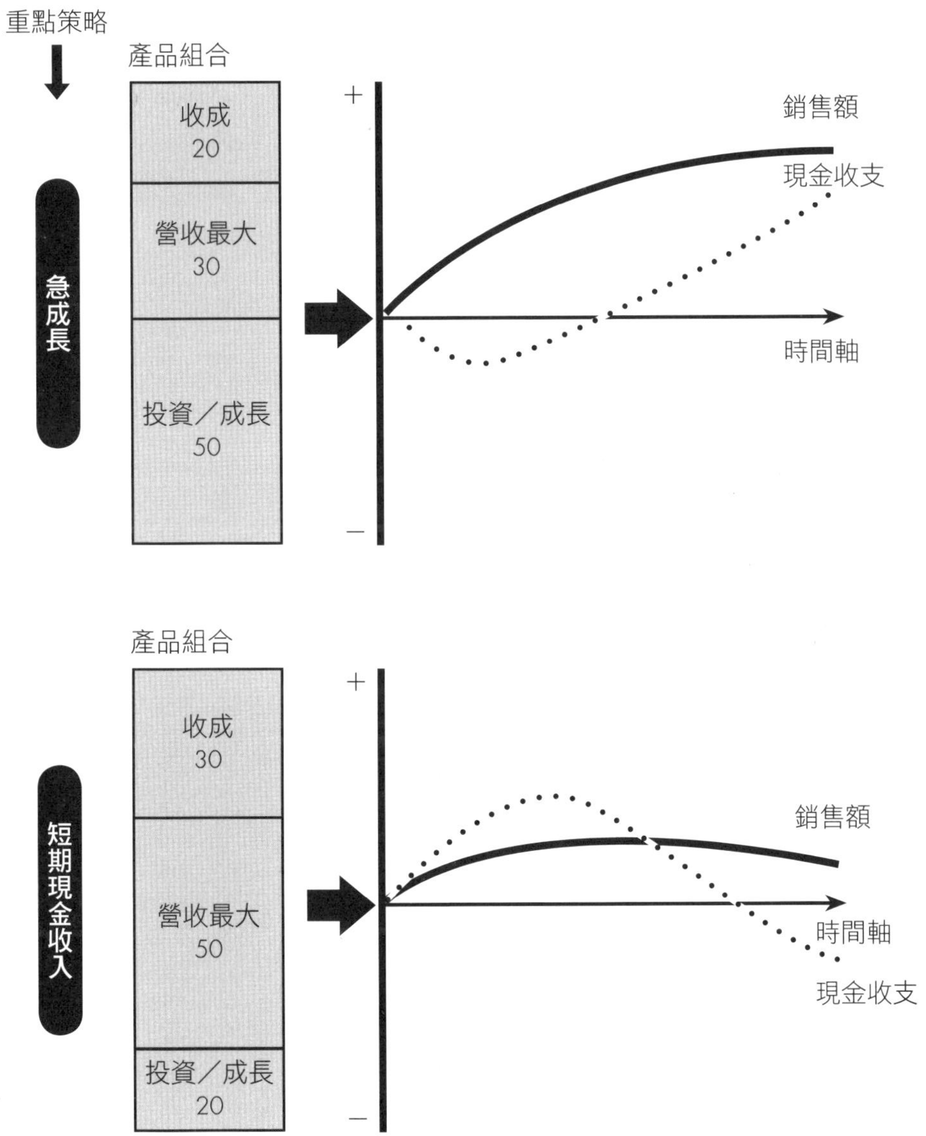

重點策略與搭配適切的產品組合，將可大幅左右公司的業績，並使經營者的意志更容易落實。

司目前想拓展自己較弱的領域，除了必須投入大量資金外，達到成果所需花費的時間也極其漫長。亦即在〔圖15〕中，愈往右邊的話，就愈是採取長期為主的事業計畫。

一般而言，最後講的這一點，正是讓PPM跳脫「數學家或系統專家的遊戲」，一躍成為大企業高層不可或缺的近代經營管理方法的最大主因。也就是像〔圖16〕那樣，在事業平面上畫出代表各事業單位的點之後，視策略上特別重視哪個部分（有時候也可能是根據「本年度社長方針」之類的東西來決定），來區分產品策略的組合管理。

〔圖16〕固然極其一般化，但上面所描繪的那種產品組合管理，卻適用於「以急速成長為目標」的狀況。如圖中右方的實線所示，公司的銷售額愈來愈增加。然而，若從現金收支的點來看，卻顯示出會讓重金禮聘而來的公司要員感到困擾的V字曲線（虛線）。還好，隨著時間推進，這種策略有了回報。從長期觀點來看，一切都變得「可喜可賀」。

另一方面，下方的圖所顯示的，是出於某種原因較為重視優先從事業中獲取資金與獲利度，而較不重視提升銷售額時，所採取的策略。此時，產品組合變成極重視收成，寧願為此放棄市占率也在所不惜。這麼做的話，營收會從一開始就朝衰減而去，現金收入雖會暫時到達高峰，其後卻會急速惡化。此時若不採取必要措施，將面臨虧損經營的威脅。至於實際上應採用什麼策略，請貴公司因應自己的需求，找到其間最能平衡的作法。

如果你是個夠聰明的股東或企業高層，就不該因為業績表面上的惡化或好轉就患得患失，反而應該對不試圖去主導這些曲線的經營團隊顯示出自己的深切認同。這是因為，經營者出於一己意志對公司整體業績的掌控，若能透過PPM的嚴格管理變得比過去還容易執行，不必再仰

［圖17］奇異公司與西屋公司的業績比較

■奇異　營收與利潤間呈現絕佳平衡

■西屋　兩者間不夠平衡

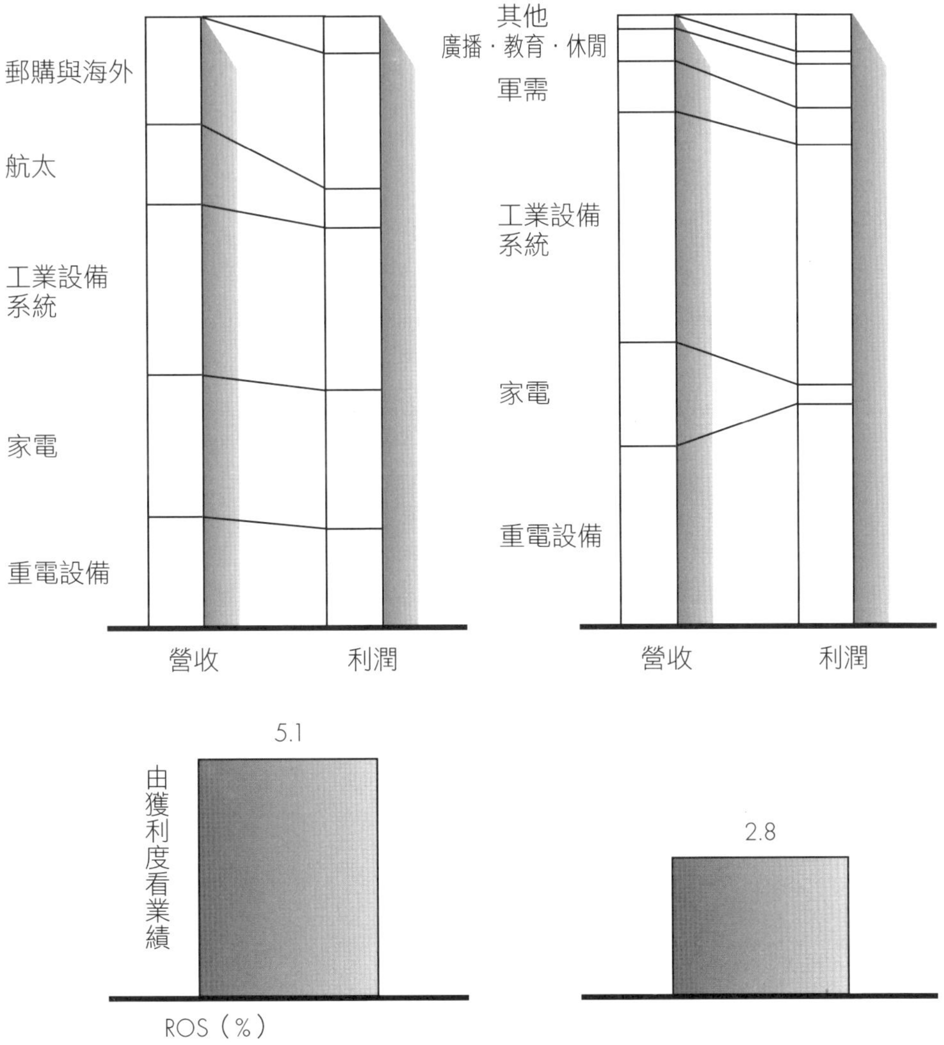

＊資料來源：《每周鑽石》，1974年8月3日。

若能掌握二次元的產業光譜分布，將可作為檢討業種間平衡與否的有效工具。

賴直覺，而能冷靜討論如何在事業平面上移動棋子前進的話，事情自然會愈來愈順利。SBU的分組並不容易，它不像過去的事業部那樣，是以「同一工廠生產」，或「由同一通路銷售」來分組，而必須透過共通的KFS項目來區分。因此，若無法針對列入SBU的各產品，仔細推敲從原物料的採購、生產、銷售到服務等各層面的話，會很難透過這樣的分組獲得真正的經濟效益。

即便我們了解了PPM或SBU的概念，但要實際消化它們時，在這方面還是需要專家的協助。重要的是，不要只因為乍看之下理論很有趣或很新奇，就讓它成為社長室或企劃部等總公司單位的知識遊戲。〔圖18〕根據已公開的文獻，列出在麥肯錫公司所接過的工作中，尤其重視PPM的專案，在實施前與實施後實際產生了什麼變化。若把在這領域中也廣為活躍於全球的波士頓顧問集團也加進來的話，可以想見受過PPM恩惠的大企業有多少了。奇異公司令人驚奇的成果，也是造成該公司目前壓倒性勝過西屋公司的原因之一〔圖17〕。而在歐洲，PPM的實施一樣也是獲得很高的成果。

在日本企業實施PPM的成果不遜於歐美企業，雖然在日本退出業界會產生相當多的相關作業要處理，但通常也會相對地出現新事業，或是讓既有事業更為活潑。或者，這麼說更對：在日本，如果以「有效運用資源」為目的，而要重新分配資源時，PPM會是成效卓著的催化劑（觸媒）。

奇異電器——發展為策略性事業單位

知名的奇異公司內部對PPM的應用，並非只有我前面講的，創造出一個用於擬定策略的流程而已，而是進一步應用到組織改造、自大型事業中撤退、進入新市場等層面上。

奇異公司的新組織是從既有的事業部中裁撤了二十五個事業部與一百一十個部門，並成立了四十三個SBU。這些所謂的SBU透過PPM與總公司的各功能團隊有很緊密的連結，它們會個別根據所給定的小策略往前衝刺。對各SBU的部長的審核，也不像以前一樣只要提升銷售額或獲利就予以誇獎。在極端一點的狀況下（位於事業平面左下角的那類產品），獎酬可能反而會取決於你能忠於計畫、縮小事業規模到什麼程度。當然，產品若位於成長區塊，那就和以前一樣，獎酬取決於你能把事業拓展到何種地步。

改善所需之策略行 計畫	結果	麥肯錫公司的援助	文獻
◎成立 43 個 SBU ◎實施嚴格的 PPM 並導入中期策略 ◎賣掉電腦與電視傳播部門 ◎進入組合式住宅與醫療電子儀器產業	◎至 1973 年為止，營收倍增至 115 億美元 ◎獲利達到史上最高的 5.9 億美元 ◎改善了原子能和飛機引擎部門的盈虧數字	有	美國《商業周刊》1972 年 7 月 8 日號，第 52-58 頁
◎重新規畫整個集團的組織架構 ◎採用 PPM 使產品系列合理化 ◎導入嚴密的計畫與管理流程	◎ 3 年期間營收成長 60%，達到 16 億美元 ◎ 2 年之內 ROS 從 -6.3 % 到達平損點 ◎再度開始配股	有	《國際管理》1972 年 1 月號，第 12-15 頁；《日經商業周刊》1972 年 2 月 21 日號，第 54-56 頁
◎全公司組織再造 ◎開發財務規畫流程 ◎採用 PPM 使產品系列合理化 ◎擬定數種產品／市場策略	◎ 700 萬美元的黑字 ◎營收成長 35%，到達 5.3 億美元 ◎銀行的超額貸款全部還清	有	《國際管理》1974 年 11 月號，第 20-27 頁

[圖18] 根本性經營改善的例子（僅限已公開的對象）

公司名稱	主要事業	改善前狀況	診斷結果
奇異電器（美國）	◎電機 ◎發電廠 ◎飛機引擎 ◎住宅	◎營收約50億美元，5年內都沒成長 ◎獲利停止成長 ◎毛利率低	◎事業內容繁雜（25種事業，110個部門）難以管理 ◎過於重視資金，高風險的大型企業 ◎直線管理者一味追求短期盈虧 ◎缺乏中期計畫
萊茵鋼鐵（Rehinstahl, 西德）	◎鋼鐵 ◎工業用設備	◎1965~67年間耗去45%的資金 ◎即將宣告破產 ◎因為1967年的不景氣，問題一口氣全冒出來 ◎當然，沒有配股	◎難以控管多達30個的關係企業，大家的作法南轅北轍 ◎產品系列重複 ◎過去的成長力掩蓋住這些問題
VMF（荷蘭）	◎工業用設備	◎1969年的營收39億美元，卻虧損1100萬美元 ◎銀行超額貸款2200萬美元	◎合併後的各種問題未能解決 ◎產品系列有80%重複

在解決大企業複雜的經營問題時，PPM也扮演了重要的角色……

3. 產品、市場策略

俗稱的行銷，指的似乎就是與銷售有關的綜合性技術。事實上，無論何種產品，只要把它當成事業來看，經營者都會希望能努力引出該產品所蘊含的最大市場潛力。反過來說，如果你的事業與市場有很強的連結（例如營造業），利用這種很強的連結，以謀求自己的最大利益為目標（在遵守商業道德之下）提供產品到市場中，也正是所謂的「生意」。

這意味著，在給定的制約條件下，那些制定行銷策略的人，必須和擬定致勝妙計的策略參謀一樣，發揮出相同的功能才行。為此，我不打算使用容易造成誤解的「行銷」一詞，而以「產品、市場策略」稱之，和各位談談這企業策略中的一大重要領域。

〔圖19〕是一個產品與市場的矩陣，左下的象限是既有產品所占有的既有市場。假設錄影機在教育產業獲得廣泛使用，那可以把它當成是既有錄影機產品的既有市場。不過，現在因為這市場太小，我們想開拓新市場，而打算以一般家庭為對象展開市場策略。由於把原本的產品拿來賣會太貴，所以必須生產較便宜的產品，而為獲得規模經濟也必須有大量的生產投資才行。此外還必須大量投資於銷售策略（宣傳、廣告等），服務網的擴充也得花錢。所以必須先有覺悟：需要的投資額將很可觀。即便如此，都還不能保證投資一定能成功，還必須把中度風險充分考慮在內才行。

一般而言，自行開拓新市場是很少見的，通常這都很花錢，也有其風險存在。若是提供新產品（或新設計）到既有市場中，雖然也和市場的競爭狀態有關，但常會呈現中度投資・低風險的情形。在此必須注意的地方是，要確保新產品能滿足既有市場的需求才行。日本的製造業者有很多都是交由與大型銷售公司相去甚遠的小型設計公司進行產品企劃（汽車業界泰半都分為自製與自售兩種業者，二者間的糾葛常成為茶餘飯後的話題），此時就不能說多樣化一定就是低風險了。

在石油危機澆熄其風潮前，多角化曾一度像是熱病一樣流行過。我想，當時因為疏於照顧既有地盤（低投資・低風險）而受傷的企業應該很多。對任何企業而言，多角化都應該要窮究在其他三個象限發展的可能性後才去做。而且事前應該要有認知，唯有從企業目標來看有這麼去做的需求，不做就無以為繼時，才去多角化。此外，我們也應該先了解，多元化的產品與市場都是極其高投資、高風險的。

［圖19］產品與市場矩陣

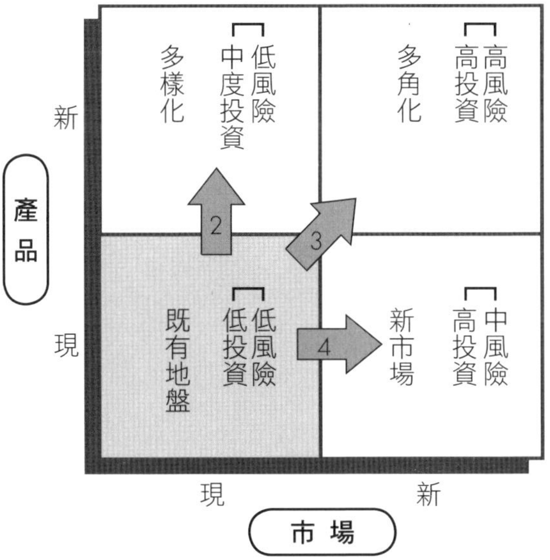

擴大事業時，以既有產品與市場為基礎，風險較低。

因此，我所謂的產品、市場策略，就包括盡可能從既有產品、市場的象限中引出它的潛力，從中找到發展的機會，以及進行事前的評估作業。由於目前已經有風險分析（Risk Analysis）或投資評估法（Investment Appraisal）等標準作法可用於依照箭頭的方向定量評估個別投資計畫，在此我就不再贅述。

既然產品、市場策略是一種著眼於「把目前正在經營的事業做到極限」的作戰計畫，就非得做到讓大家覺得「很徹底」或是「很執著」不可。如果你和銷售部長只談一些市場區隔的話題，他們會覺得了無新意而聽不進去。但針對公司自製產品的內部經濟（邊際利潤、ROCE等），很少會有公司能以五種不同的方式區隔市場，又能個別產生不同的數字，如果還要在下指令給第一線銷售人員時，用這些數字做為決策的參考，這樣的公司就更少了。本節要介紹的各個流程或許無法讓你耳目一新，但我有自信，如果公司整體能把它當成產品、市場策略「執著地」落實出來的話，一定能達成讓人「耳目一新」的成果。

聰明人在擬定產品與市場策略時，會根據以下七個步驟來進行。

步驟一　掌握市場動態

第一個步驟中最重要的，是要了解市場的規模與成長性。也就是要知道主要市場區隔的特質（圖21）。

不只是該產品市場本身，包括其前後（或上下游）的相關市場，也必須一併掌握其動向。

至於「相關市場」的範圍要大到哪裡，可以透過所謂的「消費者購買動機調查」，一併了解他

［圖20］擬定產品・市場策略時的流程

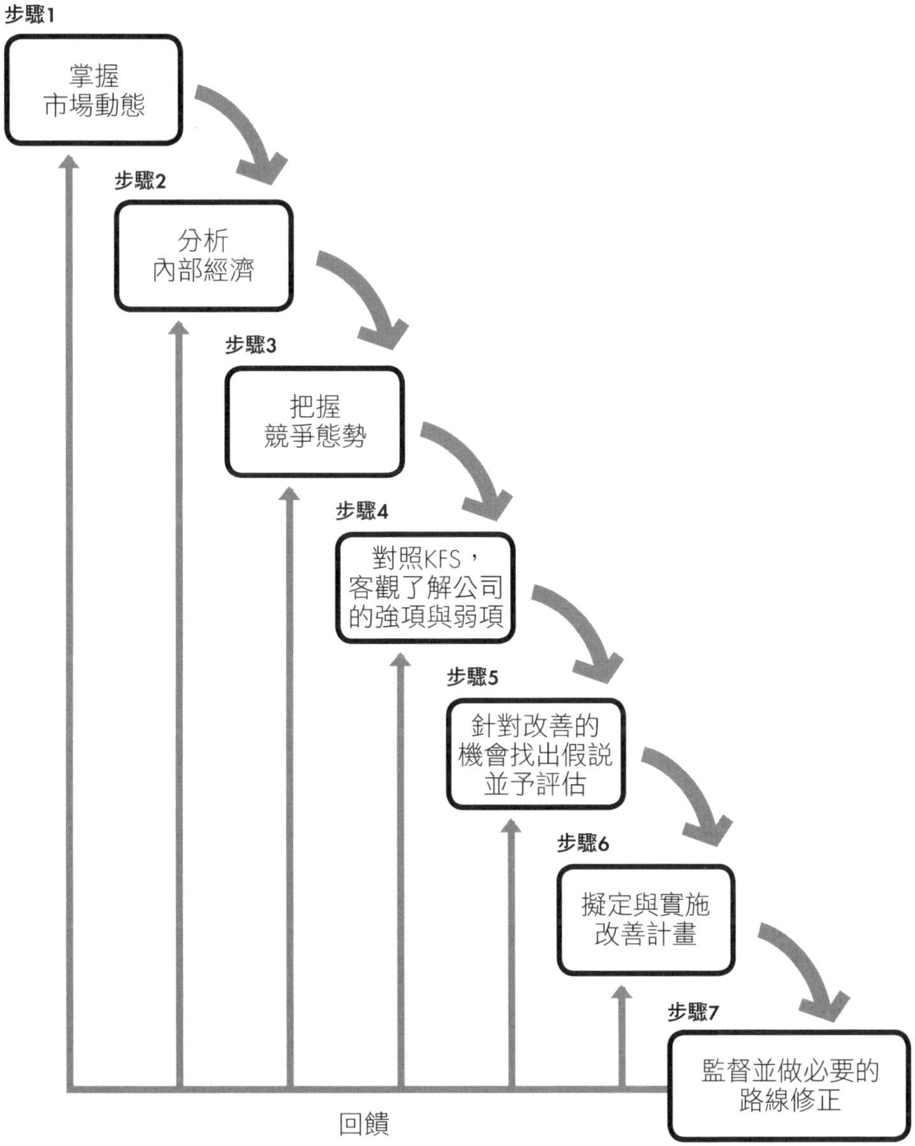

每個產品、市場，都必須採取能細膩擬定策略的流程。

們在購買該產品時，會同時納入考量的是什麼（亦即可作為替代品的東西）。

例如，從用途上來看，Pyrex（耐熱玻璃）餐具與鋁製餐具相互競爭；如果是當成送人的禮物，就與化學調味料或方糖相互競爭了。因此，我們必須把五百日圓至一萬日圓的禮品市場當成相關市場。接著再分析之所以不買砂糖而買Pyrex產品的決定性因素，再據以採取能影響該因素的銷售方法，以及從事產品開發。此時，即使是同產業的其他公司，也未必就是競爭對手。

③ 產品樣式別市場區隔

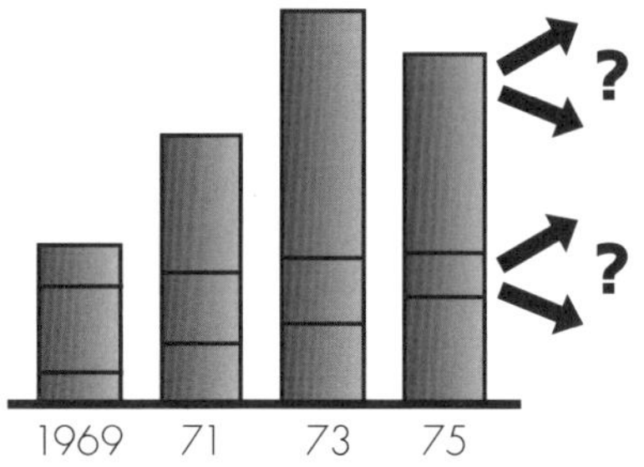

⑤ 流通管道

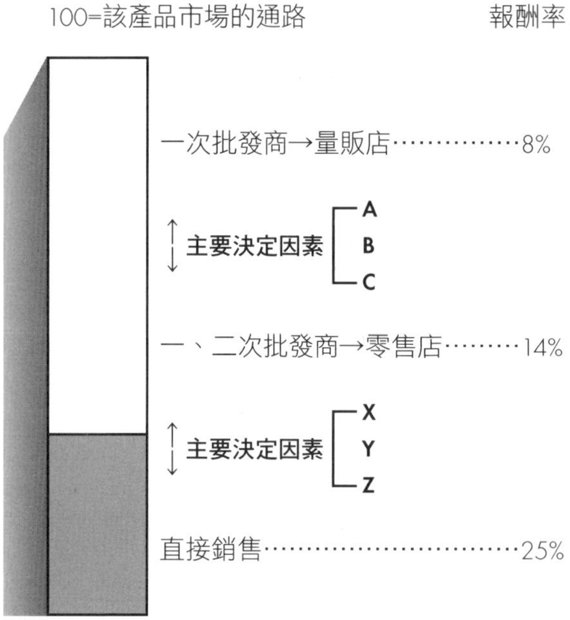

[圖21] 掌握市場動態(例)

① 市場整體

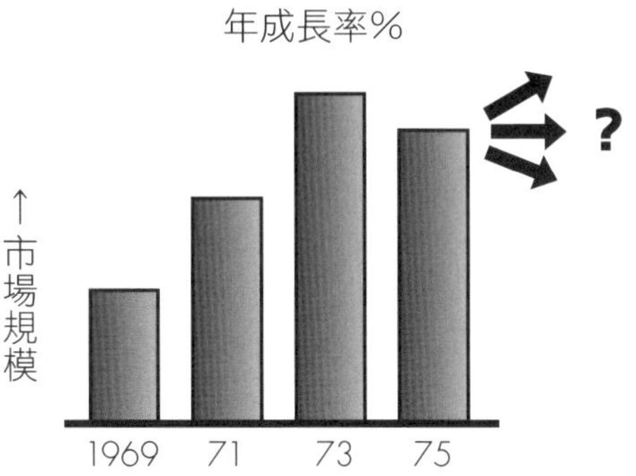

② 最終消費者市場區隔

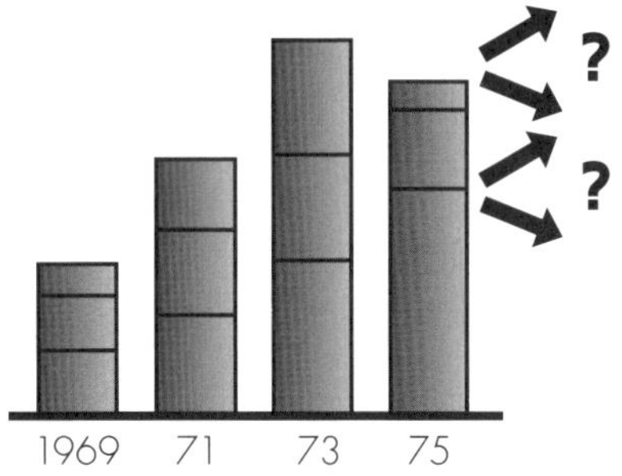

④ 所有相關市場

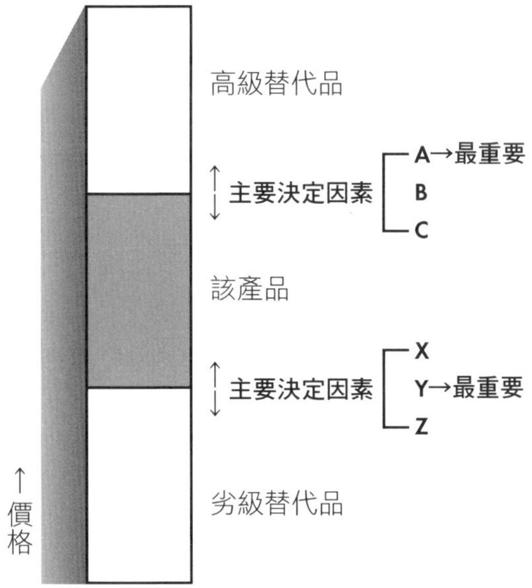

在步驟一是要綜合性地了解市場動態,並抽取出應注意的趨勢。

此外，推土機已遭鏟斗機取代，鏟斗機又被全迴轉式的鏟土機以及鏟裝機所取代。購買者常會比較這四種產品，所以該市場的相關市場必須考慮得廣一點。此外，針對為什麼消費者不買A產品而買B產品，掌握其決定性因素是很重要的。接著，我們必須針對各主要因素分析今後的影響度高低，預測未來該產品的市場動向。

這些分析雖然只是舉例，但本步驟要求的，就是要固定以充滿創造性的手法分析目標產品市場。

④ 款式別邊際獲利率（%）

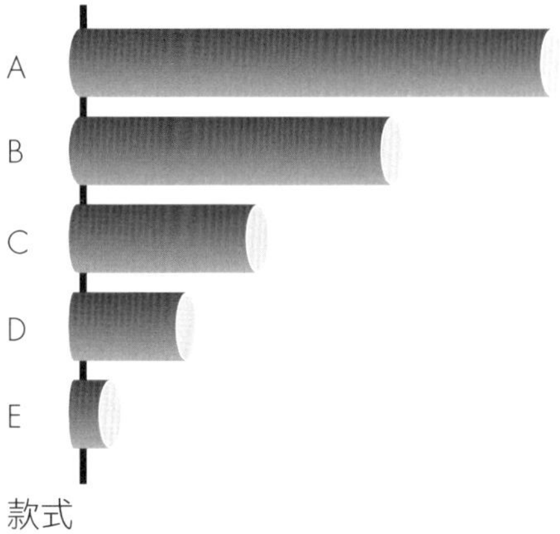

⑦ 附加價值

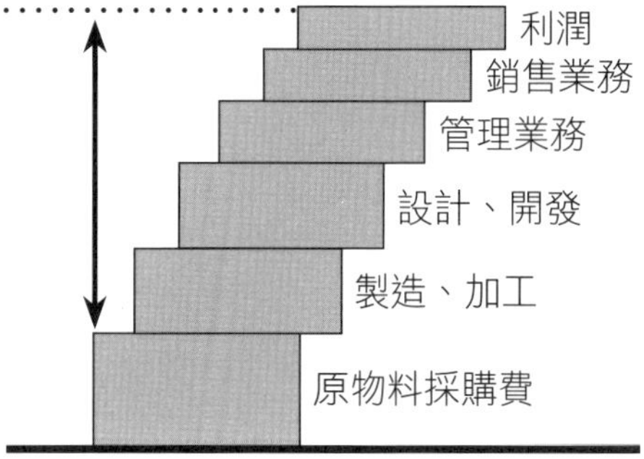

⑧ 突破瓶頸的得失

增產瓶頸	直接人工
外部可調配人數	50人
據此獲得之增產量	每年2500百台
每台售價	50萬日圓
邊際獲利率	30%
直接人工每人邊際利潤	每年750萬日圓
直接人工每人費用	每年250萬日圓
純得失	得：每年500萬日圓

［圖22］分析內部經濟（例）

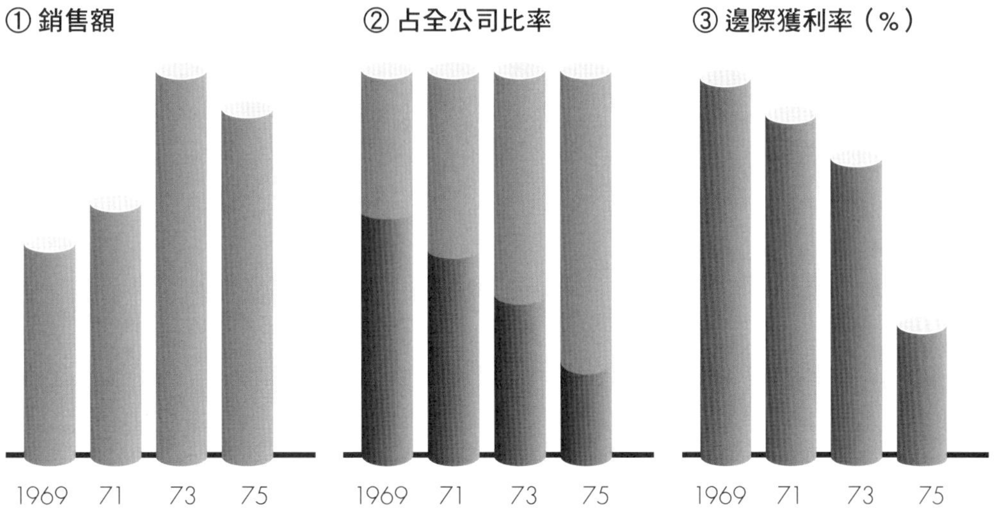
① 銷售額
② 占全公司比率
③ 邊際獲利率（%）
1969
71
73
75
1969
71
73
75
1969
71
73
75

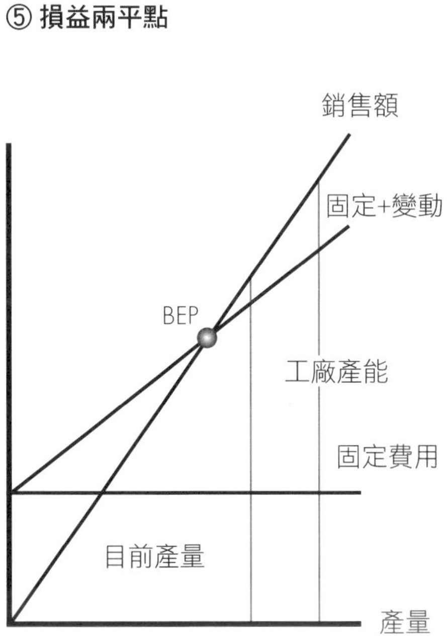
⑤ 損益兩平點
銷售額
固定+變動
BEP
工廠產能
固定費用
目前產量
產量

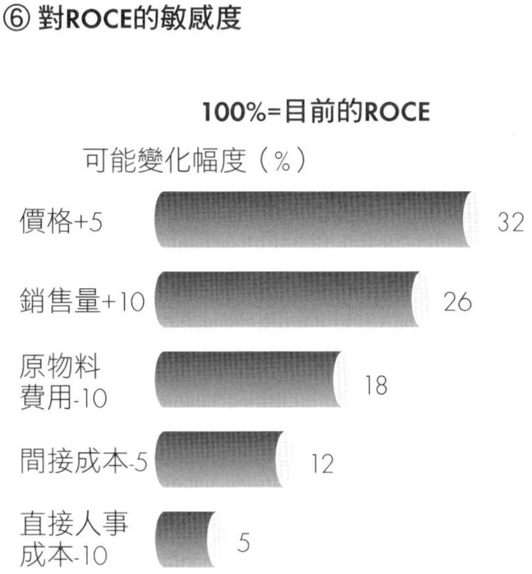
⑥ 對ROCE的敏感度
100%=目前的ROCE
可能變化幅度（%）
價格+5
32
銷售量+10
26
原物料
費用-10
18
間接成本-5
12
直接人事
成本-10
5

步驟二　分析內部經濟

所謂的「內部經濟」（Internal Economics）或許大家聽起來有些陌生，總之它是要分析該產品在公司內部有多少經濟上的重要性。具體採用的標準會隨加工業、單一產品或多樣產品而有不同，不過這裡我以具有五種款式的單一產品系列為例，做一些分析，如〔圖22〕所示。

①到④為止的分析我想就不多說明了，關於這些項目的絕對值以及趨勢值「為什麼會變成這樣？」的問題，全都非得找出明確的答案不可。為了回答「為何如此」，我們常因而必須在此一階段追加幾項分析不可。如同前面所說過的，一定要「執著地」去做，才有意義。

⑤的損益兩平點分析也是，它不只是做些泛泛的分析，而往往會為了正確分解出固定成本與變動成本，而必須參考會計方面過去的統計資料。此外由於損益兩平點常會出現在目前生產量的上下百分之十左右，所以若討論超過此一範圍，就必須再進行一次固定與變動成本的分解才行。

⑥是針對ROCE進行敏感度分析。事實上這裡必須有再進一步的分析才能正確把握變化幅度，但專家通常可以在這裡就預測出變化幅度來，而且相去不遠。

⑦的附加價值分析也不只是在分析此刻的狀況而已，還必須知道趨勢值。此外，還必須分析各項目在縮小、擴增時對銷售量的影響。在那些縮小時消費者也不太有感覺的部分，應該要特別花心思讓他們看得見。

還有，如果能以某種管道得知競爭對手的內部經濟，就有很多地方可以從⑦的分析中獲得啟示。

⑧是最近突然重要起來的「稀少資源分析」。它是先掌握在公司仍有銷售力能在市場中增加銷售量的狀態下，或是在生產設備相當充裕的狀態下，增產的瓶頸何在，再定量化計算要緩和此瓶頸必須在經濟上做出什麼犧牲。

這裡舉的例子是針對下面的情境所做的分析：「公司生產每台五十萬日圓上下的物理化學設備，由於熟練度夠的人員不足而形成生產瓶頸。最近有家生產類似產品的製造商剛好破產，詢問公司要不要接收他們的五十名員工。」由於產品是與相對較貴的進口品競爭，只要產量能追上的話，要多賣不是太大的問題，可望獲得如預計中的成果。不足的資源不只是人而已，能源及資金的募集也是。此外也不是只考慮增產，最近似乎也有必要考慮是否要縮小目前的經營規模，釋放出昂貴的資源，或許還比較划算。

內部經濟的分析，就是像這種為了產品、市場策略而不得不做的分析，或是為使考量的焦點更明確，在短期內必須找到改善效果較大的項目時，所採取的重要步驟。此外，為了在後面的步驟提出定量的答案，特別是針對市場面的分析所獲得的關於改善的假說（參照步驟五），本步驟是不可或缺的事前準備階段。

步驟三　把握競爭態勢

雖然競爭狀態最後是以市占率評估，但在本階段，我們要先理解「為何會變成目前這種市占率」，再試圖給予未來的市占率分布狀況較大的影響（圖23）。

①到③可以算是任何公司都掌握得到的市場變動、地域、款式別的市占率以及動向。即便只是這麼簡單的分析，只要花時間仔細推敲，一樣常可獲得重要結論。

例如，即便在②以地域別來看，只獲得了「並無業者在全國各地都居領導者地位」一項結論，但只要能了解「為何如此」，很可能就能直接找到關鍵成功因素。「地域性的差異」之所以出現，有很多可能的原因，像是總運送費用、各地偏好不同（若為衣服、內衣褲等，則是體形的不同）、雨量不同（例如乾燥的地方比較偏好裝輪式裝載機，土質較黏、雨量較多的地方則一定要履帶式裝載機才會賣）、氣溫不同、廣告宣傳費用的效用不同等等。不過，一旦了解主因是什麼，就可以改良產品、調整廣告宣傳費用的使用方式，或是在一些目前為止不太吃得

③ 款式別市占率

…稱霸大型與小型的是不同業者

市場規模　100=整個市場

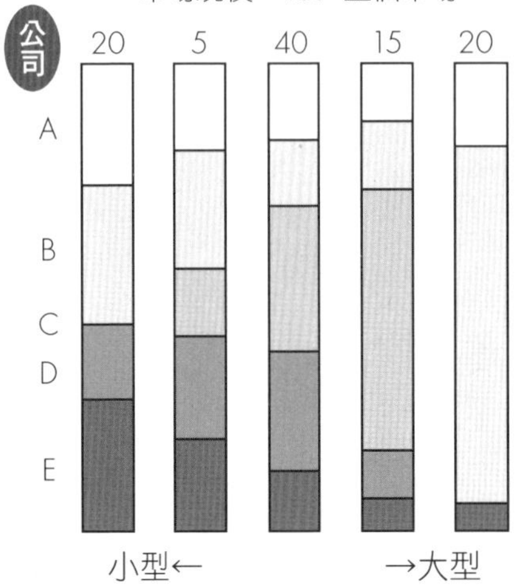

⑤ 生產能力（E公司=100）

…業界有很大風險會遭設備過剩而居劣勢的業者傾銷

	生產能力	銷售量＋生產能力
A……	80	17%
B……	40	63%
C……	100	75%
D……	100	38%
E……	100	100%

［圖23］市場競爭狀態之分析

① 總市占率的變動

…業界愈來愈二分化

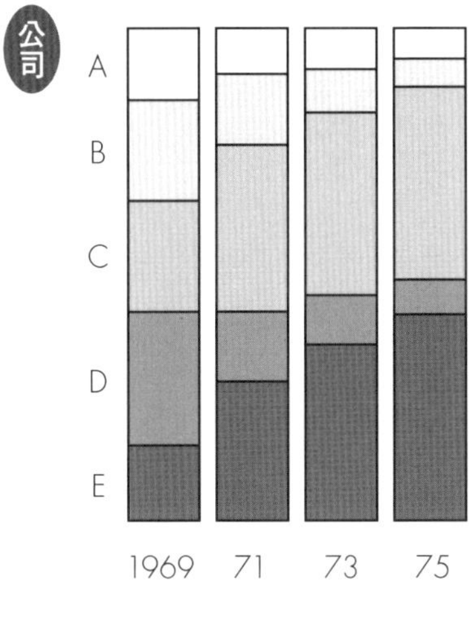

② 地域別市占率

…並無業者在全國各地都居領導者地位

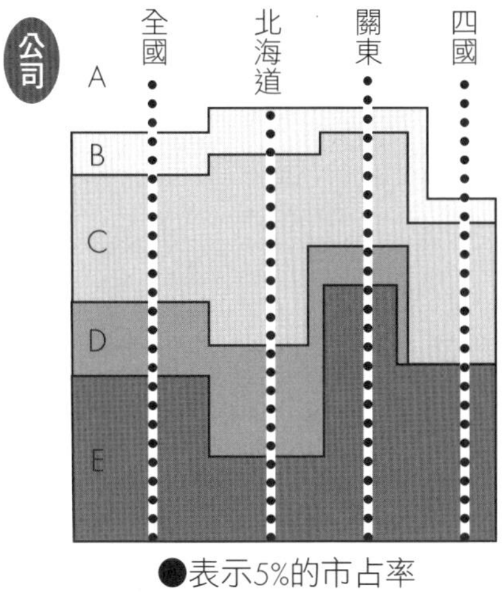

④ 強弱之比較

…在銷售面，掌握規模經濟的人比較強

公司	價格	銷售網	銷售人員素質	服務力	產品品質	內部經濟
A……	1	2	3	1	5	1
B……	2	3	1	3	4	3
C……	5	5	4	5	3	4
D……	3	1	2	2	1	2
E……	4	4	5	4	2	5

} 影響獲利度的主因

5=極強
1=極弱

不只是市占率，深入了解競爭狀態的內容也很重要。

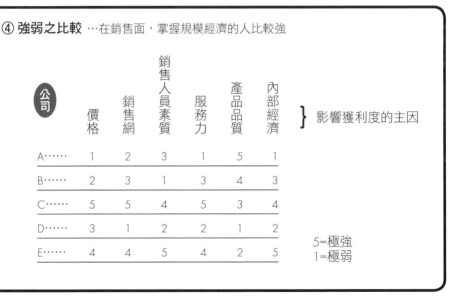

開的地方，發現公司的產品依然大有可為，進而重整銷售力。

分析④就像是五個進入業界的學生所寫的聯絡簿一樣，藉此可以讓支配內部經濟的決定性策浮現出來。在本例所舉的產業中，品質過好或過差都會失敗。此外，若能掌握規模經濟，進而強勢主導低價策略的話，內部經濟反而會變好。而掌握規模經濟的原因，應該是銷售力與服務力。除C公司與E公司外，其他公司都疏於這些項目的經營，而為過剩產能所苦（分析⑤）。劣質產品如果一口氣增產，賤價出售的危險性會很高，不過除了B公司以外，其他公司應該都承受不住擴大銷售網所需要的資金與時間。B公司若前來挖角業務員，C公司與E公司即使提高他們的薪資，也有必要設法阻止。這是因為，B公司業務員的素質如果提升，就可能會成為實際的威脅。

［圖24］購買決策的決定性主因

1=最重要 5=不需要・不研究

最終消費者區隔	市場規模		價格	品質	服務	交貨期	關係
O	35%	…	2	3	1	4	5
P	5%	…	5	1	3	4	2
Q	10%	…	4	3	5	2	1
R	30%	…	2	1	3	5	4
G（政府）	20%	…	2	1	4	3	5

分析各市場區隔中決定購買與否的動機與決定性因素也很重要。

步驟四 對照KFS，客觀了解公司的強項與弱項

透過目前為止的幾個步驟，就能針對KFS進行整體性的掌握，像是該產品市場目前的變動趨勢、競爭業者為何市占率會增加（或減少）等等。接著為了進一步確認KFS，我們先針對消費者的購買決策進行分析〔圖24〕。

此分析的第一步是依照銷售通路的不同或依照最終消費者區隔的不同，調查是誰來決定要買或不買，或是在要買的情況下，是誰（或哪個團體）決定要在A公司到E公司裡頭決定購買E

［圖25］市場覆蓋率的分析例

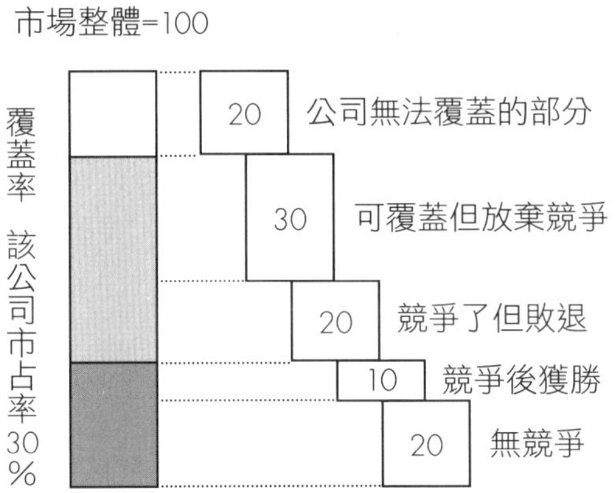

市占率與市場覆蓋率都不差，但競爭時的勝率卻顯著偏低。

［圖26］向公司購買、向其他業者購買的原因

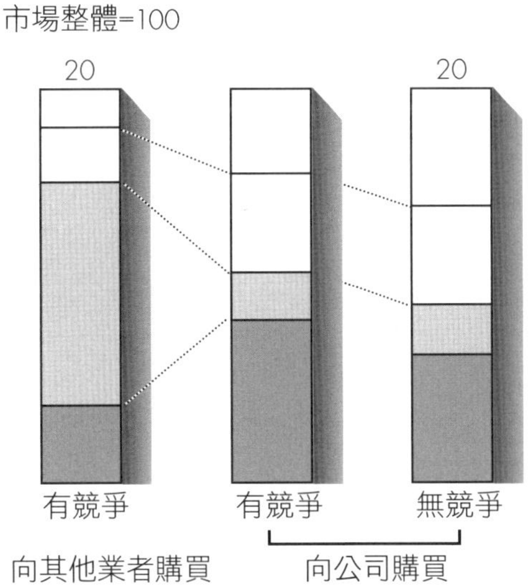

價格策略顯著削弱了競爭力，但公司的固定客戶倒對品質及服務感到滿意。

公司產品。在本階段中，應該不會有文獻之類的東西可供參考，所以勢必得找業務員或消費者訪談。無論如何，比較有效的作法是如〔圖24〕所顯示的那樣進行模擬式的定量化，不然就是要針對各項目撰寫簡短文字，以整理出結論。

此外，本步驟中也必須回答「為何如此」，以及「該趨勢今後會否延續下去」等問題才行。〔圖24〕只是這類問題的起點，而非終點。還有，不消說，在這張圖完成後，必須回到

［圖27］業務員效率分析

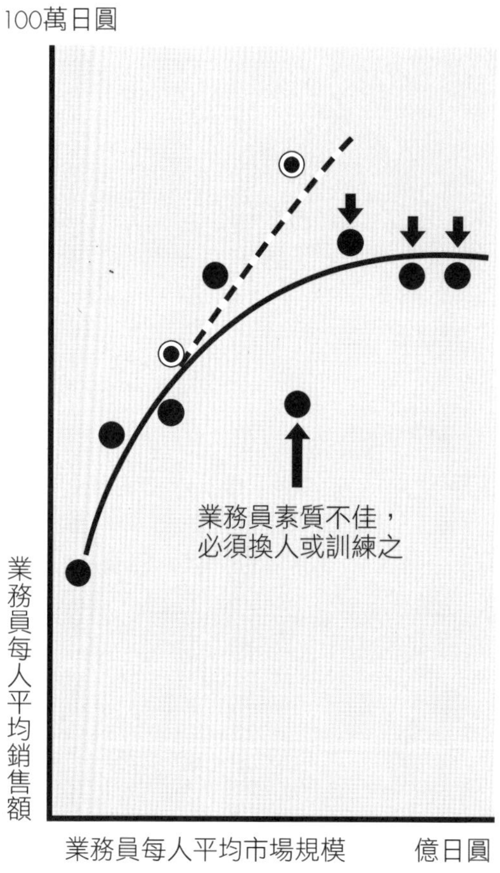

● 公司的八個地方營業所

◉ 競爭業者的全國平均

⬆ 箭頭的地方表示，應覆蓋的地域太廣，市場潛力還沒有完全發揮的營業所。

有三個地方的營業可望透過增聘業務員達成銷售的增加。

〔圖23〕中④的地方交叉比對，看看目前存在於市場中的優劣狀態，若從購買者的角度來分析，是否也能予以說明。

對於自己公司的銷售力，以定量方式也會比較容易掌握。〔圖25〕與〔圖26〕分別舉例分析市場覆蓋率以及消費者之所以購買或不買公司產品的原因。這兩個例子也一樣，可以透過對趨勢值的掌握，了解公司的強項與弱項之所在。再把它們與KFS對照的話，就能自動得知改善的優先順序，知道哪些非馬上著手改善不可了。

步驟五　針對改善的機會找出假說並評估

在前一步驟找出改善會有幫助的領域後，還是必須計算其得失，以了解其成效高低。這是因為，改善需要資金，所以必須先預測各項目能否滿足ROCE等變數的基準值。經評估後，改善的幅度若大，一方面既可用於說服負責執行的人，一方面也可以用於鞭策幹勁。〔圖27〕所舉的例子，就是為了讓「增聘業務員」正當化所做的分析。

步驟六　擬定與實施改善計畫／步驟七　監督並做必要的路線修正

這兩個步驟就是要擬定執行計畫及追蹤。在此應盡可能詳細訂定執行負責人與執行項目、時間表（大、中、小項目），以及希望能有執行成果的目標。如果隔天早晨之前負責的管理者還無法消化出到底要做什麼並形諸書面的話，通常就什麼事也不會發生。還有，也要定期予以監督，一旦偏離目標，就應該重複進行必要的分析，取得直線部門的理解，然後給他們勇氣。

此外，千萬不要覺得修正路線是很丟臉的事，過去的假設只要有錯，就應該馬上修正計畫。

所謂的產品、市場策略，就是像這樣實際上去分析的工作。這種分析必須先準備好每天製作的銷售報告，或是關於競爭者銷售狀況的分析報告。此外，一開始時，來找像我們這種已經為不同類型的產品系列擬定過無數次方案、上過無數次戰場的老手來進行，無論就時間或經費上來看，都會比較有效率。一旦公司培養出一群專家，那麼要拓展到其他的產品系列，或是要應用於所有事業部，也就不是什麼難事了。

❶ 大前研一，〈日本企業的依賴循環〉，《科技評論》，一九七五年一月。

❷ 譯註：PERT指「Program Evaluation & Review Technique」，即「專案評核技巧」；MIS指「Management Information System」，即「管理資訊系統」；PPBS指「Planning Programming Budgeting System」，即「設計計畫預算制度」。

❸ 譯註：德爾菲法是一九四八年由美國蘭德（Rand）公司所發明，一種用於預測未來或彙整意見的研究方法。它是一種借重學者專家的知識與經驗，以匿名方式及回饋作用達成決策共識的溝通工具。

❹ 拙作《惡魔的骰子——日本人偏頗的看法與思考方式》，一九七三年。

❺ 如果要看有趣的論文，請參考麥肯錫克里夫蘭分公司社長費瑞德里克・希爾比（Frederick W. Searby）的〈回歸ＲＯＩ〉（*Return to Return on Investment*, Harvard Business Review, March-April, 1975）。

❻ 例如詹姆斯・波特菲爾（James T.S. Porterfield）《投資決策與資金成本》（*Investment Decisions and Capital Costs*, Prentice-Hall）

❼ 大衛・赫茲（David B. Hertz）〈管理的新力量〉（*"New Power of Management"*, McGraw Hill, Inc, 1969）。

❽ 理查・范希爾（Richard F. Vancil）與彼得・羅蘭吉（Peter Lorange）〈多角化企業之策略規畫〉（*Strategic Planning in Diversified Companies*, Harvard Business Review, January-February, 1975, p.81-90）。

❾ 請各位參考《Business》Week, July 8（1972）p.52-58 以及《Forbes》March 15（1975）p.26-36等報導。

❿ 譯註：「尼克森震撼」是指美國總統尼克森為因應越戰、石油危機及歐洲、日本兩大經濟強權的崛起，而在一九七一年八月十五日宣布美元改採浮動匯率制度，使日本的固定匯率制度因而崩潰。

第3章 把策略性思考應用在政事上

我認為，國家也和企業一樣，需要由策略性問題解決者所組成的團體。為使各位理解此事，我要舉兩個例子。其一是最近在日本產業界引起熱烈討論的產業結構問題，另一個是一九七四年發生的小小的國際紛爭。

1. 產業結構論的出發點

所謂的低成長與不安定化，是連單一產品的生命週期裡都看得到的現象。進入成熟期的耐久財面對景氣的變動，也會出現需要大幅上下震盪的特徵。

一國的產業也一樣，大家都認為，當它進入成熟期時，就會出現類似於此的現象。由於個人消費支出尚稱充足，在感受到不景氣時會呈現這樣的現象：大家會變成採取觀望態度，他們並不是因為沒錢而沒有需求，而是因為有錢而覺得沒必要買、不想買，才使需求自然減少。

這與既有的經濟學談到的，通貨膨脹與通貨緊縮反覆出現（景氣循環說）的理論基礎「貨幣供給」，這種依據物理量的因素比起來，有相當程度是心理上的因素。還有，一直以來大家認為的景氣、不景氣都是在資本主義經濟發展過程中，而且是在經濟成長期時才發生的，但現在的先進各國所面臨的不景氣，卻是來自於成熟期下的景氣循環。我認為這是很不相同的。

反過來說，一九二九年那種經濟大恐慌，是成長期型的不景氣。進入成熟期後，可以認為就不可能再有這種「非生即死」（Live or Death）的事情發生了。當然，在以財政政策為主（其實是政府與民間的共同錯覺）的日本，如果政府打瞌睡打得太嚴重，或是有誰故意惡搞的話，仍有可能引發「人為的」經濟恐慌。

美國已經愈來愈少運用像「新政」（New Deal）那樣的財政政策來左右景氣了，或說重點已經放在金融政策上。如前所述，由於美國全國的經濟成長已進入成熟期核心，心理性的政策所帶來的效果當然比較大。

因此，日本應該也會變得需要由金融政策主導的景氣對策（或者說，在這次的不景氣中，就是強硬維持重貼現率的政策造成了不必要混亂）。

美國經濟的成熟，其一是因為產業結構成熟而使白領群與技術人員出現。學術上以丹尼・貝爾（Daniel Bell）教授提出的「後工業社會」（Post Industrial Society）最為人所知，通俗讀物上則有查理・萊克（Charles A. Reich）的《綠化美國》（*Greening of America*），以及艾文・托夫勒（Alvin Tofler）的《未來震撼》（*Future Shock*）等等，傳神描寫出美國社會狀況的變化。

日本也一樣，特別是在石油危機之後，就有許多研究機構積極研究起產業結構。其中出於高能源成本而導致全球競爭力低下的產業，是以煉鋁業為首。

因人事成本大增，導致全球競爭力漸漸消失的產業如勞動密集型的合板、纖維、製鞋等等產生結構性的變化。特別是纖維業，不過幾年前才發生佐藤前首相與美國前總統尼克森間，訂定了以「由美國設法為日本搞定沖繩❶，但為了固住南部票源，請日本調整纖維業出口」等事項為內容的密約，結果大受抨擊（以及通譯員誤譯了此事而造成大問題）的事件，但那麼大的騷動，現在卻好像沒發生過一樣。現在，日本的纖維業在美國市場的競爭力，已經不再是「強到人見人厭」的地步了，要想扭轉與東南亞或南歐各國之間競爭力的相對差距，也不容易吧！

或者應該說，不久日本可能就要像以前美國要求日本自制一樣，也陷入必須去「拜託」鄰近各國的地步了。合板與製鞋也是一樣，一旦中國的七億人口集中於第二類產業，那些屬勞動密集型而對日本較有利的事項，勢必會變成僅限於無法運送或保存的東西而已。

從二維光譜發想

問題在於，如何因應這種「勢必到來」的狀況。如果屈服於國內的政治壓力（亦即特定選民的壓力），會變成強迫一般民眾接受較昂貴的國產品。我們被迫習慣於高級品高關稅（威士忌或進口車），但現在一方面要面對襯衫、鞋子等大眾產品漲價，一方面卻又對進口產品課以高關稅以求平衡。這樣的政策，我實在無法打從心裡贊同。

但即便政策在長期而言是錯的，短期內關稅障礙很可能仍是政治上看來最佳的作法。如果因進口合板產品導致合板製造商全家失業自殺的事件仍持續出現的話，連報紙都會寫出責難政府的報導了吧！於是，關稅障礙就一點一點地加上去了。

在討論產業結構的長期願景時，令我最不解的就是這種耍帥的作法。它代表的是現在那種「追隨美國，朝高附加價值的再製品或高科技邁進」的想法，簡言之就是產業光譜朝更高階變遷。雖然這東西也有必要，但非得寫在執行計畫書中不可的，應該是對於要撤退的事業如何因應，以及求取「要擴大的事業」與「要撤退的事業」之間的平衡。如何才能巧妙取得這樣的平衡，是策略性思考家最擅長的部分。例如，前一章提過的產品系列的組合管理，應該就是一套直接可用的好方法〔圖1〕。

我們可以把過去的一維產業光譜提升為二維光譜，讓發想的次元更多元化，避免做出錯誤的綜合性判斷。此外，就像各產業的企業策略有時進攻、有時撤退一樣，在國家層次上，只要把它綜合性地做成計畫就可以了。

〔圖2〕以附加價值做成了產業矩陣，顯示出各象限所表的意義，以及可以設想什麼樣的東西做為長期方針。當然，也有人覺得這樣子過度單純化了，不過藉由這種方式整理過後，我想至少可以讓你找到出發點（但不是結果）。

還有，〔圖1〕這種二維的研究可以向PPM學習，以市場規模與日本的相對全球競爭力作為二軸，用來表示幾種產業。這可以用於單純抽取石油危機的效果進行分析，也可以再搭配去年發生的工資增加百分之三十的影響，整個一起探討。也可以用縱軸表示就業人口、橫軸表示

［圖1］產業光譜的變化

■一維產業光譜（1800～1980）

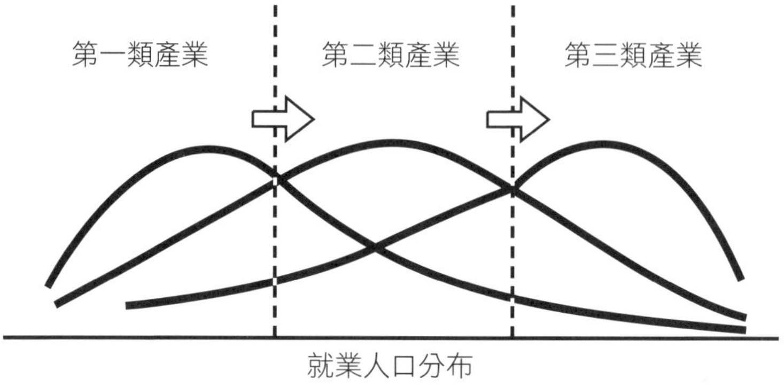

■二維產業光譜（1973～1975）

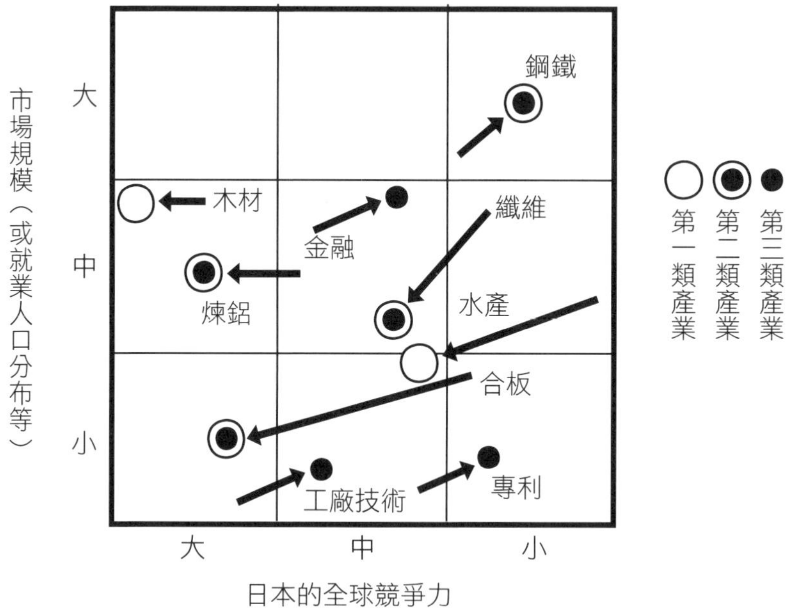

在檢討產業間平衡時，二維產業光譜很有用。

各業種的貿易收支，依分析目的之不同獲得許多啟發。

希望各位可以推演這種二維光譜在三年後、十年後的狀況（決定箭頭），以謀求產業間的平衡。這種東西不但最適於國事層次的策略性參謀團隊使用，也很有一用的價值。

針對既有產業分類的疑問

最後我想再針對另一個關於產業結構的常見錯誤觀點談談我個人的看法，因為我對於以「第一級」、「第二級」這種方式來區別感到疑惑。一般大家認知的產業結構，是從生產的財貨所接受的加工程度來區分的。至少，第一級與第二級產業間，是以「產出原物料」以及「加工」來區分的，無法歸於第一級

[圖2] 產業的附加價值矩陣

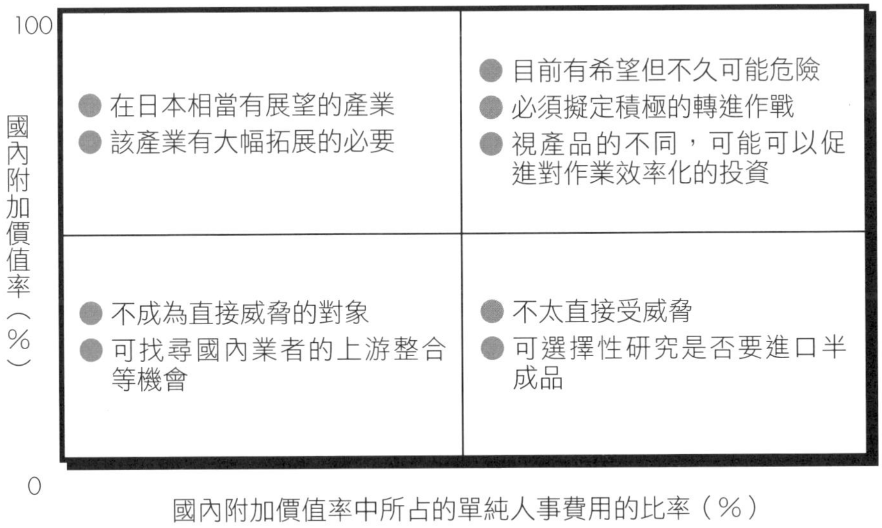
100
0
國內附加價值率（%）
國內附加價值率中所占的單純人事費用的比率（%）
在日本相當有展望的產業
該產業有大幅拓展的必要
目前有希望但不久可能危險
必須擬定積極的轉進作戰
視產品的不同，可能可以促進對作業效率化的投資
不成為直接威脅的對象
可找尋國內業者的上游整合等機會
不太直接受威脅
可選擇性研究是否要進口半成品

分析人事成本急增之影響，謀求將來的產業平衡。

［圖3］就業人口分布（100=就業人口）

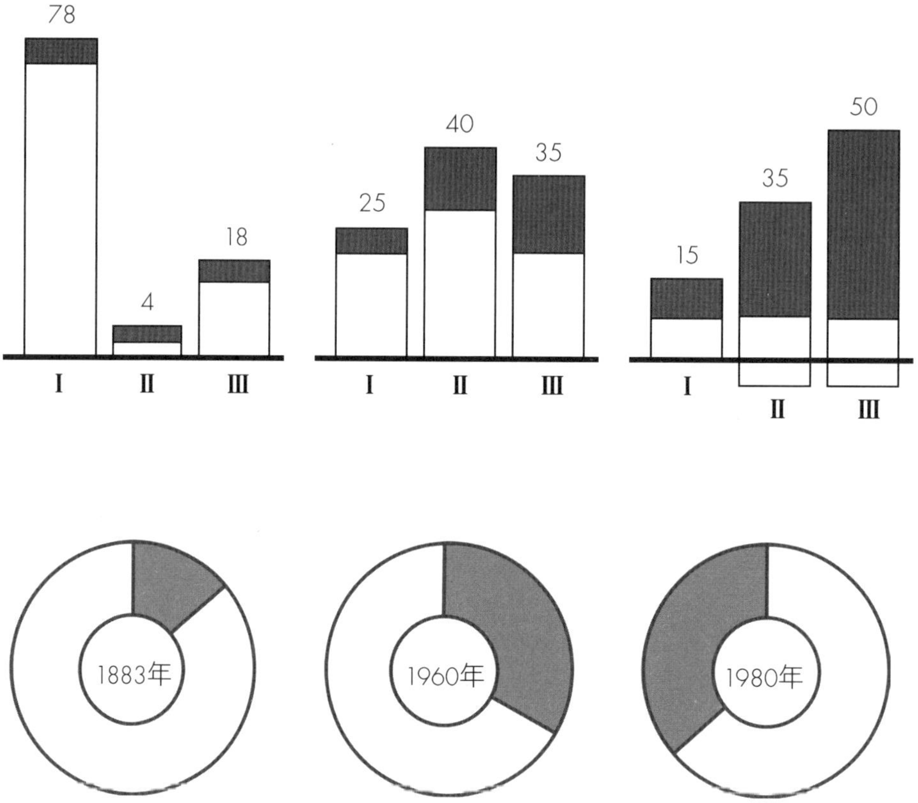

□體力勞動者（重度勞動者／單純作業者）
■知識提供者（管理工作／技師／程式設計師）

＊資料來源：萬成博著《企業菁英》，中公新書出版。

產業光譜的變化，出現在質與量兩點之上……

或第二級的，就全部歸到第三級去。雖然出版業是製造出「書」這種產品，和鉛筆製造業毫無差別，但大家卻視它為服務業而歸到第三級產業；造園業不過是把石頭從山裡搬出來而已，性質與水產業並無不同，卻因為園藝師的身分而分類到第三級產業去。

第一級或第二級這種分法，是以眼睛看得到的「最終產品」為基準，憑感覺來分類的；和過程中誰做了什麼，完全無關。如果把第一級產業當成以體力性勞動為主的話，看到現在美國的農園應該會昏過去吧！製造業也一樣，陶瓷業與鑄造業也都伴隨著相當程度的體力勞動。如果說第三級產業是服務業，而主要以文書類的腦力工作為主的話，會面臨這樣的反對意見：製造業的管理者和銀行行員所做的事，不也沒什麼差別，不也都用到腦力嗎？

若能在既有的分類方式中再多花點心思，就能區分出我說的這些體力勞動或腦力工作之間的差異。即使是服務業，也有像東京市清潔隊員那樣，以體力勞動為工作內容的。

所以就歷史資料來看，就像〔圖3〕所顯示的那樣，質與量都不斷在變化。即便是製造業，也有不少直・間比（直接勞動者與間接人員的比）是五十比五十的地方。

間接人員大部分的工作，都是與銀行行員類似的書面工作有關。於是，超工業社會的特質，事實上就不是產業光譜的變化了，而是如〔圖3〕的圓餅圖所描繪出來的那種白領階級的增加，以及白領階級的核心「管理階層」愈來愈多，不是嗎？

［圖4］依就業人口分布製作的產業光譜——1975

（ ）為舉例，100%=總就業人口

規畫未來時，須研究新就業人口分布造成的產業光譜……

這麼說，若把產業光譜換算為人力光譜，用來與其他國家比較，或用來決定今後日本發展路線的話，會是很有用的（圖4）。毋庸置疑，在國家政事的層面，策略性思考家團隊即便只是像這樣整理問題、解決問題，一樣能發揮出很大的力量。

2. 日本捕烏賊船隊的國際糾紛與解決方案

背景

日本近海的烏賊由於濫捕而劇減，但由於全球會以烏賊為食材的國家不多，所以似乎還有不少可捕烏賊的寶庫。例如，曾經傳出在紐西蘭近海一帶也有大量烏賊可捕的消息後，日本的捕烏賊船隊就大舉出動，不畏八千公里海路之遠，前去作業。一九七二年只實驗性地出動七艘，不過一九七三年就增加到七十三艘，一九七四年則有高達一百五十九艘漁船一窩蜂前去。因此，才三年光景，當地就出現了漁獲量不足的問題。面對日本漁船這種性急的行動，地主國紐西蘭當然不會坐視，透過報紙與外交等途徑表達了抗議與不滿（根據朝日新聞／一九七四年六月二十一日晚報的報導）。事件的經過大致如上，在這個例子中，以賽亞·班·大山（《日本人與猶太人》作者）所提出的農耕民族雪崩現象❷，也完全表現在「漁業之民」身上了。

問題點

本事件在某種意義上是日本所面對的典型問題。

(1) 日本人的個性是不透過政府或其他內部查核機構，直接與外國衝撞、摩擦。本例是這種國際問題的典型。

[**圖5**] **紐西蘭沿海烏賊漁場的問題點**

相關團體	本事件中的行動	對本次事件的態度	能接受的解決方案
漁民	● 遠征八千公里，捕獲大量烏賊	● 由於日本近海已無烏賊可捕，沒趕上這一波的話可能會破產，所以都很拚。在不違法的範圍內盡可能大捕特捕，不輸別人	● 我們可以在適切的漁場範圍內捕烏賊，但政府必須補貼我們不足的部分
水產廳	● 確認紐西蘭是有烏賊可捕的漁場，並協助漁民	● 漁民既能開心，又是公海上的事情而沒有違法問題，自己已發揮十二分的功能	● 漁民與水產公司能接受的方案
外交部（紐西蘭大使）	● 為緩和紐西蘭國民的反感，請求本國政府妥善處理	● 若無本國的協助（特別是水產廳），國際關係只會惡化。日本人在國外不斷弄糟自己的風評，被人瞧不起	● 紐西蘭政府及國民能認同的方案
紐西蘭政府／國民	● 加強巡邏及對日本抗議	● 雖為公海，但讓夜空大放光明的數百艘捕烏賊船跑來帶走國家附近的資源，實在十分沒水準	● 除大幅減少漁船數、小烏賊放回水中成長外，在經濟水域兩百海里以內作業時，必須支付一定利潤

不同立場的人所預期的解決方式常會沒有交集……

(2)漁民們不具備「有效運用資源」的長期眼光，只為了「今年的收入」，爭先恐後去做同樣的事，但管理者卻無法好好教導他們。本例是這種內政問題的典型。

想必很多人都想問，為什麼事態會變得如此失控？事實上，監督單位根本沒有阻止他們的打算。聽到這裡，大家應該都啞口無言，不知該說什麼好。

獨自承擔紐西蘭國內譴責的日本駐紐西蘭大使光藤俊雄對惡化的事態感到焦慮，向日本國內回報了其窘況，內容據說是「聽說今年會有高達一百六十多艘漁船前來捕烏賊，這勢將引起紐西蘭國民的不快，已呈請水產廳不要放行超過去年艘數的船隻前來」。不過，水產廳卻很冷淡：「明明是在公海上捕魚，為何對方要這樣指責？」

大使嘆了口氣：「這裡是如何看待日本漁船，漁業已經陷入何等困境，你們不知道嗎？」就算大使沒這麼說，平常都很沉穩有禮的紐西蘭報紙，竟連日批評日本濫捕烏賊的事件，足證情勢已愈來愈緊張。

當地報紙所用的字眼包括「從日本漁船手中捍衛我們的水產資源」、「既有的漁業水域已跟不上時代」、「日本漁船的船員與全裸妓女一起遭逮捕」、「深夜喝醉打群架」等等。

在此整理一下問題，會像〔圖5〕那樣。也就是說，我們把事情彙整為：「最根本的問題在於行政細分化，而使組織在結構上變得不適於從大處著眼來解決問題。」

動手解決前的準備

策略性思考家團隊會如何來解決呢？我已經說過很多次，他們都是從問題最根本的地方開始出發的。這次的問題是因為各行政單位缺乏橫向聯繫，未掌握問題全貌的漁民與行政單位又幾乎是分頭行動所造成的。

當然，由「漁民選出」的國會議員會向水產廳施壓，這是相當能理解的。不過，在缺乏具體解決方案時，若只是下令要漁民別去紐西蘭，只會讓這位議員遭到漁民圍剿，影響到下次的選票而已，所以在目前的狀況下，這樣的壓力是逼不得已才這麼做的。因此，一直到解決方案明朗之前，像這種檯面下的運作，就暫時不去做。

[圖6] 策略問題解決團隊的組成

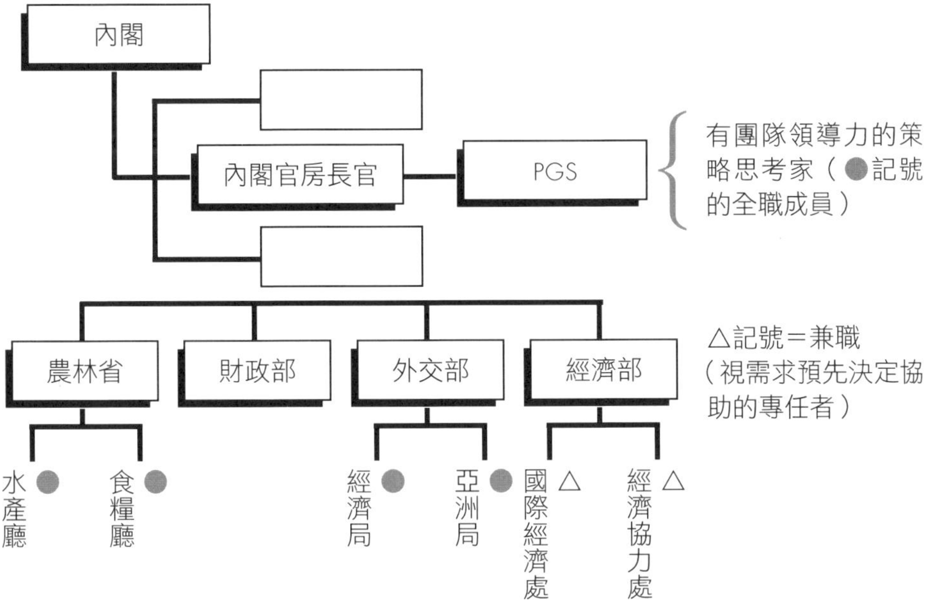

從背景不同的職位挑選出優秀的團隊成員。

首先，是跨部會參謀團隊的登場。由於這回的問題並非那麼難處理，又必須在短期內找出利害相對立的群體都能認同的答案，所以五、六人的小團隊應該就可以了。而且像〔圖6〕那樣，各行政部門派出一人共四人，再加上一位參謀人員，形成跨部會式的團隊，是最理想的。此外，官房長官（譯按：相當於行政院祕書長）也要以內閣最高負責人的身分，成為本計畫的支持者，負有使本專案能順利推動的責任，也為解決方案的執行負全責。

方法

解決本問題應採取何種方法，固然要看負責的策略思考家有多少本事，但還有件事必須注意，就是不要採取「逐一解決」的作法。

即便漁民十分開心地贊成，但由於缺乏長期願景，全球烏賊也會在數年後消失。不採「逐一解決問題」的方式，就是為防止這樣的事情發生。此外，這也是因為不希望做出超乎常識的假設，而使問題的解決變得更加複雜。優秀的策略家會在某種程度上預測答案，再舉證證明或推翻它，以接近核心答案。

我求得的答案是由以下四個階段構成：

第一階段（確定必要性）

以定量、定性方式深入了解日本的烏賊漁業，計算必要漁獲量。

第二階段（評估潛在能力）

深入了解全球烏賊生態、分布、潛在量等，明確求得全球可捕獲之烏賊量。

第三階段（構思替代方案）

研擬並選擇一套方案，決定要由誰到哪裡捕烏賊，以及捕多少最適切。

第四階段（擬定執行計畫並實施之）

制定計畫、決定負責執行者後，與漁民、漁業公司間折衝，以及和各國交涉取得認同。

這裡我稍微發揮了一下想像力，試著把分析階段應進行之作業以及其所需資料與情報整理在〔圖7〕中（這樣的操作應交由策略參謀在專案團隊啟動前，就先鉅細靡遺盡可能收集

［圖7］擬出烏賊漁業的安定成長策略的方法

大作業	小作業	分析	必要資料及其來源	負責者
第一階段 必要漁獲量之計算	1. 漁民認為的必要漁獲量 2. 市場面計算的必要漁獲量	● 烏賊的經濟＝投入資本與保證能滿足的漁獲量噸數 ● 過去五年內烏賊的價格與需求間的關係／烏賊蛋白質的競爭力	● 烏賊漁民人數／平均收入／噸數別烏賊漁船數／每年維持費用 ● 烏賊漁獲量之趨勢推估／每噸市場價格趨勢推估／烏賊其他蛋白質的總量與每克價格	水產廳 農林省
第二階段 推算全球烏賊漁場的最大供給量	1. 分布圖 2. 消滅率	● 日本至漁場間的距離與潛在量間的關係 ● 特定漁場之漁獲量與烏賊資源再生力間的關係	● 漁場分布／潛在量／日本至當地距離 ● 過去十年間日本近海、紐西蘭近海之烏賊漁獲總量及推估棲息量／義大利、西班牙近海的相同資料	水產廳 水產廳 外交部

明確進行必要分析，預先分好責任。

……，這祕訣可以讓團隊啟動後不浪費無謂的時間）。

這套東西就直接製作成大時程表〔圖8〕，因此別忘了要在此預備階段中盡可能製作出具體時間表。

要明確算出計畫與哪些人有關、需要多少時間，而且不只要取得對預算的認可，對不是百分之百投入所有時間參加計畫的諸多配合人員，除了要讓他們有心理準備，也要針對可能在執行階段中不太配合的人們（或各國家）擬好溝通計畫。

分析

接著，一旦本計畫中虛構的支持者官房長官認可了這套找答案的方法並下達「Go」的命令後，就按預定計畫著手分析。當然，由於我收集不到這些資料，所以具體數字從這裡開始我就不秀出來了。但由於策略參謀還是必須發揮想像力，想想什麼樣的分析會產生什麼樣的結論，此一結論又要如何納入執行計畫中，也就是必須一面在腦中惦記著比賽的進行，一面擬定作戰計畫比較好，所以在此還是請各位陪我練習紙上作戰。

■第一階段

首先，收集到漁民人數後，搭配他們平均收入的分布圖，計算出日本全體捕烏賊者的必要收入〔圖9〕。另外，把過去五年內每噸烏賊的批發價換算為目前的貨幣價值，再求算過去五年間的平均市場價格的話，就可以搭配先前的分析，算出每年的必要漁獲量大約是十萬噸。由於市場價格已換算為目前價值，只要烏賊的市場價格已搭配總體經濟通膨程度有所調整，即使只有相同漁獲量，漁民的收入也能「隨全球通膨幅度」而增加。像這種問題，與其使用沒有實用價值的細緻經濟理論，還不如大動作掌握住要點，直接討論還比較有用。

［圖8］大時程表

大作業	大作業	1	2	3	4	5	6	7	8	9	人×周	最終計畫
第一階段 計算必要漁獲量	1. 漁民面	■									1	必要漁獲總量
	2. 市場面	■	■								2	
第二階段 全球烏賊漁場之最大供給量	1. 分布圖	■	■								2	地圖
	2. 消減率	■	■								2	消減率
	3. 考察			■							2	限制條件等一覽表
第三階段 選定替代方案	1. 擬定替代方案				■	■					4	替代方案
	2. 檢討、選擇					■	■				4	得失對照表
	3. 擇一、認可							■			4	事前溝通
第四階段 執行	1. 認可執行計畫								■	■	4	計畫書、時間表
	2. 執行											↓執行報告書、變更理由書

擬策略的過程直接轉換為時程表。

[圖9] 第一階段的分析

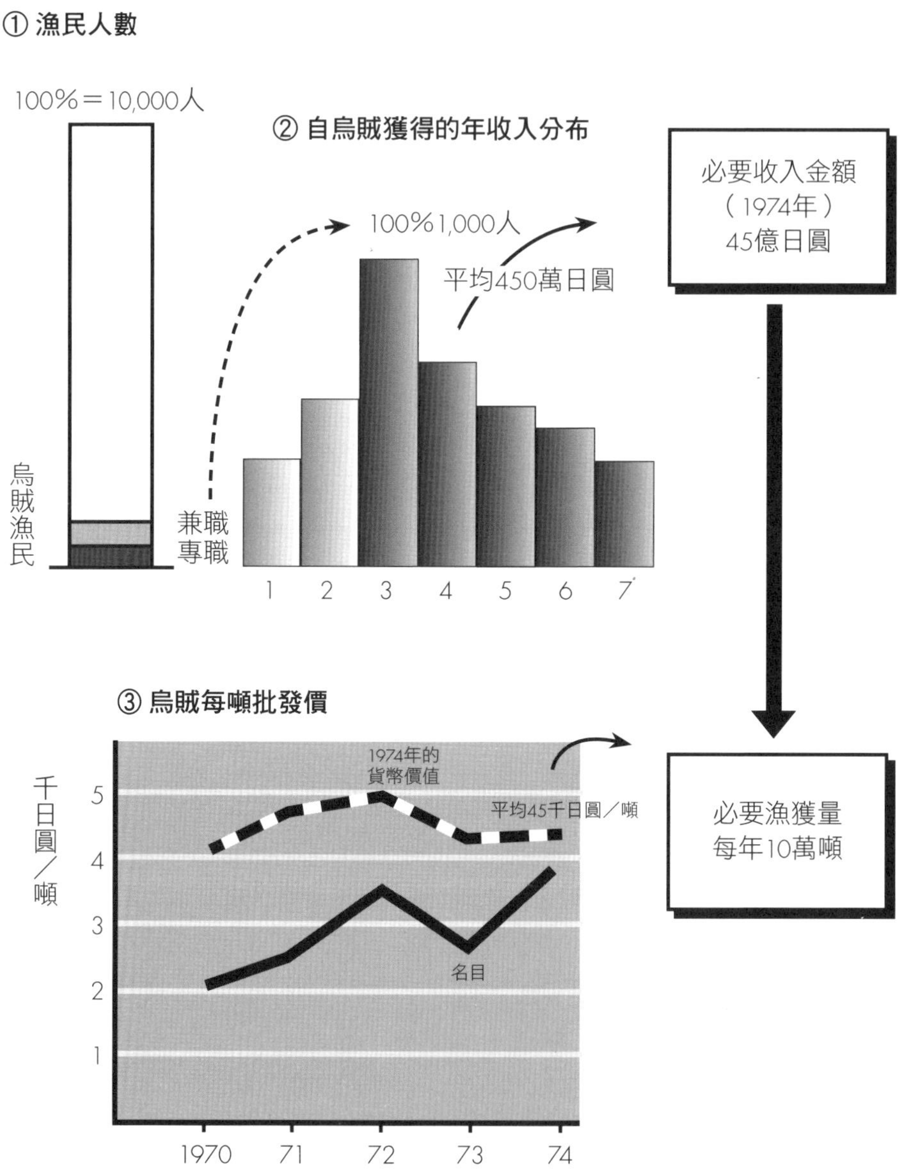

首先，先計算從漁民角度來看，需要多少漁獲量才能保護一定水準的收入……

即便如此，支持「十萬噸」這數字的，只有一組數字而已，所以我們必須用完全獨立的資料來做交叉比對，提升數字的可信度才行。

由於先前已查得烏賊漁船的噸級分布以及每年維持費用，於是可以進行如〔圖10〕一樣的計算，求得烏賊漁業的總成本。從買賣的角度來看，必須讓漁船所有者有利可圖，而且報酬至少得比銀行的長期存款利息要高才行。這裡姑且把報酬率設在百分之二十，但這數字應該透過訪談漁船所有人等方式確認過。

在分析的階段，經常必須像這樣透過面談，以提高「常識性事情或數字」的精確度。無論如何，假設我們在這裡的分析獲得九點八萬噸的必要漁獲量，會讓我們對前面算出來的「十萬噸」更覺得有信心。反之，如果這裡算出來是一萬噸，和先前的結果相距很遠的話，就必須仔細再檢查一次資料精確度以及計算時的假設正確與否。

在第一階段的後半，要從市場面研判的烏賊需求量。但這裡不是以「烏賊乾」的零食角度來看待它，而是要以烏賊確保國民的蛋白質來源，也檢討面對蛋白質的需求愈來愈高，烏賊以外的替代品可以因應到什麼程度。也就是說，我們要針對國民吃到肚子裡的營養來源之一，從量的角度、經濟的角度對它帶來的影響做敏感度分析。藉此才能決定執行計畫的緊急度高低。

本分析所需資料已如〔圖7〕所示，請各位模仿前面的例子在紙上練習。在此我們假設所獲得的結果與先前的十萬噸並無出入，所以就此進入第二階段。

[圖10] 成本面的分析

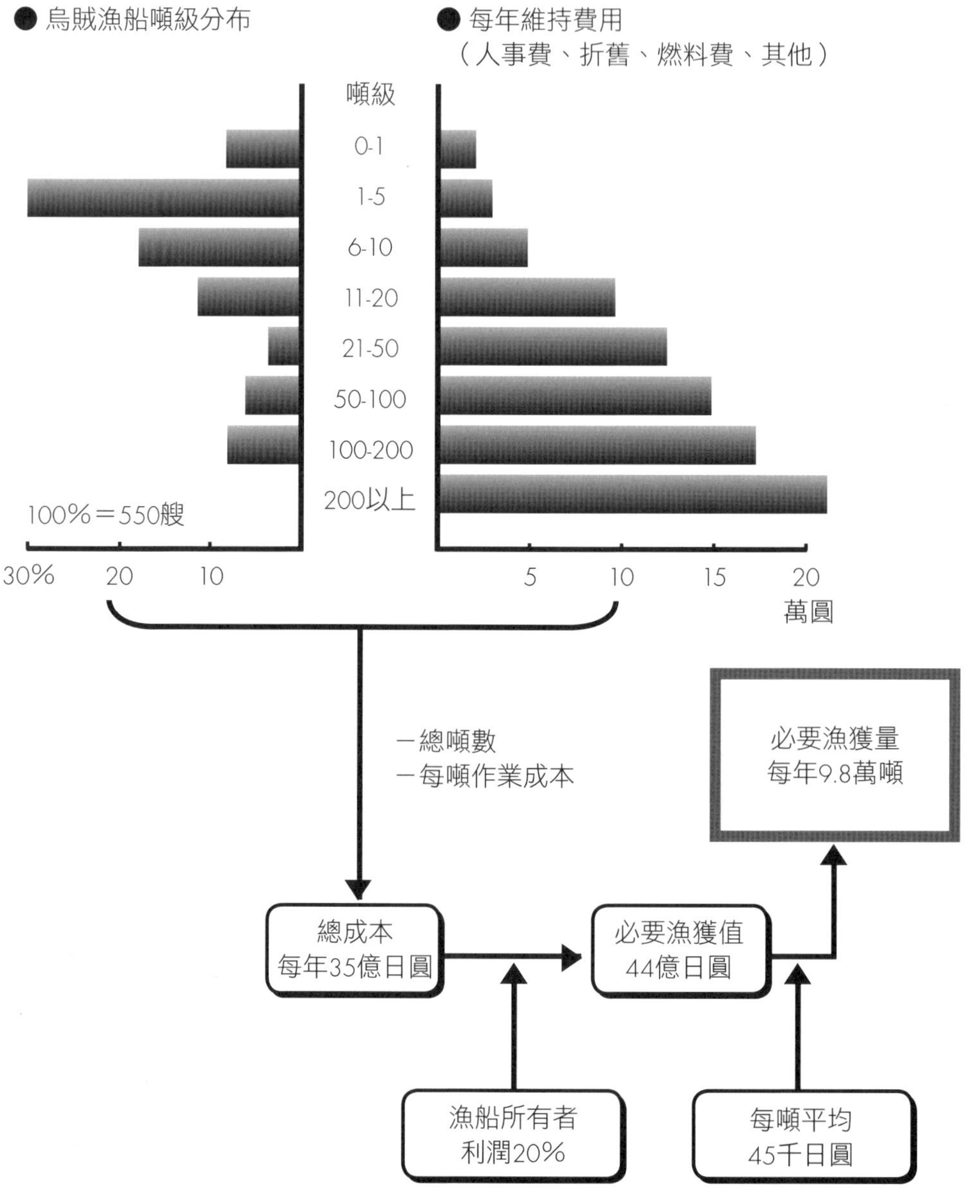

透過漁船的經費分析，交叉比對第一階段的結果。

■第二階段

本階段之目的在於明確了解，把視野拉到全球後，到底能捕到多少烏賊（喜歡數學的人可以把第一階段當成必要條件、第二階段當成充分條件、第三階段當成充分且必要條件）。我們只要從水產廳資料庫取得如〔圖11〕的①那種「烏賊漁場潛在規模」的資料，視其為「與日本間距離」的函數，做個整理。此外再如②那樣以乘積顯示出來後，就可以明白知道「潛在烏賊數量」與「確保該潛在量所必須行駛的距離」間的關係了。

接著，由於日本近海的烏賊漁獲量劇減也是事實，故以之為漁獲量的函數，逐年描繪出來的話，應該就能獲得如③那樣關於烏賊重新繁衍能力的知識。我們可以舉最近紐西蘭的實際狀況當例子，提高本圖右方數值的可信度，或者也可以從〔圖7〕預列的外交部負責人那裡，取得實用一點烏賊的西班牙或義大利的沿海情報，再試著在〔圖11〕的③中畫出來，以增加「即使捕走棲息量的百分之十五，次年還是會重新繁衍百分之九十五以上」一說的可信度。

於是，我們獲得這樣的分析結果：即使每年捕去棲息量的百分之十五，也不會打亂烏賊的生態體系。當然，我必須強調，在此最好也盡可能讓較多學者專家評估一下這樣的結果。因為，大家會認為，世上應該有許多針對鯨魚等生物進行類似研究的專家才是。一旦大家都認為這結論已有足夠說服力，就在剛才的圖②處把「百分之十五」乘上去，然後像圖④那樣，把容許漁獲量當成「與日本間距離」的函數，以乘積顯示出來（為求謹慎，再提醒各位一下，這裡的數字全部都是虛構的）。

［圖11］從生態面分析

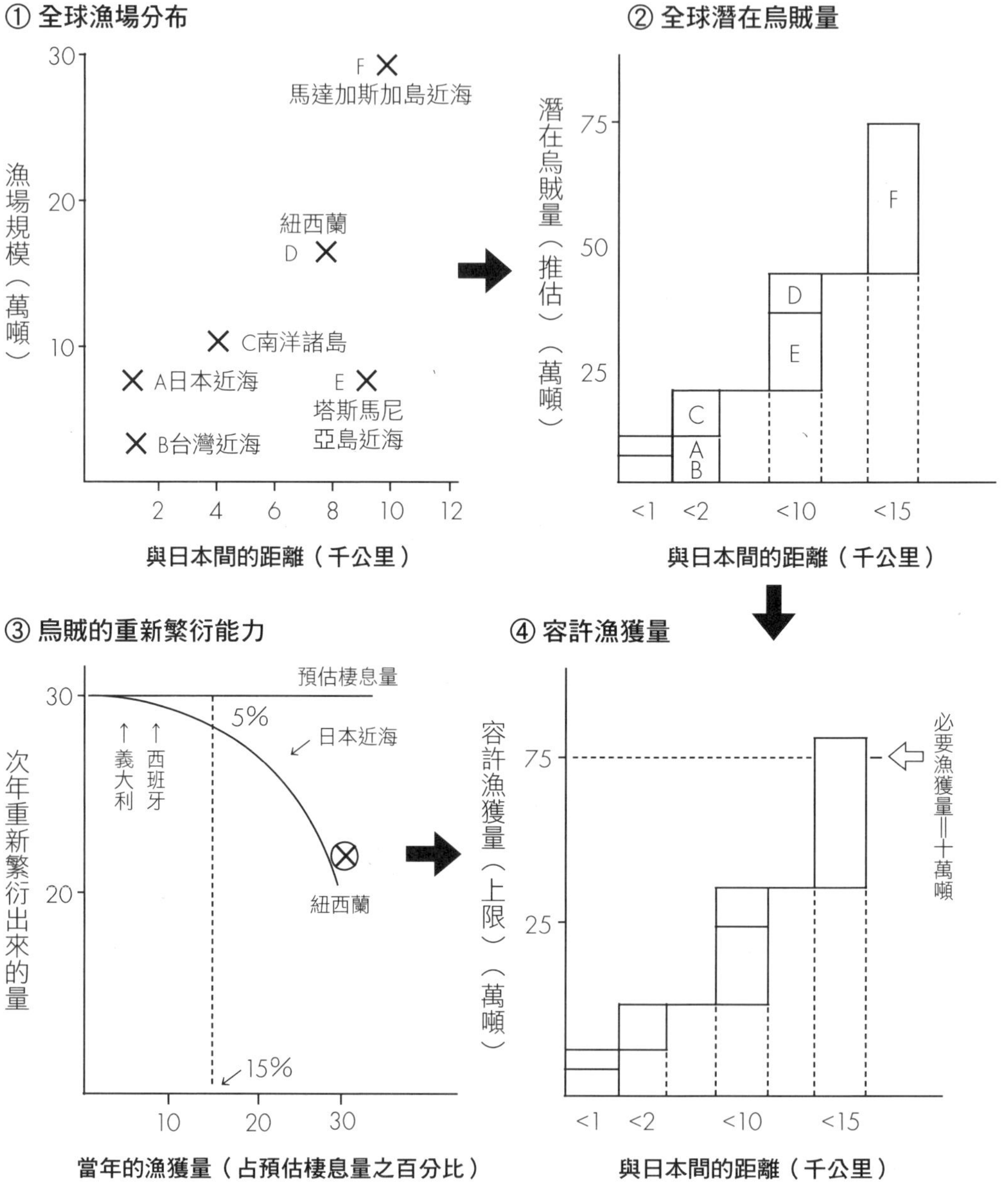

若要重視讓烏賊重新繁衍，必須前往距日本1500公里的地方。

此外，第一階段我們已算出漁民及市場需求是十萬噸。根據圖④，要捕獲十萬噸的烏賊，必須出航到馬達加斯加島不可。反過來說，如果想在較近的塔斯馬尼亞島捕到這麼多烏賊，將使四十四萬噸的潛在量減少十萬噸，也就是一口氣減少了百分之二十三。這數字大幅超出圖③中的百分之十五，不但不符合生態學，也會讓當地漁場在幾年內毀掉。這樣的話，幾年後會變成連想捕一隻烏賊，也必須跑到一萬五千公里外的馬達加斯加島去才行。我想各位應該已經注意到了，我的方法，是為了讓烏賊自然的重新繁衍能力能達成每年的漁獲量，所以才把漁場分散的。這樣，就不會害漁場消失了。

■第三階段

本階段要以大家都能認同的方式找出「哪些人該做什麼事」。我們必須先擬出幾種替代方案，從中選擇最可能實現且最好的一種。首先，先處理漁民這一部分。由於我們已從剛才的〔圖10〕得知漁船的噸級分布及每年維持費用了，接著我們必須了解的，是烏賊船的噸級與作業漁場間的距離合不合乎經濟性。也就是說，我們必須知道這樣的捕烏賊方式，是不是有規模經濟。因此我們必須追加一些分析，弄清楚這件事。

〔圖12〕是想像中此分析之結果。①與②是前往一定距離的漁場作業時的總銷售額與總成本間的關係。各取不同距離及噸數做出幾個點來，就可以表示為③那樣的圖。③是捕獲每噸烏賊時的成本與至漁場距離間的關係，而把船的噸數當成參數。因此，橫向的直線與這些成本線間的交點，就代表不同噸級的漁船在相同成本下，到需要前往的漁場之間的距離。

此時若把售價定在先前假定的每噸四萬五千日圓、預計有百分之二十利潤的話，成本就非得降到三萬六千日圓以下不可。此時能去的漁場如箭號所示，一百噸級的漁船可以到一千公里遠，兩百噸級的可以到兩千公里遠，而三百噸級的話則是八千公里遠。回頭看看先前〔圖10〕中所列的日本烏賊船的噸級別資料，不同噸級的船可以用幾種方式組合，使之具有相同程度的經濟效益，但最容易理解的方式，當然是讓較小的船在較靠近海的漁場作業，等捕獲量到達〔圖11〕所調查的上限後，再逐次分配至較遠的漁場。不過，各位思想敏銳的讀者應該已經注意到，這種分配方式只是理想，現實中一定做不到。也就是說，如〔圖13〕的①那樣，漁場因

[圖12] 從生態面分析

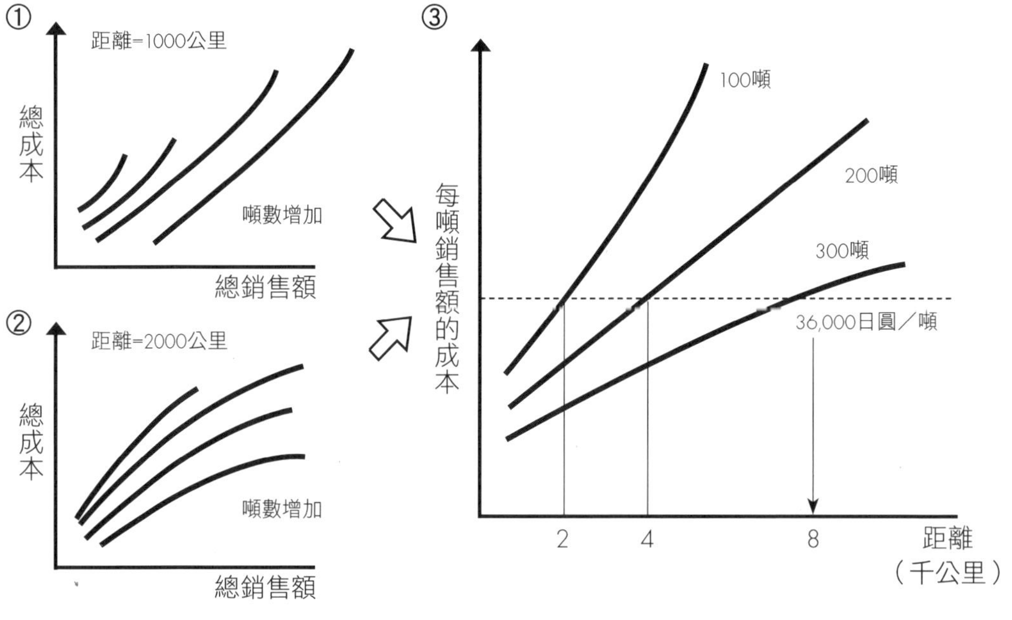

噸數愈大，遠距離作業愈是快速變得有經濟效益。

為距離而像本例一樣有所限制時，為使作業成本最低的漁船噸數分布狀況，一般在現實與理想間都會有落差。此時，如②所示，有幾種解決方案可以考慮。找出這些解決方案，是在「選定替代方案」的階段。

也就是當答案只有一種的時候，就沒有所謂的替代方案了。

然而，現實世界中，往往會有好幾種方法都能達成目的。但並不能因為如此，就放棄找尋有無限多種可能的替代方案，而跑到廟去，以抽神籤的方式解決。這種方法實在難說是解決現狀的最佳良策。

［圖13］可行替代方案

① 烏賊漁船的噸級分布

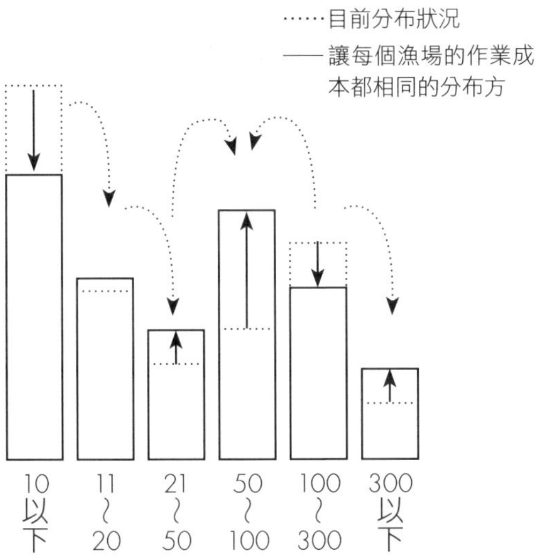

② 有次序地列出關於配船的替代方案

重視

作業之經濟效益

不重視

[1]廢止現有的300噸級以外漁船，只建造300噸級以上的船

[2]如上圖實線箭號一樣建船或廢船

[3]如虛線箭號一樣，從小船開始分配漁場

[4]不管船的大小，以抽籤決定作業漁場／或是在到達一定噸數之前先講先贏

根據分析結果，以經濟效益為座標軸想出了四個替代方案……

換句話說，在前一階段所做的那種分析，不過是我們為了解可能執行的替代方案而做的而已。充滿靈感的內閣官員或位居要職者，毫無疑問可以「本能地」做出這樣的動作。策略性思考家雖然能在分析「之後」運用這種靈感，但應該很難在分析「之前」就有靈感。

還有，選擇替代方案時最重要的一點，就是不要只有固定的思考方向。〔圖13〕是看你對於「作業要符合經濟效益」有多重視，分為兩種極端作法以及中間的兩種作法。請各位注意的是，此時雖說兩側的作法較為極端，但由於它也是根據分析結果而來的，所以並非憑空想像的極端方案。也就是若回到〔圖12〕的③的話，無論距離遠近，三百噸級的漁船都會比較有經濟效益，所以替代方案的①所構思的是，把烏賊漁船慢慢大型化到這個等級，使其合理化。②與③若不實際代入數字，比較難判斷何者會較有經濟效益。④乍看之下是亂無章法的提案，但事實上對於以前任由每艘烏賊船都以自己的意志前往某座漁場的現象可以有所限制，所以針對「消解與當地的糾紛」以及「避免烏賊絕種」兩個大目標來說，已經是十分足夠的對策了。相反地，應該也沒有比這個更加妥協的解決對策了。我想這樣各位在某種程度上應該可以了解，為什麼在探尋替代方案時，必須把經濟效益也列入座標軸了。

也就是說，探求替代方案的主軸，應該採取「在滿足解決問題下所需要的最低限度事項後」（以本例而言，就是滿足「避免與當地起衝突，以及防止烏賊自特定漁場滅絕」之後），緊接著應滿足的必要條件。這裡我判斷其為「經濟效益」，所以試著這麼去運用。可能也有人覺得「可執行性」比經濟效益來得重要，而以可執行性的高低來找答案。

在有好幾種解答可選的時候，通常會沿著最重要的主軸來做整理，再把非主軸的部分整理成〔圖14〕那樣的討論項目。接著再針對這些項目做定量或定性的研究，然後為替代方案排名，也就是進行「評鑑」。評鑑時，如果沒事前決定要如何判定各項目的話，將無法把沿著不同主軸的討論方向整合在一起。因此，必須訂定評鑑基準。

〔圖14〕是以相同標準評估替代方案所獲得的結果。在綜合判斷時，常會出現要用加法還是要用乘法來處理排名得分的問題，不過我認為這應該視問題的性質而異。

例如，我們以○△╳來評估，有時候是只要有一個╳就不予採用，另一種方法則是各項目完全獨立時用加法，各項目有所相關的時候就用乘法。還有，不同項目重要度自然不同，必要

[圖14] 評鑑替代方案

	(1)停用三百噸級以外的漁船，建造必要數量的三百噸級船隻	(2)透過建船、廢船，使到任何漁場捕烏賊都成為相同成本	(3)根據目前分布狀況分配，較小的船先讓它到較近的漁場作業	(4)以抽籤或先講先贏的方式估到符合規定噸數
經濟效益	4	3	2	1
可執行				
對漁民	1	2	3	4
對外國	2	2	2	2
見效速度	1	1	3	4
長期展望	4	2	1	2
綜合判斷				
加法	12	10	11	13
乘法	32	24	36	64

最獲青睞的是「根據目前的漁船分布狀況，從較近的漁場開始分配」。

時可以併用加權方式計算。〔圖14〕的綜合判斷中，採用乘法與加法會使替代方案(2)與(4)的排名對調，幸好兩種算法下(3)都是最佳替代方案，所以若以專案團隊方式進行，(3)會是該團隊的「推薦方案」。

此一替代方案(3)就像剛才已升好的「狼煙」一樣，是「讓任何人都最容易理解」的東西。乍看之下，很可能在省略〔圖13〕或〔圖14〕這些過程下，就出於本能採用此方案。不過，問題在於推薦方案的說服力。以我的經驗，如果沒有這些作業就突然切入執行階段，是很難讓應該行動的人動起來的。如果覺得很有必要去說服那些頑固的人，就不該省略這些過程。

還有，像這樣子去評估替代方案的優點在於，更能深入去了解付諸實行的方案到底是什麼樣的方案，我們可以知道獲選方案到底是在哪裡妥協，又是妥協到什麼地步，而讓執行部隊明白知道，該方案比其他方案好在哪裡。因此，即使因為環境變化致使選擇替代方案時有一兩個前提改變了，還是可以馬上找到符合新條件的對策。這種融通性對策略而言相當寶貴。

■第四階段

接著，我們要在第四階段擬定計畫、付諸實行。為將獲選的替代方案(3)付諸實行，必須訂定計畫，決定由誰以什麼樣的精確度做些什麼事，以及要在什麼時候做、要怎麼做。在訂定計畫時，要注意讓各層面都能均衡地進行，這一點很重要〔圖15〕。

也就是說，在計畫A中，必須讓漁民、漁業公司等直接捕撈烏賊的人了解本計畫的重要性，尋求他們的配合。當然，這些人不可能毫無異議一致贊成，所以必須預期會有相當強烈的反對，準備一套與他們溝通的計畫。

溝通時要特別注重以容易了解的方式讓他們知道分析的過程與結果，以及告訴他們有哪些也列入討論的其他替代方案。還有，之所以選擇本案的原因，也要一五一十向他們說明。此外，也應該向他們說明「如果不實施本案，與外國的衝突將會激化，大家可能會失去捕烏賊的

［圖15］求取「烏賊漁業永續化」的主計畫（例）

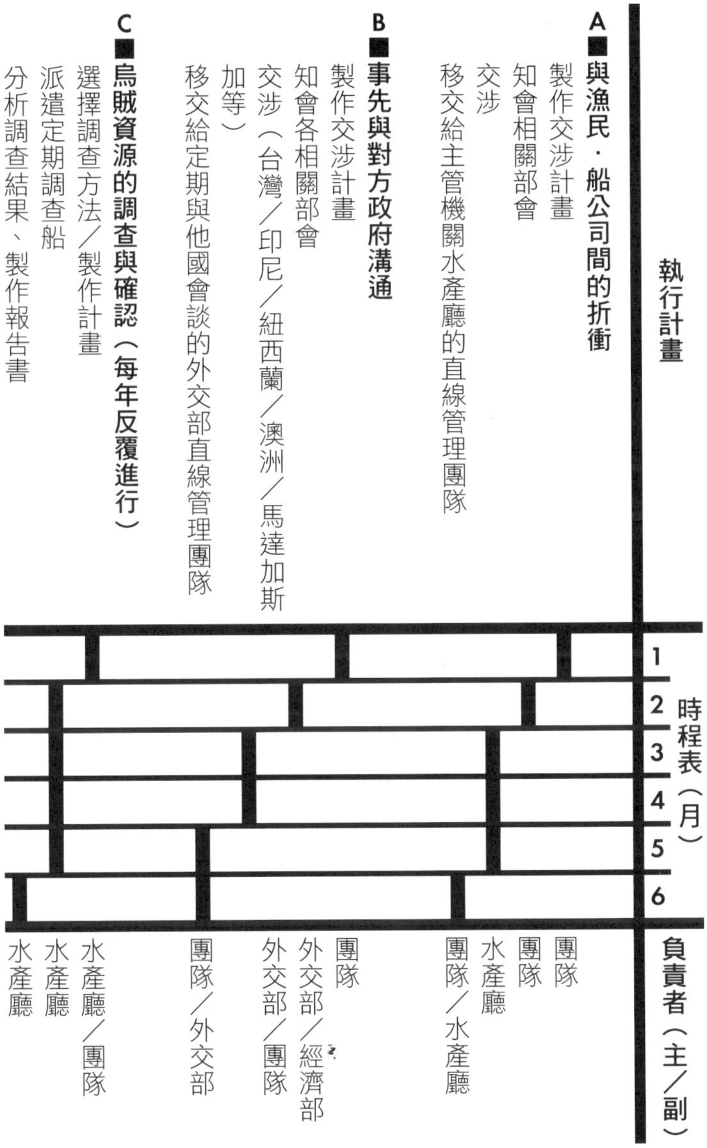

製作執行計畫時，需注意讓計畫的整體能在各方平衡下運作。

漁場」，以及「就算外國沒有抗議，毫無規則地都集中在同一漁場中作業，也會使漁場枯竭，漁民自己很可能會變得無法以捕售烏賊維生」。

為使交涉順利進行，重要條件之一在於釋出這種迫使對方讓步的壓力。不過，若缺乏「必須從整體角度對當事人有利」的認知，也就是若未能充分理解對方立場的話，亂給壓力只會成為絆腳石而已。還有，在說服對方時若無法有效講述故事，只一味強推某個方案的話，一般而言都會以抬槓收場，無法期待事情會有任何進展。

〔圖15〕所談的三大計畫如果在這裡詳述，將會超出本章目的，並不適切。不過我要先補充一下，各計畫在執行時都必須決定負責者，在給定的時間表下盡可能忠實地執行，而且在計畫執行期間，會需要一位經常性擔任監督工作的計畫經理（在此則如前面組織團隊時的安排，由官房長官擔任此一職務），使整體計畫的進行能夠順暢。

如何跳脫「走一步算一步」

我舉大家認為很枝微末節的烏賊漁業為例，以我自己的方式說明國家層次的跨部會參謀，是如何發揮功能，又能處理些什麼樣的問題。我完全沒有漁業方面的知識，所用的數字或國名也不過只是虛構的而已。不過，一旦專業團隊運作起來，這些知識就像基礎資料一樣，相對上可以在較短期間內收集到。因此，更本質性的問題在於，把基礎資料全部集中起來後，要如何處理它、分析它、整合它，進而導出結論來。

人稱「問題解決者」的那些人，就是能在進入問題核心前，把思考力發揮到極限，擬出一套方法的人。各位可以對照一下，參謀真正的工作，也是在殺入戰場前預測對手的行動，擬定我軍戰略。相信藉此各位可以對我想介紹的「策略參謀在國家行政層次的功能」，有某種程度的了解吧。

這樣的團隊，無論在石油危機時對阿拉伯的交涉，或是與中國或美國交涉時，應該都會很有用。對於一向如蝶螈走一步算一步的日本政治家或官員，應該不是只有我一個人感到失望。

❶ 一九七一年，美國將沖繩歸還日本。六〇年代後期，由於日本紡織品大量傾銷美國，使美國南部的紡織品製造業遭受沉重打擊，許多工廠被迫關閉。為取得南方選民的支持，尼克森在總統競選期間曾允諾，保證與有關國家談判，以解決日本對美紡織品貿易問題。一九六九年十一月，美日首腦就歸還沖繩問題進行談判時，尼克森急於要在紡織品問題上與日本達成協定，試圖利用沖繩談判來促使日本在紡織品問題上妥協。本來，在首腦會晤之前，佐藤的特使曾赴美進行預備性磋商，並與季辛吉達成密約，即如果日本在紡織品問題上讓步，美國就會同意在歸還沖繩時撤走核武器。

❷ 譯註：指每個人各自都對某種社會現象做出反應，累積起來使得該社會現象因而在短期內驟然加劇，有如雪崩一般。

第4章 妨礙策略性思考的因素

1. 從美國看亞洲

日本這個國家從明治以來，一百年間是不斷變動的歷史，在各個時點都充滿了策略性思考。很多人也都認為，日本的近代化在「工業國家的成長」這方面，進行得很成功。然而，即便擁有這樣的成功，日本反而更難甩掉「軟弱的日本」這種標籤。我一直認為，之所以會這樣，根源在於和全球其他國家相比，特別是和國際上擅長利用別人的那些國家相比，日本與日本人的策略思考力，確實有所不足。

當然，我完全無意將這種論點絕對化，以「日本人恐怕都是……」這種總結性口吻去論斷日本人。因為，這麼做的話，我們也會輕率地論斷日本要比較的世界各國。

也就是說，我並不會抱持著「在美國，都是……」這種一般化的看法，去把一國的特性抽象化。目前，美國這個國家無時無刻都在變動。美國人對自己國家的認識也一樣。大家一不注意，連查理．萊克（Charles A. Reich）所提出「精神上的『綠色革命』正在發生」的主張也出現了。在萊克以通俗口吻點出此一現象前，學問更高、哲思更多的哈佛．麥魯鳩斯或約翰．肯尼斯．格爾布雷斯，也提過一些關於後工業社會或新產業國家的主張。

這一類論文中所描述的，美國社會完全改變了的樣貌，與我們過去在「美國」一詞感受到的自由、平等、開拓、率真等印象，可說是完全相反。此外，從甘迺迪時期開始，技術官僚那種主導一切的態度，就像在自誇美國的繁盛一樣；但到了尼克森時期，又變成像是一群宦官在主導一樣，讓人覺得有點陰鬱。

這樣的變化，應該連住在美國的人都不能百分之百了解。狄恩、艾里奇曼、齊格勒這些拍尼克森馬屁的人，像極了使中國王朝幾度毀滅的卑劣官吏或宦官。在水門事件中決議彈劾尼克森的委員會成員似乎沒注意到歷史的樣貌已完全改變，依然把美國建國時的正義感做為自己道義的標準。如果拿來和美國在美化後的「應有形象」相對照，我認為他們根本就是感性的浪漫主義者，「演出」了一場非制裁自己總統不可的苦惱戲碼。

然而，同樣在美國，紐約市許多警官加入了與維持治安及秩序完全相反的犯罪組織；不只是大都市，連中小型都市都開始變成貧民區，已經不是能夠安全居住的地方了。這種激烈的破壞，慢慢地、著實地在進行著，這是比尼克森個人失德還嚴重的問題，卻沒有人有系統地追究行政部門的責任、彈劾他們。

美國的人種問題從甘迺迪到詹森時代，一直到美國的《民權法案》（Civil Rights Act）立法通過為止，都市裡的人種暴動是一樁接一樁。要求「平等權利（equal rights）」的力量獲得了勝利，包括私人企業在內，學校與政府等組織在聘雇員工時，開始貼出「我們是提供均等工作機會的雇主」幾個大字。

之後，由於「機會均等」聽起來有點不明確，所以主張又變成了「肯定的行動」（Affirmative Action），採行了一套愚蠢到極點的作法：在學校老師等職位聘人時，不依照能力高低，而要優先根據當地的人種構成比例來聘人。明明在該職位的應徵者中，給最優秀的人最低薪資，才是最有效果的方法，但這些單位卻把「依人種比例聘雇」變成一種義務，主動拒絕採取「給最優秀的人最低薪水」的自由想法。如果這些單位還想領取聯邦政府的補助金之類的東西的話，侵犯此一條文絕對是大忌。

白人雖在暗地裡咒罵此一制度的愚不可及，但社會壓力的束縛卻十分強烈，若非勇氣十足，實在很難開口批判。因為只要一在人前批判此制度，別人就會認為你不是自由主義者（liberalist）。原本「社會性束縛」或「社會上的禁忌」是日本及其他亞洲各國最擅長（至少外國人是這麼想）的，但現在美國卻在國人幾無自覺的情況下，漸漸冒出這些東西來。不但如此，它們還慢慢地和美國過去那種美好的形象結合在一起。從這裡可以看得出來，美國正呈現出那種「不知如何調整鐘擺的擺動幅度與擺動強度」，過猶不及下的混亂狀態。

而且，此一新禁忌和日本那種習慣性的禁忌不同，有它極其直接的影響。如果外界認為一名公立學校的老師所講的話或所做的動作，傷到了黑人或其他弱勢者的話，這名老師就會因為「有偏見」而丟掉工作。

日本教職員組織對政府的批判或是罷工抗議，說起來只能算是一群臭味相投的人在玩讓人覺得好笑的遊戲而已。與之相比（還有和我所謂的日本人基於「偏頗」而輕率地在暗中提出來的批判相比）的話，美國的狀況更加嚴重。那種連想講的話都無法開口講出來，只能為了圖個溫飽而懷抱著不滿過生活的環境，對策略性思考家而言，是最大的障礙。

在自由的空間中盡情發揮幻想力、創造力求取最佳解答的思考家，會因為各種禁忌的存在，而漸漸被逼到窄小的空間中。如果說日本人創造力或策略性思考力不夠的話，其原因不外乎是兩千年來，為了讓這片狹窄的國土容納得下那麼多人居住，各種社會禁忌漸漸出現，連帶

［圖1］白人與黑人出生率之比
（黑人的出生率＝100）

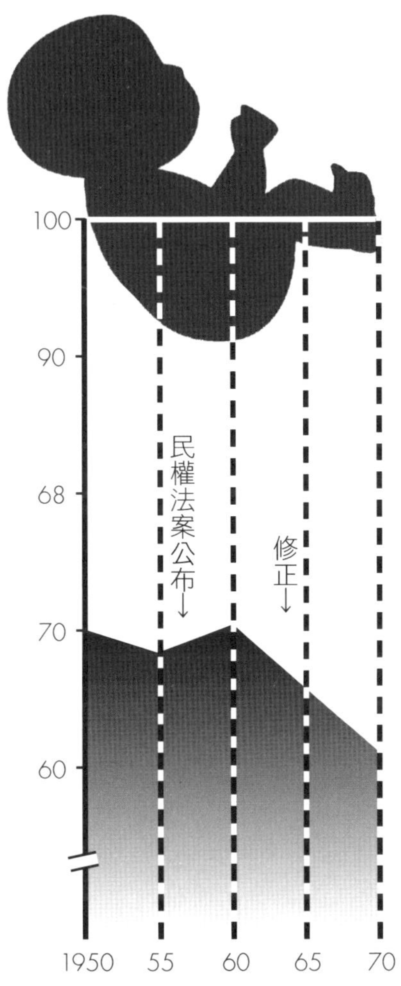

資料來源：美國統計局。

出生率之所以出現這樣的變化，據信應該是由於「去除種族歧視」的概念法制化後，白人在心理上反而開始對未來感受到沉重的壓迫感所致。

也使日本人的思考空間變窄了。所以，只要一來到會對這種束縛造成刺激的歷史性關鍵時刻，過去使思考空間變窄的那些禁忌，就會開始鬆動，轉變為一股意想不到的力量而顯露出來。

原本看來沒有什麼禁忌可言的美國，如果在很大的動能下急速出現各種禁忌的話，會很難持續像過去那樣，為世界帶來偉大的創造性貢獻吧！這種傾向還可能因其他因素而加速發生：美國的年輕白人對未來失去希望，已經到了前所未有的程度。

從新生兒的出生率來看也一樣。最近十年來，白人的出生率明顯減緩了（圖1）。也就是說，那群受過良好教育，也有能力給子女充分教育環境的父母，對生孩子感到失望而減少了生育；反倒是很難有足夠能力給子女良好教育環境的那群人，生孩子的速度愈來愈快。

而且，面對這種大型的社會危機，那種「想正面抗議，卻又抗議不得」的禁忌（壓力）又重重壓了下來，連著手解決問題都做不到。因此，在未來的幾年或幾十年內，感到「此一病因很難自然痊癒」的白人群體，態度恐怕會愈來愈偏激，進而演變為大悲劇。

美國如果能有過去那種開拓精神，有意願解決問題的話，即使碰到這樣的狀況，還是可以「黑人白人同心協力」，先提出下面的問題，再從中著手找尋解決方案：「如何才能讓住在這個國家的所有人都能過著同等豐足的生活、增強國力？」

然而，美國目前的社會環境中，並沒有那種「我們能做些什麼」的想法。大家反而會先想到「我們不能去做什麼」之類的限制條件，而這正是一種解決問題時的致命謬誤。

2. 參謀五戒

根據前一節所提到的美國的例子，我談到以「一般化觀點」來談論事情，將會流於淺薄。在此，我想試著針對「參謀該如何成為真正的策略性思考家」，提出一些極其觀念性的、一般化論點的敘述。有心的讀者，可以斟酌運用這些一般化的論點，做為自己提出想法的參考。

戒一　參謀應去除對「假如」一詞的恐懼

真正能自由地進行策略性思考的參謀，應該都很了解自己有哪些可以選擇的替代方案（alternative），也應該不會疏於計算這些替代方案各自的優缺點。所以，他們既能彈性因應狀況的變化（既然狀況不會一成不變），還能在彈性因應之下，提升自己在競爭中獲勝的可能性。在找尋替代方案時，一般都會採用「假如……的話」的發問方式。也就是說，「如果狀況變成這樣的話，應如何思考（或者，應如何行動、反應）才好？」

不過，我們常會有思考不夠細膩、周延的情況產生，而沒有辦法做到以「假如……的話」來思考。雖然其原因在於對自己沒有自信，而不是起因於社會背景，但我認為，有另外兩個重要的背景因素，導致一般人很不擅長於以這種形式思考。

第一項因素是，到今天為止，我們在一千多年的時間裡，不斷接受中西文明的洗禮，因而徹底習慣於「已經有解答存在」。只要既定的答案存在，就可以不必左思右想了，所以根本連

「假如……的話」也不問。即便有不懂的事，而以「假如……？」為首發問，也認為「國外已有答案」而去找解答，自己連想都不想。因此，在「假如……的話」的後面，我們常會直接接上「答案在哪？」目光相當短淺。

另外一個因素是，繼承薩滿教血統的神道教對日本人造成的影響。在神道教的原始型態中，祭祀與政治上都特別重視言語與心靈的力量，所以會盡可能不去想不好的事，或是講不好的事，根據我的推論，人們會對「假如……的話」這種思考方式感到害怕，認為「心裡如果存有光是用想的就覺得很可怕的壞東西，搞不好壞事就真的會發生……」所以，大家就養成了一種盡量避開它的「習慣」。因此，即使很明顯有兩種選項，還是會沒來由地產生厭惡感，無法以相同基準看待它們。這樣的態度，和經常預先設想好各種替代方案，並以之為主要武器的策略性思考家，成為明顯的對比。

我認為，日本的這兩種背景，是可能漸漸有所改善的。對於前者那種「已有既定答案的探索方式」，我抱持著見機行事的樂觀論點。由於其他國家的潛力已經變得和日本差不多了，只要哪天環境要求日本必須有更高的國際競爭力，我想日本應該就能自然發揮出實力吧！另一方面，即使最近興起一些與超能力或心靈相關的風潮，但後者那種「凡事不去考慮壞的那一面」的習慣，還是會讓人覺得，打從祖先的時代開始到現在，我們心裡的世界，就幾乎沒什麼進步。但在此同時，我也覺得，這樣的背景不但沒進步，反而還格外根深柢固。

不過，只要有人在學校學了電腦程式設計，像是FORT RAN這種程式語言，並且在思考過程中把它用進來的話，自然就能改善這一點。學習電腦語言的第一個重點，就在於你必須組起毫不曖昧、全無衝突的理論，因此毫無疑問能養成預先考慮到各種可能性的好習慣。

戒二 參謀應捨棄完美主義

我碰過很多已經變成像上班族一樣、決戰時缺少緊迫感的企業管理者。但我認為，擬定產品、市場策略的營業部長，以及在實際戰場上擬定策略的參謀，兩者思考方式的相似度其實是很令人吃驚的。在市占率競爭中，即使訂定「完美」的市場策略，也不會有什麼意義。因為市占率的分母是自己與對手的銷售額總值，所以只要所採用的策略稍稍比對方好一點的話，就能搶走對方的市占率；再者，再怎麼優秀、完美的策略如果沒考慮到市場動向的變動，依然不會有效果。所以，時機是很重要的因子。

〔戒二〕就這樣誕生了，它講的是：「市場策略只要比對方更勝一籌，而且能抓準時機實施，就是致勝關鍵。」戰場上，參謀所扮演的角色正是如此。他們只要知道（或是冷靜地預測）對手的戰力與作戰方式，再擬定比對手好的策略就行了。特別是我方勢力在乍看之下顯得不如人時，更需要精準的人員配置以及行動指令。只要最後我方還剩下任何一兵一卒，就是勝利。此時若害怕失去兵力而不敢果決下判斷，或是無法毅然決然面對問題的話，就會敗在對方手中。能否做出這種判斷，就要看你能捨棄完美主義到何種地步。

參謀在訂定策略時如果像國寶級的大師在創作漆器一樣，任何一點污損都不容許出現的話，所耗費的人力與時間勢將難以估算。戰鬥開始後，我方都已經大敗了，完美主義者卻還窩在附近的山丘上擬定祕密勝利計畫。我們如果稱他們是「完全沒幫上忙的無能者」，想必他們也無從辯解吧！

負責管理工作的人，似乎特別容易出現仰賴別人的判斷而升官的。他們之中，有許多人都不懂得如何在正確時機下做出決策。其理由固然也和他們的情報力與分析力低落有關，但我認為，他們受到完美主義的幻覺所威脅，變成「明明應該是A，卻不敢說是A」。在這種不敢果斷決策的心態背後，他們應該是隱隱覺得「世上的事情不會那麼簡單」，而對問題的解決感到絕望吧！這應該是日本式「有缺點就扣分」的想法所造成的。還有，明明應該以整體觀點來判斷（例如整體來說有九成以上的可能會如此），卻又會對於細節過於在意。在這種時候，只要能以字詞明確描述這些在意的細節（例如把在意的事全都條列出來），再看看假如這些細節呈現和目前相反的態勢，會有什麼影響。如果大致上並無影響，就應該果決地對大局做出判斷。

戒三　參謀應徹底挑戰關鍵成功因素

那些在〈戒二〉的地方成功捨棄掉完美主義的人，我會建議他們可以完全而徹底地重新挑戰自己的工作。任何事情，一定都會有影響其結果的幾個主要因素。由於只要我們能巧妙管理或應用這些主因，策略就能成功，所以策略性思考家都稱之為關鍵成功因素。

例如，外人或許會覺得銀行業的業務十分複雜，但若以KFS來看，不過就是如何便宜取得資金，再以高利率借給別人而已。也就是力求分別讓存款與貸款的資金成本最低與最高。

此外如啤酒業，和生產規模比起來，在流通面達到「規模經濟」，會是更重要的成功關鍵。因此，現狀下市占率較小的業者（由於賣的是酒精飲料），在業界的價格管制下，會很難獲得利潤。因此，這些小型業者應徹底改變目前的啤酒生產方式，不是讓工廠端的大部分支出變成變動成本，就是跳脫零售體制，只在少數超市或專賣店銷售，否則絕不可能改變單一業者獨占的經濟本質。此外對冰淇淋業而言，ＫＦＳ在於控制季節性變動，以及在流通過程中以低成本維持低溫的能力。還有另一個大家比較熟知的例子，就是造船或製鐵業的ＫＦＳ，是以製造規模一決雌雄。

所謂的策略性思考家，對於自己負責的職務（職位、業種、業務），總是會記得有ＫＦＳ的存在；而且他們也不是全面開戰，而是只針對ＫＦＳ的部分「徹底挑戰」。

唯有徹底達成ＫＦＳ，才能為我們帶來利潤。只要對ＫＦＳ的認知沒錯誤，就不怕在徹底挑戰下會達不到目標，因為ＫＦＳ可以提供我們思考時的大方向。我擔任顧問的工作，每次一接觸到新業種，一定會向負責的專家請教：「在這個產業裡，成功的祕訣是什麼？」當然，很少有人能馬上回答，所以必須從各種角度發問，以期盡快針對ＫＦＳ做出大概的推估。一般會稱之為「假說（hypothesis）」，不過它有別於毫無線索下擬定的假說，而是一邊請教業界專家各種問題，一邊擬定的假說，所以可以比想像中還快縮小範圍。

這麼做的話，為了證明或反證此一假說而必須做的「分析」方向，就會變得十分明確。擔任企業參謀的顧問，經常會碰到新狀況，或是必須在很短的時間內構思出讓業界資深人士能夠認同的策略。此時，全力鎖定ＫＦＳ來證明或反證假說，將是迅速掌握問題核心的有效方式。

我們的周遭存在著太多大家以曖昧態度所認同的事情，所謂的職業，是一種「占去自己時間的志業」，所以若能徹頭徹尾做好它，一定能為我們的人生帶來喜悅；它將會讓我們因完成了某些事而產生成就感。

我住的那間公寓有所謂的抽水馬桶，它在背部讓人靠著的水箱部分是用來貯水的，在設計上是排掉十公升左右的水後，水會自動補滿，然後就不會再流掉了。仔細思考後，我們可以發現，這種機制利用了槓桿原理，一旦開始充水，白色的中空塑膠球就會因浮力而上升。相對的，陶製水缸底部的栓子就會封閉起來。但某天我的抽水馬桶卻故障了。似乎是因為槓桿的金屬製把柄部分因長時間浸在水中，而使接合處漸漸出現一些問題，讓槓桿原理無法發生作用。

然而在我先前所住的公寓裡，也有一樣的抽水馬桶，那裡的馬桶也發生了相同的問題。此外在過去數年間，我所拜訪過的企業，也曾經有過同型號的馬桶故障的情形。我記得，好幾次我都必須舉起重重的陶製水槽蓋，把塑膠製的白球往上拉，然後把栓子塞好。也就是說，這樣的設計，都會出現類似的問題。而且並非原理有問題，而是製造材質的選擇以及計算浮力等因素的問題。既然現在問題點已經縮小到這樣了，我想表達的是，為什麼那些以製造為志業的人，不願意為徹底解決此一問題而花幾個小時思考呢？

去年我到美國旅行時，某木材公司的重要幹部就坐在我旁邊。在美國無數的木材公司中，該公司算是前五大，我想，五小時的長途旅程，多少也該吸收一點知識，所以很快試著向他提出問題：「你們公司所屬的木材業，KFS是什麼呢？」令我訝異的是，他在不到一秒的時間內就回答我，「擁有廣大的森林，以及從所擁有的森林中盡可能取得最多的木材。」前者一看就知道，只要買下森林就行了，但後者就有必要請他說明了。因此我又問他：「要想從給定面積的森林中取得最多木材，應控制哪些變數？」他的回答是：「要加快樹木的生長。影響樹木生長的主要因素通常有兩個，一個是日照量，一個是水量。敝公司都會提供適當的日照與水給我們擁有的森林樹木。例如猶他州、亞利桑那州這些州日照量很充足，水卻不夠，這會使樹木生長很遲緩。如果提供充足水分，一般要三十年才長成的樹，只要一半時間就行了。我們目前有個專門負責這項重要事項的專案，正就此進行研究。」

我馬上發現，這個人能根據主管交辦工作的KFS發展出一套策略。這讓我對他很有好感，所以這次換我回饋給他：「那麼如果狀況相反，也就是水分十分充足，但日照量很少的哥倫比亞河下游一帶，關鍵就在於使用化學藥品協助樹木生長，以及選擇成長需要較少陽光的樹木吧！」由於我們兩人很快就決定好交談的範圍，所以我只要從他身上問出在兩種狀況下的詳細作法就行了。我從這趟長途旅行學到不少東西，而他還感謝我：「我本來就有把自己體驗過的事整理出來的習慣，但和你交談後，讓我以整體的角度看自己，對工作有更透徹的了解。」

彼得・杜拉克很擅於講一些比較難的想法，而讓人如墜五里霧中，但他常會以有如神諭般的口吻講出KFS來。先前我去聽他在舊金山某飯店舉辦的演講，在長達兩小時的時間內，他一下子說：「全球只有日本與美國在戰後出現嬰兒潮，又消退回去。此一現象未來會在兩國都會產生很深的影響。」或者說：「沒有人像全球的製紙公司那麼不長進的。他們從兩千年前到現在都沒有什麼技術革新。現在從木材中取得的賽璐璐（紙漿），都還有百分之七十流失在水中。」這些內容讓人前後連貫不起來。

如果他的第二項觀察正確的話，在他心目中，製紙業長期的成功關鍵因素會是「更有效從木材中取得賽璐璐」，這樣就很容易對焦採取行動了。我認為，杜拉克之所以能克服語言問題，在美國如此成功，應該是因為他有獨特的著眼點，以及他養成了一種絕對能找出成功關鍵因素的思考習慣，經常自問像以下這樣的問題所致：「管理者的職責是什麼？」「公家機構的服務必定不好嗎？」「為何傳統製紙公司的獲利程度不佳？」

凡事若能以這種方式思考，會比對各方面做過於分散的考量，還可能進入他人未能達成的領域。世上未能探討到接近核心的問題，實在是堆積如山。

戒四 參謀不應受制於制約條件

在擬訂策略時，如果一開始就想「這個也不行、那個也不行……」，然後才開始思考「那還剩下什麼可以選擇」的話，就很難突破現況。我在顧問工作中與企業管理者談話時，最在意的就是這一點。對方負責的領域只要發生什麼問題，我都會先了解對方目前是以何種態度在面對問題；接著我會問他，對這問題他想到了什麼解決方式。此時他們大多數都會說：「現況中我們什麼也做不了。像我們這種公司，高層對現況並沒有什麼理解、員工素質也低落，再這樣下去，應該會愈來愈糟吧……。」

由於我不是他們公司的員工，因此可以在這種時候以第三者立場切入。接著我會提出以下的問題：

「具體而言，目前哪些事項讓您覺得束手無策？」

透過這樣的問題，雙方可以針對制約條件訂出具體的定義。接著我會問：「如果完全沒有這些制約條件，公司可以做哪些事？」

例如，卡在人、資金、無形資產等因素上的時候，就試著空想看看，假如這些資源可以無限使用，應如何解決目前的問題？這樣就能夠提出「希望能採取這種方式解決」或是「理想中應該是……」等參考策略了。即便無法一口氣找到答案，至少透過對理想策略的認識，也可以讓我們了解，到底是哪些事情在阻礙我們實現理想。

接著，我們就可以集中思考，設想如何才能去除這些障礙物。只要組織整體對於障礙物有共識，就可以為同一目標而努力了。如果像過去那樣，對於理想中的解決方式什麼沒有共識，也不知道障礙何在的話，組織內可能會有好幾股力量在不同方向上努力，連踏出改善事態的第一步都做不到。特別的是，一旦公司上下能對障礙何在產生共識，進而挑戰制約條件的話，常會發現這些限制的條件其實沒有想像中那麼嚴重。

例如，某製造商把銷售與製造部門各獨立為一家公司，雙方每年召開兩次企劃會議，決定要生產的產品數量及售價。久而久之，雙方卻開始互視對方為敵人，企劃會議也變得充滿不信任與戰鬥，成為連公司內部的人都覺得不可能解決的問題。不過，仔細一看，雙方在計畫階段並無共通的資料庫，而且也是分別支付成本、分別預測市場狀況。就是因為雙方都根據自己的資料庫參與討論，才會弄不出個結果來。雙方原本就是同一企業的不同部門，只要能夠整合經營計畫，應該就沒有問題了。所以只要安置一個橫跨雙方的高階職位，由他來整合來自雙方幕僚部門的成員，成立一個「經營計畫研擬團隊」，就能試著透過中央集權來解決問題。

在此，我想強調的並不是單一的解決方案。問題就像人的指紋一樣，會因環境、歷史、方針等事項的不同，而帶有獨一無二的特性。所以，不應該存有既定答案。在面對問題時，我們所採取的態度，很可能可以成為解決問題的仙丹妙藥。這仙丹妙藥就是，一開始不去問「我們無法做什麼？」而要問「我們能夠做什麼？」接著，我們只要針對這些「能夠做，但因為某些制約條件而做不到」的事項，執著地研擬如何一一去除妨礙它的因素就可以了。

戒五　參謀在分析時不應仰賴記憶

明治時代之後的日本人，平均來說記憶力在全球是數一數二的。第一個理由是，在小學教育中，有很多時間是花在學習漢字或成語的學習上，而這些事只能幫助學生培養記憶力而已，別無好處。雖說日本文盲的比率是世界最低的，但反過來說，或許日本的教育也是全球最偏重培養記憶力的。小學生國語之外的科目，或是高等教育中，都明顯受到了影響。原本很適於培養邏輯思考能力的幾何學，在教學上卻變成讓學生背熟幾種解答，就決定了成績；連原本應該是以閱讀、書寫、會話為教學目的的英語課，卻變成像是以記住文法上的一些「例外」為目的一樣在考學生。此外，亞里斯多德的邏輯、推理等想法，也變成硬塞給學生吸收的「知識」，而不是培養學生學會如何去使用的「工具」。

反過來看，這件事暗示著，在我們的成長過程中，很可能忽視了兩項重要能力的開發。它們是「分析力」，以及「創造概念的能力」。

日本有兩項因素，造成學生的分析能力培養不起來。第一項因素是，即使我們周遭有一些不分析也能輕鬆說服別人的人，也有一些習慣於完全無視於別人辛苦分析結果的人，我們卻還是可以過著自己的生活，絲毫不受任何影響；第二項因素是，「無法百分之百訓練好自己的記憶力，就進不了東京大學」的強迫觀念。此外，正如「島國特質」（譯按：指居住在島上的人少與外界交流，因而容易出現視野狹隘、思想封閉等特質）一詞所表述的，一般日本人幾乎沒有什麼展開思考的空間，也很現實，所以有一種「瞧不起想像能力」的傾向。因此，即使要求日本人先去除〔戒四〕中提到的制約條件再思考看看，他們還是會缺乏想像力，而無法不顧現實狀況、發展出大膽的想法。我之所以要在〔戒一〕中要大家不要害怕以「假如……的話」的方式去思考，也是這個原因。

由於現在的教育出現缺陷，也由於社會風氣使然，民族性造成的這種弱點，有其難以解決的地方。因此，策略性思考家只能憑藉自己的意志，有計畫地克服它。例如，可以嘗試不要每天讀報紙，而改看周刊或月刊，以防自己只吸收到片段性的知識，同時每週都找一個大家毫不懷疑就認為是「無計可施」的問題來探討，養成以自己的思考為問題找到「可施之計」（即概念）的習慣。

第5章 策略性思考團隊的形成

1. 選擇安逸或挑戰？

在看到知名的史丹佛大學商學院某一年的入學簡介後，我發現一項有趣的統計，他們以前一年度畢業生目前服務公司按規模分類的統計結果〔圖1〕。進入員工萬人以上的大企業工作的，只有三十五％而已；反之，進入千人以下的小企業服務的，占了四十七％，是將近整體的一半。

史丹佛大學的企管碩士（MBA）在一九七四年的年薪應該是一萬五千美元至兩萬美元左右。事實上，為了從該校畢業生中徵人，我也面試過幾個這樣的人。我就親身遇過一些覺得公司規模大反而不好、反而沒幫助的人。例如，有個向世界銀行以及麥肯錫投寄履歷的應徵者認為，去世界銀行的好處是可以到發展中國家做有趣的工作（有挑戰性），但缺點則是組織規模太大了。還有別的應徵者會把到不知名的罐頭公司行銷部長職位和到麥肯錫工作相比較。他認為，到那家小型罐頭公司任職的優點，是可以有試試自己能耐的無限可能性。那些已經變成大組織的企業，像是奇異電器、AT&T（美國電報電話公司）、美國銀行等，明明是很出色的企業，年輕有為的畢業生卻不太想進去工作。對他們來說，既有組織（機構）就像是難以忍耐的束縛一樣吧！所以說，那些待過部隊，或是暑假到大企業實習過的人，會特別有意願進入小型的企業，其實並非偶然。

另一方面，日本在當時並沒有企管碩士這種東西，所以無法拿來比較，但由於我看到經團連曾做過類似調查，因此

[圖1] 大學畢業生進入的公司

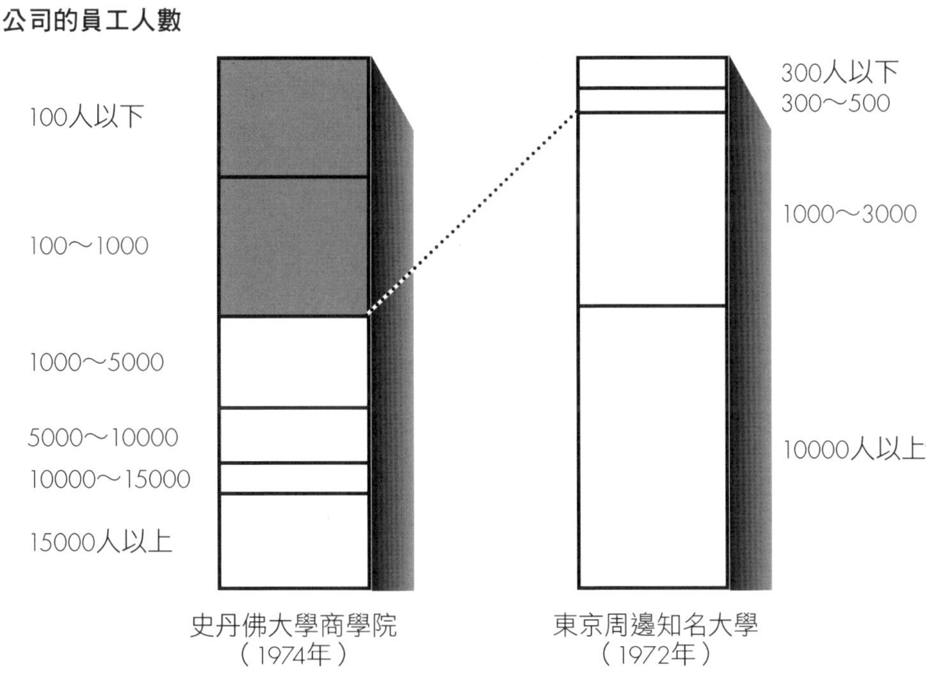

美國名校畢業生偏好小企業、日本名校畢業生偏好大企業，二者呈強烈對比。

把它合併到〔圖1〕裡一起比較，我發現二者間存有令人吃驚的差異。

日本戰後的「自由化教育」所培養出來的學生，難道就是這種一出社會就盤算著二、三十年後的事，只知道要「樹大好遮蔭」，而全無自信的心態嗎？而且這些畢業生一窩蜂應徵的工作，都是極其曇花一現的產業。在第二產業全盛期時，他們就一窩蜂跑去製造業；最近他們又受到光鮮表面的吸引，搶著要進入那些不正派經營而遭批評的公司，或是經營出問題的日航等第三產業的公司。

事實上，一國所擁有的優秀人才是有限的，如果全部由大企業獨占，其他小企業就得不到人才了。大企業如果人才過剩，就會開始濫用，變成白領階級藍領化。就是因為這樣，才會出現一種怪現象：大企業既面對諸多經營問題，也擁有諸多人才，二者卻無法配合得宜，沒有運用這些人才來解決問題。

這個問題，主要可以採取兩種方式來解決。一種就是促使這群人才「去當雞首」，大多企業都有很多子公司或外包廠商，可以把年輕而優秀的人才安排去當這種小公司的高層，讓他們盡情發揮。每年招收一千名大學畢業生的公司，即便把五百人分出去，應該也不會對公司營運造成什麼影響（由於已經藍領化了，所以就視為變動費用）。現在日本許多企業的外包廠商，也和發包企業一樣無法提高生產力，人事成本變成相當於發包企業，經營得很辛苦。此外，大部分子公司都未能訂定自己的經營方針，只是失魂地到處遊蕩。這些公司所面對的問題，與大企業所面對的問題，本質上沒有什麼不同，都是經營策略上的難題。我認為，應該把「樹大好遮蔭」的想法，轉變為「去當雞首」，從中培育年輕管理者的種子。雖然這麼做是點嚴苛，但只要讓他在外磨練，一直到他存活下來，並成為足以調回總公司擔任高階管理者的人才為止；要是中階管理者沒有預做準備卡位，那種在眾人面前連話都講不好的高階管理者，遲早會消失殆盡吧！

還有另一種可行的方法，不過倒不是選了它就不能選第一種方法。這種方法是把企業內的智囊團，也就是策略性思考團隊安排在高階管理者身邊，把他們提拔到雖然年輕但能夠左右公司經營的位置。此時，高階管理者的領導力、判斷力以及批判力，就是成功與否的關鍵了。如果沒有這些能力做為複檢機制，要管理這種特殊團隊還是存在風險。這種方法不但能化解公司內部冒出來的「難以發揮實力」的不滿，還能有效運用人力資源。

最近日本大企業愈來愈常派員工到美國的商學院留學，讓他們取得企管碩士學位再回來。員工通過公司考試，出國學得管理知識回來，但似乎做的都還是以前那種藍領階級的職位。出於這種不滿而跑到麥肯錫這種地方來，試探著想找工作的年輕人，每年不下十人。這對派遣他們出國留學的公司來說，是非常可惜的事。

高階管理者的策略團隊，最好不要常設比較好。要制定重要策略時，就從生產、銷售部門或其他幕僚部門召集一批人才，平時則讓他們歸建回原單位。還有，這個策略團隊在某個事業單位制定市場策略後，如果要把相同手法推展到全公司，也可以讓該團隊充當游離基（自由基）。這也是一種運用之道。

某日本大企業（事實上是很出色的企業）曾與麥肯錫合作，先針對某系列的產品實施獲利改善計畫（ＰＩＰ），然後將其內化於總公司之內，再推展到其他系列的產品上。這種方式不僅可以提升數十億日圓的獲利，對於人才的養成以及士氣的提升，也有很大的幫助。可以的話，我希望有更多企業能採用這種方法，在高階管理者訂定策略計畫時多多運用它。

2. 智庫與戰車

根據日本通商產業省的分類，企管顧問歸類於「智庫」（Think Tank）的一種。它是在美語的「智庫」原本的意思上又多加了另一個意義進去，讓它變成一個連顧問或徵人公司（人力銀行）都包括在內的新字。這麼說明的話，應該還算能理解吧！可是，「智庫」一詞再怎麼看，都像是美國的那種研究機構，也就是研究中心。野村總合研究所與三菱綜合研究所就是模仿位於加州門洛帕克（Menlo Park）的史丹佛研究中心（ＳＫＩ）而成立的。這些機構集合了優秀的頭腦，研究著事關企業或公共機構的重要問題。而這些機構的研究結果，會大大影響到高階管理者的長期決策。

不過，像這樣的機構，卻沒有針對所謂的企業策略，深入研究今日的管理所帶有的種種營運上的問題。他們擅長的是像「產業結構的變化對多元化大企業會帶來何種影響？」或是「經營條件愈來愈不利的日本煉鋁業，未來會如何？」之類的問題。此外，「要把購買鑄造品的重心移往韓國，還是要採國產？」之類的問題，也是由這種機構負責的。

在這些例子中可以發現，它們的研究主題都沒有主詞。雖然一個「研究中心」要這麼做沒有什麼不可以，但是「對誰而言……」的部分卻沒有交代；也就是說，「哪裡的鑄造品可以用比較好的條件購買」的主詞，可以是豐田汽車，也可以是日產汽車。也許豐田汽車或日產汽車全都不適用也說不定，但它卻是「適用於日本汽車業界一般業者」的一般性論點。此外，也由於了解這種一般性論點是很重要的，再加上它的分析與研究都需要高度的技術，所以才會稱為「智庫」。

如果不想談一般性論點，而想把特定主詞放進來的話，怎麼做才好呢？豐田汽車的鑄造品，應該向哪裡買好呢？最後還是必須回答這樣的問題。我們馬上看得出來，光靠總體經濟的角度，並無法解答這樣的問題。我們要找的不是一般性的答案，而必須找尋特定答案。

豐田（或日產）原本就採用何種方式購買鑄造品？為什麼要這樣買？承接豐田（或日產）包案的業者，對該公司的依賴度有多高？今後他們的生計會有什麼變化？倘若要向國外購買，競爭對手日產（或豐田）會如何行動？而這對豐田（或日產）而言，有何策略上的意義？不景氣時，購買彈性是否充足？其他競爭同業若不向國外採購，在景氣好與景氣差時，豐田（或日產）的相對強度會如何變化？

只要一放入主詞，一堆問題就跟著出現，事情也變得複雜。而且還必須先熟知公司內部狀況、徹底分析內部經濟，並充分了解市場的競爭態勢、競爭特質，才可能找出答案。此外在實施解決方案時，能否實現預期中的成果，將會加諸直接責任於負責該工作的人身上。

智庫並不適用這種實戰，因為他們是採取旁觀者的角度，只要寫出報告來，工作就告一段落了。因此，我認為在實戰中，智庫（think tank）恐怕只能成為「沉車」（sink tank），而無法期待它可以當台戰車（tank）。

另一方面，既有的幕僚或直線管理者又如何呢？公司內部的事，最清楚的就是他們了。這一點是無庸置疑的。不過，他們卻缺乏以策略觀點解決問題的經驗。那些大大左右企業命運，或是對企業未來的競爭力帶來莫大影響的問題，並不是每天在發生、每天在解決。這類問題的數量有限，光是待在公司裡，是無法累積實戰經驗的。此外，如果平常就讓他們練習解決問題，當批企業裡的浪人、到處玩耍的話，成本又高得嚇人。或者應該說，在平常沒碰到什麼有趣問題時，就悶不吭聲不斷玩耍、白吃白喝的那種人，一旦碰到實戰，也會派不上什麼用場。真正有能力的人，應該都會為了追求挑戰而離去吧！

這麼看來，企業或大型公家機關賴以解決問題、極其重要的團隊，如果是交給智庫來做，會有「缺少主詞」的問題；但如果是召集內部人士組成的話，卻又「缺少動詞」，成為一種兩難。真是怎麼做都不對。

在此，我試著把本書第一部中所談到的事情簡單歸納一下。

企業或公家機關，都需要策略性的問題解決團隊。對於如何看待問題、如何解決問題，這團隊是箇中專家。這樣的團隊除了解決問題，也能夠取代今日已變質為一群評論家的幕僚部門，而且還是組織最高決策者真正的策略參謀。

我認為，日本大多數的大組織，都欠缺這樣的功能（而且還是最需要的功能）。日本所處客觀情勢的變化，已迫使它必須從「抬轎經營」轉變為「塔臺經營」（這是繆勒・賽姆所說的）❶。我寫本書的用意，在於試著描繪出策略性思考家的樣貌，以促使這樣的變遷發生。

目前我所服務的麥肯錫公司，為因應這樣的變革需求，已經拆掉原本所打的「企管顧問」招牌。如果一定非得為此產業取個名字的話，應該會稱為「問題解決者團隊」（**The Problem Solvers**）。當然，此一變動的背後，似乎也有藉此與追求利潤的其他同業區隔，聲明「我們也和律師、醫師一樣專業」的意思在。身處這種沒有分類項目的奇怪產業，我一方面體嘗著這種悲哀，一方面也發現，在日本從事這樣的工作，很有意義。它可以為企業內部成員的經驗與知識加上外部人士的客觀性、中立性、分析力、集中力、實戰力。只要參與工作的所有成員能夠不分內外，秉持「親眼看到結果絕不放手」的精神，就能百戰不殆。即便外界都說日本企業很封閉，但只要進入日本企業工作，就會知道其實和歐美企業沒什麼差別。有時候搞不好日本企業只是因為過去沒那麼做而已，只要一做，就會突然湧現一股莫大力量。

❶柏納德・繆勒・賽姆（Bernard J. Muller Thym）所著《企業的生理學》，鑽石時代社出版（一九七三年）。

第2部

策略性經營計畫之實務

前言

最近我總覺得，目前那些擔任領導者的企業家或政治家，失去自信或是過於自信的幅度，突然變得比以前來得顯著。一下子是構築起企業帝國的巨頭齊聚一堂，發表他們充滿憂慮的對談內容；一下子又是脫離保守黨的年輕政治家發表談話，告訴大家「總之就是要行動！採取行動是有其意義的！」

巨頭們的憂慮無從解決，年輕政治家對國家表現出來的激憤，充其量也是在描繪周遭的情境而已。那群受到批判的行政官員與國會議員，或許可以得知讀者對於這樣的情境描繪到底有沒有同感，但他們卻還是無從得知，自己到底該做些什麼、又該以何種順序去做，才會比較好。這些事，他們心裡都沒有底。

因此，他們非但沒有朝解決之路邁進，反而不思變化，或是出現一種新的慣性，不朝均衡的方向而去，反而朝更接近混亂的地方而去。

擬訂策略的參謀，並不需要一般性的論點。不管你用任何理論或手法記述戰場狀況，只要從中推導出的解答以及後續行動有任何謬誤存在，就會完全派不上用場。

當個策略家，不但要頭腦清晰，而且還是個只問結果的寂寞行業。如果當個將軍，或許還可以臨機應變即興演出，但身為參謀者就非得幫將軍做周詳的考慮，盡可能讓將軍的即興演出減到最少。對於將軍、將軍的兵力，以及將軍的判斷力，參謀一定得有能力做出評估才行。

在本書的前半部中，我不小心花了不少篇幅來談一些大家誤以為是「手法」的東西，我稱那些東西為參謀的「工具」，也談到它們的實際使用方法。我的用意並不在於「告訴大家怎麼用這些工具」，而是想記述運用這些工具的過程，以及過程的底蘊中隱含的想法。

許多讀者都很感謝我公開那些技術，也有少數讀者表示，書中提到的思考方式，對他們大有助益。

本書就是為這些人所寫的。

一九七六年晚秋作者 於 丸之內

第1章 關於策略性思考

1. 冰箱的教訓

暑假的時候，由於太太帶著兒子回娘家，暌違已久之後，我再次在星期日前往附近的超市採購。婚前我曾自己去上過烹飪課，因此對於食材應該比一般當先生的都還有概念。但可能是事隔多年，到我開始推著購物用的金屬推車為止，一切都還沒問題；不過真的要開始購買時，到底要買什麼、怎麼買，卻讓我腦子一片空白。我一下就伸手買了四碗杯麵與果汁。

仔細想想，不知道該買什麼也是當然的，因為我根本連要弄什麼來吃都沒決定好。此時我想到，午餐是在公司吃的，所以只要準備早餐和晚餐就行了。早餐很簡單，我買了蛋、麵包和培根三種東西。由於我不確定家裡還有沒有奶油和果醬，所以這兩樣也買了。但輕鬆事只到此為止，晚餐的部分我就想不出什麼菜名來了。原來不知道要吃什麼就沒辦法買材料，真讓我意外。雖然我用力揮去潛意識裡「吃咖哩飯吧」的惡魔誘惑（我曾教過內人做菜，這點很令我自傲），但我的手已經伸向咖哩料理包了。我還買了準備要燉的肉。我想，這樣至少有一晚必須弄咖哩吃了，於是又買了馬鈴薯和洋蔥。

雖然在這時候，我開始注意到支持自己行動的理論根據愈來愈薄弱，但我已成為「衝動性購買」的犧牲者，陷入一種不斷把食材丟進推車裡的狀態。我不斷找理由讓自己買東西，像是「既然買了洋蔥，那也買些長蔥吧」、「馬鈴薯和茄子好像滿搭的」、「要補充維他命少不了檸檬和葡萄」等等。

結帳的時候，我後面沒人排，隔壁收銀台卻排了四、五個人。所以，我的推車到底裝得有多滿，各位應該不難想像吧！結果我買了總計九千八百二十日圓的多種食材。但即便如此，我還是認為這樣不過是七天內每天一千四百日圓而已，設法自我安慰。不過這種論點在我打開冰箱時徹底破滅了，因為冰箱根本放不下。而且並不是冰箱裡原本的東西讓我放不下，內人很怕東西會壞，所以早已把冰箱都清空了。無可奈何的我只好決定好冷藏的先後順序：馬鈴薯和洋蔥這些就不放冰箱了，當天準備做晚飯用的材料也直接擺在外面。好不容易，我才擺脫想要增加設備投資（再買更大台冰箱）的想法。

就這樣，我的「王老五」生活總算順利展開。但才過兩三天時間，冰箱裡的東西就開始傳出怪味，原本打算加在味噌湯裡的豆腐開始腐壞了。這是那九千八百二十日圓的投資出現的第一件未能回收的案例，我決定把它丟掉。第二天，玉蕈不能用了，葡萄看起來也變得乾癟癟的。我急著想吃掉它，但我是一個人住，再怎麼吃也吃不完。不，不光是葡萄而已，現在已經星期四，預計的七天時間都已經過了百分之七十，冰箱裡的東西卻還是沒有減少。這也是當然的，因為晚上我常加班，結果都在外面吃了。早上也沒時間弄肉來吃，結果買回來的高級食材（肉、青菜等）連動都沒動，只有按原定計畫吃掉低價位的麵包和蛋而已。即便如此我到星期日晚上為止還是做了三次晚餐。最後我不得不承認，和冰箱間的比賽，我是徹徹底底地輸了。我看了看還剩下來的食材，沒有一樣是可以單獨使用的，像是弄香菇需要味噌、用茄子做乾酪三明治需要碎肉。

一切正是因為我的購買太缺乏計畫性，才會在以兩三組食材做出料理後，就變成典型的「有的太多、有的不夠」的案例。而且在一星期後，冰箱裡的食材目測起來只減少了三千日圓左右的量，陷入為六千八百二十日圓的劣質庫存所苦的窘境。看起來只要再兩三天，東西就會壞掉，而必須視為折舊損失全數丟棄。而若要訂定積極性的生產計畫，又必須增加投資。我已經不想再為六千日圓的劣質庫存而花錢了。

進退維谷下，我打電話回橫濱的老家，提出接收庫存的協定，內容是「剩下的東西全數贈送，但請做飯給我吃」。老家那邊原本就要我在內人返鄉期間回去暫住的，但因為我想發揮獨立心而勇敢拒絕。現在我卻投降了，真讓我難受。

即便如此，我還是從中學到重要的教訓。

(1)主婦有很豐富的生活智慧。若談到生產與庫存計畫的一貫性，她們恐怕比一般企業家還來得敏銳。

(2)如果無視於市場規模（在此指的是我的消化能力）就訂定生產計畫，再怎麼拚命去賣，還是無法大幅超越市場的正常吸收能力（大概相當於一天七百日圓的食材費用？），而完全消化掉。

(3)為使閒置庫存正當化而加倍生產，不光會破壞經營理念，也很可能會因而而陷入利潤減少與庫存增多的惡性循環。

曲棍球桿曲線

我的購買計畫最大的失敗之處在於，缺乏概略的購買原則。不過，在我暫時忘記全面投降的屈辱，稍微冷靜想想自己每天在看的各企業的事業計畫後，我實在是笑不出來。因為，裡頭一定都有一條混合了願望與期待的曲線，叫做「明天業績一定會變好」的曲線（在麥肯錫公司內部，都偷偷稱它為「曲棍球桿」），無一例外。大家或許覺得曲棍球桿本身沒有什麼不對，

［圖1］曲棍球桿

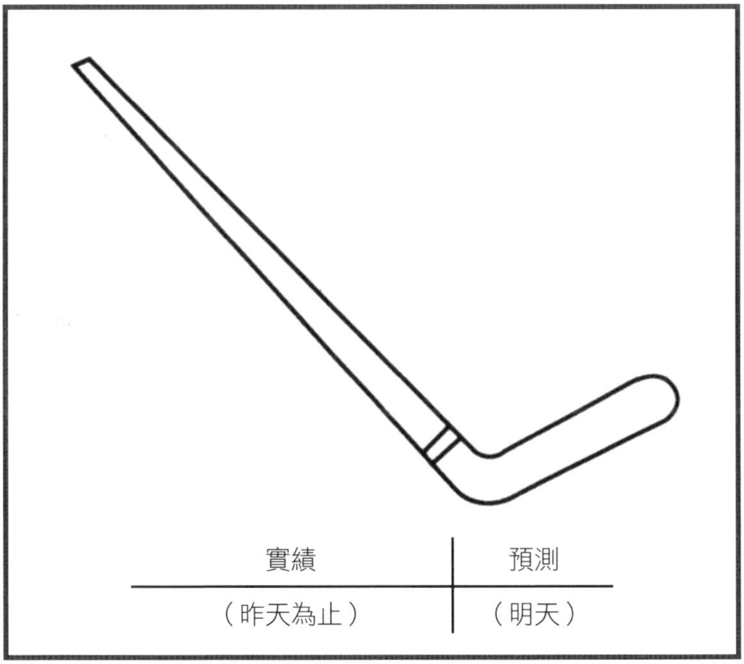

透過觀察事業計畫的損益→「明天會更好」

但事實上，就是因為這種強出頭的計畫，才會讓生產、庫存、人員等，也都出現逞強的計畫。一旦業績沒有真的變好，就會陷入難以收拾的局面。還有，生產、銷售等部門所產生的曲棍球桿，會讓高階管理者的判斷大幅偏誤。原本早該做出的策略性重要決斷，卻因為這條「明天會更好」的曲線，而變成決定再多等一下，結果跌入業績低迷、事業不賺錢的泥沼，難以脫身。

在已經成熟而定型的市場裡，沒採取太劇烈的行動，卻又能讓業績突然變好，原本就像發生奇蹟一樣。大家應該也知道，從統計數字來看，這種狀況也是極少見的；再者，在沒有任何具體計畫之下，這種事又怎麼可能達成。既然這樣，我們又為什麼認為明天會比昨天還好？原因之一是，經濟一直呈成長態勢，大家心裡只有以擴張為基調的想法而已，變成不依理性而依慣性去思考了。另一個原因應該在於，我們或而變成像那些勇往直前的員工一樣，分不清「計畫」和「努力目標」間的不同，或而害怕自己把計畫訂太低會變得不努力，所以理性明知道不可能，熱情卻還是不覺描繪出「明天會更好」的曲線。

某材料製造商的設備投資計畫就像〔圖2〕那樣，規畫了甚為積極的投資金額ΔF。但看看目前預測的平均銷售額Save，也就是市場規模與市占率的乘積，會發現原本的利潤是P_1，但投資了ΔF後，利潤卻變少為只有P_2。此外，投入ΔF後，會比延長使用原本的設備，多出Save這麼多的銷售額。但以一個經濟循環中的預估需要型態來看，可以說只有極短的瞬間而已。或者以達到Save以上銷售額的機率來看的話，其可能性很低，只相當於A_2的部分而已。

[圖2] 投資之判斷

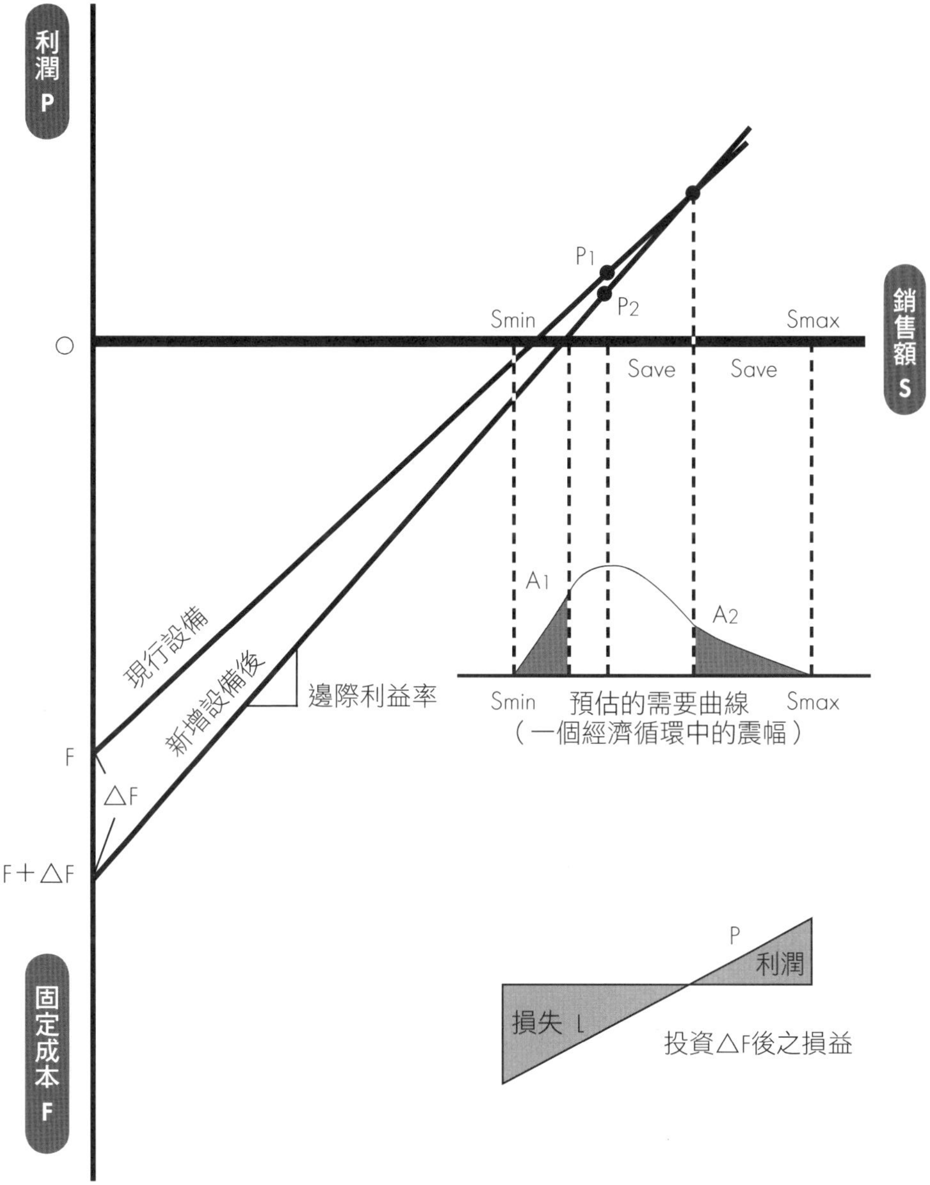

計畫不能只考慮賺錢時的事，也要充分考慮虧錢時的狀況才行。

再者，同一經濟循環中，A_1的部分相當於過去所沒有的虧損經營。以此觀之，△F有其明顯不好的地方。然而，訂定投資計畫的團隊，卻認為這樣將無法使投資正當化，所以把預計銷售額訂在比原本的延長線還高得多的地方，也就是像曲棍球桿一樣，滿腦子只想著銷售額會在Smax的地方，而沒有對照機率的分布狀況。這樣去操作的話，任何投資都會被正當化，讓高階管理團隊不得不無條件同意。

請記著一件事，一直以來這種堪稱極其片面的投資計畫之所以獲得認可，是因為整體來說，很幸運地，這世界一直在成長。如果接下來經濟發展變成低成長或持平的經濟發展的話，會如〔圖2〕所示，變成在特定銷售額Smax與Smin之間震盪。此時所擔負的過剩投資，變成目不忍視的結果（見〔圖2〕附加的損益圖）。

適切	新假設
	銷售額：損益
OK：需求與供給間的落差使成長率減低	—
NO：由於從新品轉為使用替代性產品，處於成熟前期而使成長趨緩，年成長率5%已是極限。	250億X：45億X
OK：競爭白熱化與市場成熟造成定型以及最近的市占率變化	—
OK：	—
NO：改善策略已用盡，沒有新東西，頂多5%。	—：60億X
OK：	—
OK：並非不可能	—
	595億X：△213億X

利用過去的變化狀況以及對未來的極其基本的常識判斷，就能檢驗適切。

優劣相雜的壞處

問題在於如果高估了某一系列產品的未來展望，多元化企業會變得完全無法預估公司的整體業績。如果某項產品全都是曲棍球桿曲線，別的產品卻以極嚴格標準預估，那麼二者相加下的銷售額與損益，會比全部高估或全部低估來得難以掌握。全部都高估的話，只要加上一句「此為樂觀狀況下」的但書就能掌握全公司的業績，而且也有它的用途與意義；全部低估時只要加上「此為最壞狀況下」，也可以作為重要的判斷素材。但計畫中如果是牛驥同皁、好壞混合的話，就無法用來做策略判斷。訂定經營策略和訂定真正戰場上的戰略完全相同，如果前線傳來的情報優劣相雜，某地戰況明明呈現敗退的樣子，卻以曲棍球桿曲線通報參謀本部「我軍驍

［圖3］經營計畫的適切

系列產品名稱：XYZ

造成變化的因素	1976年～1979年		計畫中包含的假設	過去的實際成績 1972～1976
	銷售額變化	損益變化		
價格	150億X	98億X	年成長率3%	+5%
市場成長	1500億X	240億X	年成長率12%	+7%
市占率	195億X	64億X	1%	+4%
變動成本膨脹		△250億X	年成長率4.3%	+2.4%
生產力提升		125億X	10%	+8%
固定成本		△280億X		△250
追加努力目標		△50億X		△250
整體變化	1,845億X	47億X		

（今年度起的改善幅度）

勇善戰」；其他陣地明明勝利就擺在眼前，卻出於想獲得更多補給的私心，而發出SOS求救信號。這樣的話，物資（即經營時的投資）該怎麼調動、該怎麼派遣軍隊，會變成完全無法判斷。

令人意外的是企業在擬定中期計畫等大規模資源重分配的計畫時，並未認真看待這種正反資訊相雜的問題。

基於這樣的原因，在訂定企業策略之前，特別是像最佳投資組合管理那種必須推敲各種可能結果的狀況，我都會針對現有計畫的高估或低估部分，以同一標準重新評估。這個動作一般稱為「效度驗證」（Validity Testing），但可以簡稱為「統一標準」。為此，我會進行如〔圖3〕所示的簡單檢查。

首先，依據現行計畫，自一九七六年至七九年三年間，銷售額會成長一千八百四十五億日圓，但事實上其中有一千五百億日圓是寄託於市場成長之上。如果系列產品XYZ是特殊電子產品，或許還不得不說有這個可能；但相對於過去百分之七的平均成長率，事實上這計畫等於假設有百分之十二的年平均成長率。詳細分析過市場後，我發現XYZ的使用者漸漸開始由使用新產品改為使用替代性產品，因此再怎麼看，實在都很難說此後三年的成長率會比過去還高。不過，如果問正確的成長率是多少，目前也無法回答，可能永遠也回答不出來吧！所以在這裡我下了「不會超過百分之五」的判斷。假設就是百分之五，那麼如〔圖3〕所示，銷售額成長的部分事實上只有二百五十億日圓，利潤則增加了四十五億日圓而已。再以同樣條件計算價格、市占率，以及分為變動成本及固定成本的成本項目，至少看得出來，現行計畫中絕大部分是無法明確反駁的。

不過，像這樣有系統地評估過現行計畫後，可以發現，銷售額的成長根本不會到一千八百四十五億日圓，最多也不會超過五百九十五億日圓；損益也不是增加四十七億日圓，反而還先要有虧損二百一十三億日圓的心理準備，這是很嚴重的事。也就是說，以「常識」來檢視現行計畫，銷售額的成長只有原本預估的三分之一，收益還變得比目前差得多。這種適切性的檢驗雖然有些難，但看到管理團隊把相信會做到的事項也全都列在裡頭，很明顯是連「努力目標」也包括在內了。此外，還有一個在如此分解後仍無法說明的「追加努力目標」五十億日圓也在其中，而且還比過去的實際經營成績二十億日圓多得多，幾乎可說是「超乎實力」的目標。

在檢驗過適切性、建立新標準後，它所代表的意義，和原訂計畫有很大的差異。如果按照原訂計畫，恐怕會大幅增加設備投資吧！但如果按新計畫，對於固定成本的追加投資就非得多加考慮不可了。

此外，由於收益會比現在大幅惡化，為求改善，或許必須把原本力求擴大市占率的策略，調整為重視獲利。

為此，必須把原本打算用於固定投資的資金，集中於價值工程（VA／VE）上，並且要設法大幅刪減變動成本。還有，原本打算把價格提高為比基準高幾個百分點，市占率也預計要增加百分之一的，但還不如降低為比基準低幾個百分點，收益還比較好。特別是公司剛好有意要減少固定成本，所以採取這種收割策略（譯按：指把資產降到最少，只投資於立即性利潤。又稱「竭澤而漁」策略。）才是明智之舉。

只要根據新訂出來的一連串假設，亦即根據此一基準計畫，就可以跳脫只盲目想擴大的想法，而變成完全不同的經營策略。以擴大為目標，確實能激起員工的鬥志，對高階管理者而言也比較容易領導。但這種無視於市場與競爭態勢，胡亂訂定大計畫的作法，將會置公司於不設防狀態。各位在看過本例後，應該已經很清楚這一點。

今後的經營者，必須能冷靜而有說服力地向員工說明，為什麼公司採取的經營計畫並不一味採取擴張的方式。同時，他還必須能夠激起員工沉寂的鬥志，使目標得以貫徹。只懂得以喇叭或大鼓讓員工陶醉其中的人，乍看之下很勇猛，但這種人已漸漸不見容於時代了。

2. 高速公路上的鹿

在紐約州北部風景宜人的森林地帶，有一條橫貫東西向的高速公路。奇異電氣總公司所在的城市斯克耐塔迪（Schenectady），以及以尼加拉大瀑布聞名的水牛城，就在這條高速公路的兩端，中間還會經過柯達總公司所在的羅徹斯特（Rochester）。把車子開上這條紐約高速公路（New York Thruway），常可看見鹿的屍體。一般在路上是貓狗會被車子撞到，但鹿的體形就很大了，撞上時駕駛應該會受到不少驚嚇，讓人很困擾。

我雖然沒有碰過這種撞上鹿的事故，但以前一個同學的雪佛萊車前方曾因撞到鹿而嚴重損壞。據他的說法，鹿似乎是要橫越道路，從森林的方向猛然衝出來，然後在路上稍微遲疑了一下，停在那裡。當時鹿覺察到他的車子正以高速駛去，卻反而放低身子往車子的方向衝過來，就像衝入敵營、向敵人撞去那樣。分析起來，可能是因為事發突然，以至於牠完全失去了判斷力。原本只要幾秒鐘時間就可以順利逃掉的，他卻偏偏往不該跑的方向跑，結果撞車而死。

我曾以時速兩百公里以上的速度在賓州的高速公路上奔馳。記得當時那條單向有三個車道的廣闊高速公路，看來就像只有單線道一樣窄，道路像是在我眼前聚集成為一點而閉鎖起來一樣，讓我覺得眼花。與此同時，我覺得視野明顯變窄，潛意識裡我希望視野能廣一點，但實際上我卻像被誰控制住一樣，只一直凝視著正前方。

在這種極端狀態下，不單單是鹿，就算是人，不也經常向相反的方向跑嗎？

大家應該也常聽到，經營者在走投無路時，常會做出像這樣的舉動。明明狀況愈來愈糟，應該看得廣一點的才對，他卻反而愈看愈狹隘，開始覺得自己已經別無選擇了。

對只想到成功的人而言，應該很難想到自己還有「選擇」的餘地吧！但如果把目標從「成功」更換為「避免最糟的情況」，各種選擇不是往往就會自動出現嗎？看到最近一些企業走入死胡同，像是安宅❶、永大、蝶理、西斯特克等案例，再怎麼看中間都不可能沒有調整方向的機會。唯一一種可能應該是，它們在某個時點放棄了選項（替代方案）而讓視野愈來愈窄，使自己進入了悲慘的境地。世上所有的事業或工作，並非全都是「要或不要」這種二分法（二選一），而是灰色的類比型態。「好運」是自己招來的，不是別人給你的；錯誤可以「控制」住，最糟的狀況也是可以避開的。經營固然要認真一決高下，但只要還有一條命在，還是可能東山再起。

以我專業的角度來看，我會認為目前正順利或即將走上坦途的企業，應該建立起自己想要達成的理想目標，然後思索「如何實現」；已走下坡、正朝敗亡而去的企業，就應該預估最糟的狀況，思考「如何避開」。不管是哪一種，很多企業家都不喜歡做像這種思考上的情境描繪或是場景記述。還有，即便有人很乾脆答應參與這種發想，卻還是會有心理障礙存在，不擅於想像企業垮台之後的情境。例如，他們心理上實在很不容易認同「承認失敗、道歉、為避開最壞結局做最大努力」，會比「公司垮台後被送上斷頭台」來得好。他們沒有想到，即使二次大戰時期日本與同盟國講和的條件再怎樣不利，但只要成功談和，還是會比廣島遭人丟原子彈、東京化做一片焦土，要來得好。

基本上，企業的策略性思考，一定要跳脫像高速公路上的鹿一樣自己亂撞送死的情況。策略性思考的背後，一定要有日常生活中源源不絕的想像力支撐，並透過訓練學會邏輯性思考才行。很難想像企劃人員或高階管理者可以在平常全靠直覺與情感判斷，經營危機一來又可以馬上變成策略性思考。請各位一定要自行培養思考「策略性替代方案」的習慣、在不斷的訓練當中培養這種能力。

「既保有本土精神，又運用西洋技術」只不過是一廂情願把兩者湊起來而已。若真的有心想在碰到問題的時候發揮「中西合璧」的威力，還是少不了要嚴格培養好自己平常的生活態度。不要去想會有什麼「事先在架子上整齊排列好、隨時可以取用的策略」。策略的擬定不過就是你的生活態度，以及有條理地把你平常的思考記述出來而已。策略的擬定不是一種手法，而是一種對事情的想法與思想，是一種思考。唯有真正理解這樣的道理，策略規畫者才能成為真正的參謀、擔負重任。

3. PPM公害

一九七五年五月，《企業參謀》第一次出版後，產品系列的組合管理，或稱PPM，就受到大家的注意，成為不少商業雜誌或演講的題材。最近可以算是百家爭鳴，有仔細分析PPM缺點的大學教授，也有人像耍特技一樣，以三維空間的PPM取代二維空間的PPM。

［圖4］透過組合來決定位置

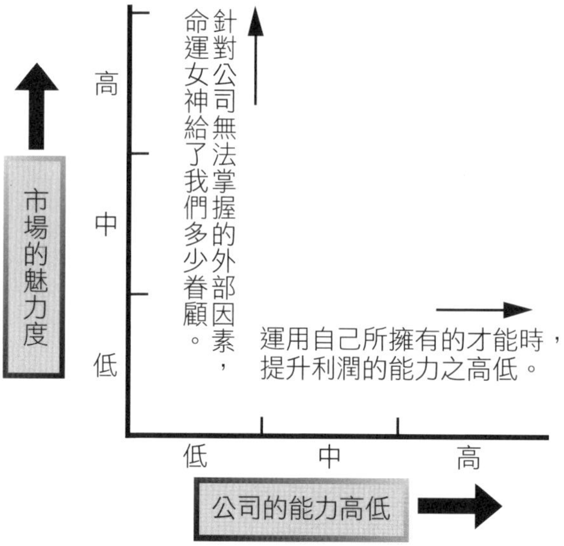

經常以二度空間角度思考。

由於全名「Product Portfolio Management」太過冗長，我所寫的書籍都以PPM稱之，但大家卻誤以為它和PERT或PPBS那些技巧一樣，是一種手法，甚至有人跑到麥肯錫或奇異公司洽詢，想了解這種手法的技術、祕訣。雖然PPM這名字是我取的，但我自己卻會聯想到公害的話題中常談到的濃度單位百萬分之一（PPM）。關於PPM的爭論，還真像是在爭論公害問題。

所謂的組合管理，以極簡單的一句話來講，不過就是「企業在擬定策略時，必須同時考慮外部環境與企業內部之事」而已。在市場急遽成長後才進入，也未必保證就能成功；公司的能力再怎麼強，如果市場就要消失，卻還只注意市占率而不重獲利的話，就可能受傷。「組合」的概念就是這樣，要同時考慮外部市場對自己公司的魅力度，以及在該市場中公司的能力強弱。

因此，企業必須自己決定，要以什麼標準衡量市場魅力度。公司如果正因勞動力過剩而困擾，就把市場能否消化勞動力列為考量因素之一；公司資金如果充裕，即使市場不怎麼成長，只要市場原本規模夠大，就是一種魅力。還有，在市占率變動激烈的產業，「勢力尚未底定」會是後發業者眼中的魅力點所在。此外，技術流動性高的產業，在研發能力強的公司眼中，就是一種魅力。勞動密集型而富移動性的產品市場，對日本業者而言已失去了魅力，勢必會出現隨時被東南亞各國取代的威脅。這種產品市場的不連續性風險很大，沒什麼魅力可言。

另一方面，在「公司能力高低」的部分，有時候在全無市占率下，只要通路網還在，仍然可以視為「能力強」；但也有「能力弱」的時候。公司的強並不在於市占率，而在於在業界賺取利潤的能力是強、是弱。市占率只是瞬間風速，並非方向。若要說「公司的能力很強」，自然要和在業界的獲利能力提升有關，如果不去判斷它的方向大小如何變化，就失去意義了。

把市占率當成衡量公司能力高低的直接尺度之所以危險，還有另一個理由，定義不清。我所接觸的企業客戶中，有的就會習慣盡量把自己進入的市場定義得很小，以求得較高的市占率。某家多元化的公司則把市占率交由各事業部自行報告，在某一時刻之前，市占率一直都是以某個大範圍的市場來計算，但開拓中間新市場的競爭對手一出現，明明應該要有所因應，但他們卻出於心中的怯懦，無視於其存在。給上司看的資料，也仍記載著自己公司市占率漸增的樣貌。最後，由於無法及時提出有效的因應對策，公司就成了市場萎縮下的犧牲者。

還有，都會銀行之類的機構，有時會只把範圍限制在前五大來比較市占率，不然就是跳過規模較大的第一勸業銀行，說自己的市占率如何，大家各有不同解讀。如果真要把市占率當成策略要素來考慮，至少在計算市占率時，也應該把準備採取策略因應的對象列在分母裡。由於最終影響市占率的因素在於存款總額的增減，所以為正確評估地方銀行❷、相互銀行❸、公債等對象、徹底分析市占率的變化，以及存款總額增減的原因是來自於市占率前五大的銀行、來自於市占

［圖5］以價格帶做市場區隔

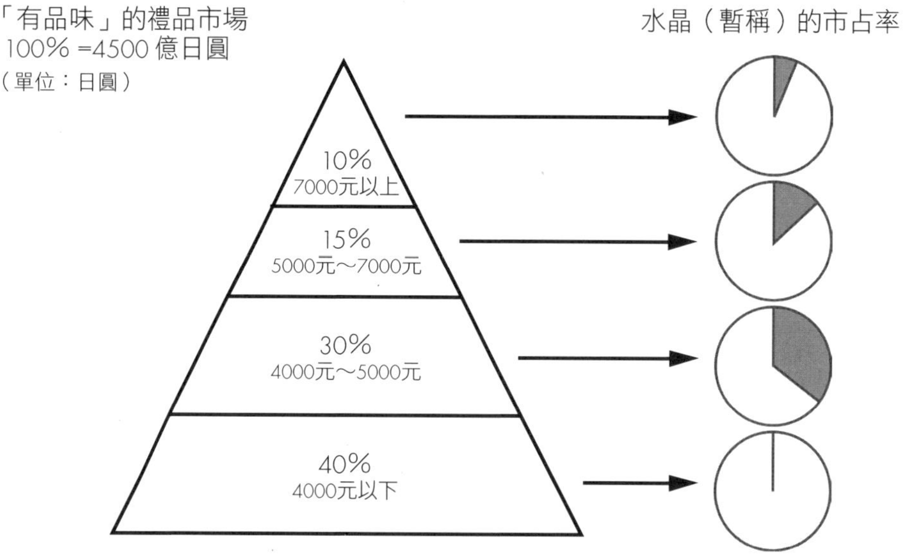

在目前進入的主要區隔上下，似乎仍有很大的開拓空間。

率較低的銀行，還是來自於公債與企業債券，必須先定義好市占率怎麼計算。有時候還必須以不同方式計算市占率，才能更容易找出病灶所在。

以一種叫水晶（暫稱）的高級耐熱玻璃餐具為例，說明市占率如果全無策略性意義的話會怎麼樣。這種餐具在日本有三家業者，他們各有各的輝煌業績，品質也是不相上下，市占率則以這類產品的始祖A公司最高。然而，仔細調查之下，會發現這些公司雖有同業存在，事實上卻沒有什麼競爭的狀況。簡單講，就是大家「沒在和同業競爭」。

例如，如果我們到百貨公司觀察這些商品的銷售狀況，會發現它們並非在餐具賣場銷售，而多半是在禮品賣場銷售。而且附近排著的還不是同類產品，而像是「味之素組合禮盒」、「三得利Old威士忌」等產品。總之，就是賣給一些想要購買「價值四千日圓禮品」的人，而且還可能是買給新婚或是搬新家的親友吧！因此，市場區隔必須區分為「自用」與「送人」兩種，分別計算市占率，才可能提出改善方案。

所以，解決方案就變成要回答這樣的問題：如何才能讓顧客不買「味之素」，而買「水晶」？既然如此，在決定銷售策略時，應該像〔圖5〕那樣依價格帶區隔，會比以形狀或用途區隔市場要來得有用處。

從這張圖上可以看到，國產品「水晶」在最重要的四千至五千日圓的市場區隔中，獲得了極高的市占率。價格帶再往上或往下，市占率都會急速減少。這商品給顧客的印象，恐怕是「有品味，一般人卻也買得起」。可以做出這樣的推測：與其花錢增加它是「高級品」的形象，不如力求在不影響它形象的同時，悄悄把它拉到比較下方的價格帶。

此時，只要像〔圖6〕那樣，把這兩個價格帶再做細分，並放大觀察。果然，雖然往下一層的價格帶最貴只賣到四千日圓，但從市占率的變化上看來，顧客好像在抗議「這麼好的東西，怎麼可以只賣四千日圓」一樣，價格一進入四千日圓以下的區間，市占率就突然不再向上增加了。另一方面，從市場規模來看，往下一層的價格帶，規模會比較大，其中又以三千二百日圓至三千六百日圓為最高峰。也就是說，過去那種賣法，會白白放棄規模最大的一塊市場。此外，如果公司也在這一價格帶提供商品，從市占率的變化來

［圖6］機會損失

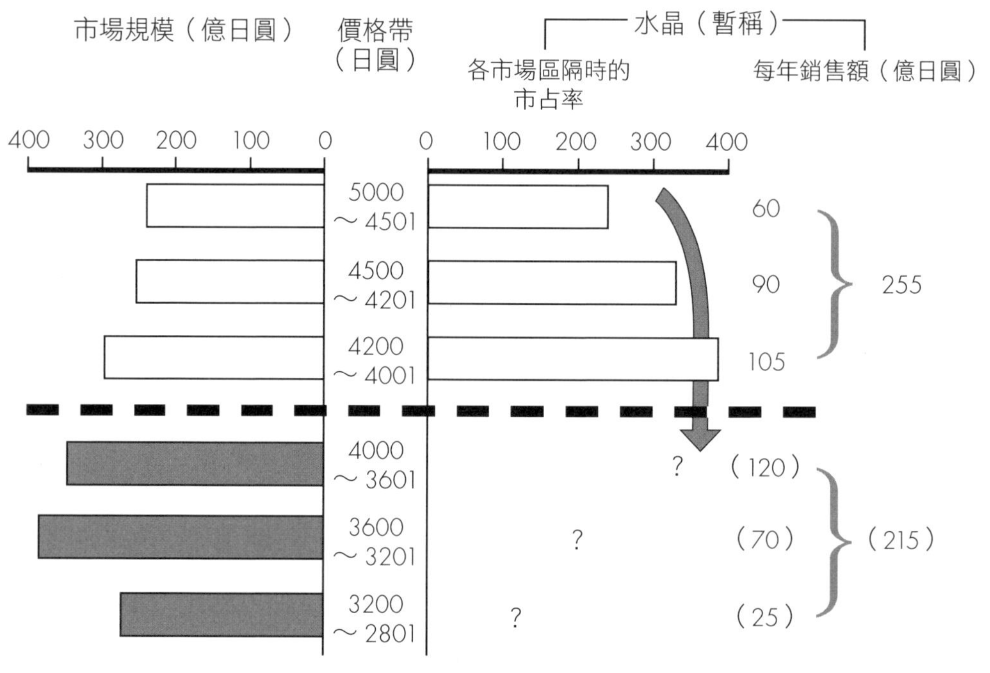

能夠取得的市場，到底有多大？

看，不能算是完全沒生意可做。即使保守估計，應該還是能夠取得「？」那麼多的市占率。直接把這一塊再加起來的話，大約可以再多賺二百一十五億日圓，是目前銷售額兩百五十五億日圓的八成左右。

以上是為了說明市占率的定義之難，以及藉此闡明市占率的重要性。現在我們言歸正傳，再回頭談「組合」。

策略的應用

產品系列較少的公司並沒有必要在組合的九個象限中一一套用標準策略，只要針對各產品分析其屬於哪一象限、知道什麼策略比較好，或是在數種策略間比較及確認其異同後再決定即可。不過，像電機業者或機械製造商那種產品系列高達數百種的公司，可就沒辦法由一個人獨自在腦中一面評估其相互間的平衡，又一面決定公司的整體策略了。「組合管理」中之所以有套用標準策略的作法，是因為這種背景而發生的，絕不是先想好標準策略後才跟進。

分權化事業部制的根本哲學，就是「所有事業都藏有發展的可能性」這種極其樂觀的假定。為此，企業家會把支援性機能交由中央處理，而把經營的中樞放在各事業部，將可在較為靠近市場的地方擬定策略，以達成更好的成果。因此，為了不妨礙企業家精神的發揚，事業部的劃分方式，就不是依照產品別了，而是依照具有一定規模或共同目的之業種來劃分，像是「事務機事業部」或「農業機械事業部」等等。

以這種方式劃分的事業領域只要一有消長，事業部長就會陷入深沉的自我矛盾中。這就像日本中世紀時，領主從藤原朝手中領到的莊園太過貧瘠而長不出穀物，別說是繳交每年的貢品，連莊園內的農民與武士都吃不飽。此時，莊園主該採取什麼對策呢？中央的公卿都是滿臉善意，擺出一副亟欲全面給予協助的樣子，但一旦莊園的主人下定決心向上頭訴苦，講述自己的慘況，上面卻又會對他說「你一定辦得到的」，那種語氣就好像要根本解決問題，完全要看他個人的能力是否足夠一樣。今天那些多元化的大企業，經營型態很明顯面臨了與日本中世紀的莊園制度很類似的問題。或者說，它暴露出任何封建制度似乎都看得到的矛盾現象：一方面採行分權化，一方面卻又只看結果、以「每年進貢款項」這種金錢標準來衡量。

例如，大部分公司裡，都把研發或新產品的提案方式制度化，以提案書或徵詢意見的方式取得共識。然而，相對於此，卻很少有公司能透過相同的制度，決定退出某一事業或停產某一產品。同樣的，難道有任何企業的中央機構，有能力明確下達降低風險的指示給特定事業部的部長，要他慢慢將固定投資折舊、把工作發包出去，以提高變動費用的比率嗎？組合管理就是要試圖為這類分散化的公司提供合理的中央控管機制。不過這必須從認同各莊園的特質、個別差異開始做起。

某一莊園很適於種小米，若要讓它成為全國小米的供應地，中央可以做出決定，暫時要它別上繳貢品，以協助它成長。此外，若四國地方每年可收成兩次、能上繳許多貢品的話，就好好讓它生產，把一部分收成拿去支援東北地方。對整個日本來說，與其要求肥沃度、氣候、水土各異的各莊園自給自足、上繳多餘的收成，還不如由中央主導各地域之間的分工與交流，還比較有效率。

事實上，自從商業在江戶時代開始發達，並展開了全國規模的交易以來，國民生產總額就不斷上升；到了明治時代，中央政府選擇性地培育產業，也讓國家財富呈飛躍性的成長。戰後也是一樣，政府明白採取了重化學工業的選擇性成長以及農業的「收割策略」（即使農業地位下跌，也要重視經濟性的一種策略。就算日本的農業基礎會因而變差，也要改為購買國外的便宜穀物、農產品）等作法。透過這種國家層次的組合管理，日本達成了莊園制度之下所做不到的財富循環。國家的收益結構因而有了飛躍性的改善，自是不言可喻。

或許可以說，大部分的企業，都跟隨著這種國家層級的組合管理方式，一直享受著由他人所主導的成長。然而，今天國家的任何預算，使用的方式都已大大不同；相對於民間固定資產的形成，GNP的總額愈來愈縮減；個人消費與社會福利的部分則增加了。此外，大多數基礎產業都已自成長期進入成熟期，很少有產業還能繼續成長下去。任何企業都必須靠自己的力量促進事業領域的新陳代謝。倘若不從事代謝而只讓各個部分做到局部最適化，將會眼睜睜看著企業漸漸失去整體的活力。

標準策略的功能

所謂的標準策略，就是要為這種分權化的大組織明確定義出各部分所分擔的功能，希望以這種標準策略做為行動方針。其終極目標則在於，讓最根本的經營資源「人力」與「資金」，能有效地循環。標準策略的訂定，是依據中央所下達的呼籲，從沒有將來性的萎縮事業回收人力與資金，投注於更有展望的事業。因此，各公司獲採用的標準策略，應該都各不相同。例如，在很容易處理雇用關係僵化、資金，卻不容易處理人的問題的公司裡，就採取能讓積極成長的領域擴大、以增加雇用機會為最優先考量的策略。相反的，如果是人力的整理比較有彈性，資金卻有問題，有可能宣告破產的公司，就非得採取以資金調度為優先考量、重視利潤更甚於積極成長的策略。

企業若擁有許多仍有成長空間的事業，我會建議可以讓這些位於〔圖7〕左上象限的產品有條件地成長；還有，有時候會因為缺乏正中央那一類的產品，為了將來著想，我會建議他們貫徹「讓位於左上限的產品全面積極成長」的標準策略。但各公司一定要因應自己的需求有所變化才行，不能一看到左上象限就要成長，一看到左下象限就要撤退。這樣雖然看起來是因應產品組合在經營事業，事實上卻已脫離了原本將標準策略視為活性劑、用於「活絡血液循環」的用意。

我認為，應該先從公司的資金、獲利度、銷售額、雇用等項目中，找出經營者最難控管，而且一個沒管好就會對企業體質造成不良影響、引發地層下陷的因素，予以定量化後，再從定量化之下的範圍（目標）內，套用標準策略。

民間企業能否存活，要看其臨機應變（彈性）的能力。公司必須認清自己最大的問題是什麼，並據以改變內規。有時候連會計系統、人事評核、組織等等，都會成為促進變革的工具，而且是讓企業變得積極果敢的必要條件。

[圖7] 標準策略的例子

市場的魅力度 ↑ ＼ 公司的能力高低 →	小	中	大
大	● **正式進入市場** 樂觀找尋成長機會，但若無法保證有充足成長，就撤退	● **選擇性成長** 選擇能守住公司優點的項目，集中投資	● **優先死守** 全力維持公司勝人之處，有必要的話就投資以維利潤結構
中	● **有限度擴張或撤退** 力求在風險不大的狀況下擴張，不行的話就在深入前撤退	● **選擇性擴張** 不投資於所有市場區隔，只選擇利潤佳、風險相對小的市場區隔，集中投資與擴張	● **維持優勢** 避免大規模投資，並透過提升生產力等方式注重利潤，培養能與人競爭的多餘實力
小	● **撤退** 避免投資、去除固定費用、預防虧損。防不了的話就撤退	● **全面收割** 積極促使固定費用轉為變動費用，並透過變動費用之VA/VE值重視獲利	● **有限度收割** 在多個區隔中嚴格控制風險、重視獲利，即使在競爭中會失去市場地位，也要守住利潤

公司必須視所處狀況擬定各象限的標準策略。

例如，對於想外包又無法輕易外包出去的公司來說，或許可以把這部分視為固定費用，然後在業績評估時，用售價扣除材料費的「邊際利潤」來估算。並不一定要用最終計算出來的營業利益來作為衡量事業經營的標準，因為問題在於，事業經營者能不能在不受限於普通定義的狀況下，掌握到哪些是可變動費用，哪些又是固定費用、並且在看到這種標準時，能正確掌握企業到底正遭逢何種根本性的問題。

而在中期的時候，則有必要確實地採取另一種目標，將原本視為固定費用的項目漸漸調整為變動費用。在這種短期經營計畫中，只要能根據組合管理讓中長期的策略指示自然而然出現的話，企業應該就不會失去活力。

產品與市場策略

所有的經營問題，都能在產品、市場策略中找到根源與解決問題的源頭。關於產品市場策略，已在第一部中提過，在此就不再詳述。大概就是像〔圖8〕那樣，按照一定的順序，從產品、市場構成的事業矩陣來進行分析。雖然所有事業都是將某一產品投入某一市場，但無論產品或市場，並不是那種整個毫無變化，因而無從區分的連續體，而是像〔圖9〕那樣有其構成要素存在，可以分成好幾個部分。

本例是根據想像，以「引擎」為例，並使用虛擬的數字，但各位可以自行針對各市場區隔的關鍵成功因素（參見第一部第三章）先有系統地調查自己公司的市場涉入程度以及利潤。此

［圖8］產品・市場分析（PMA）的步驟

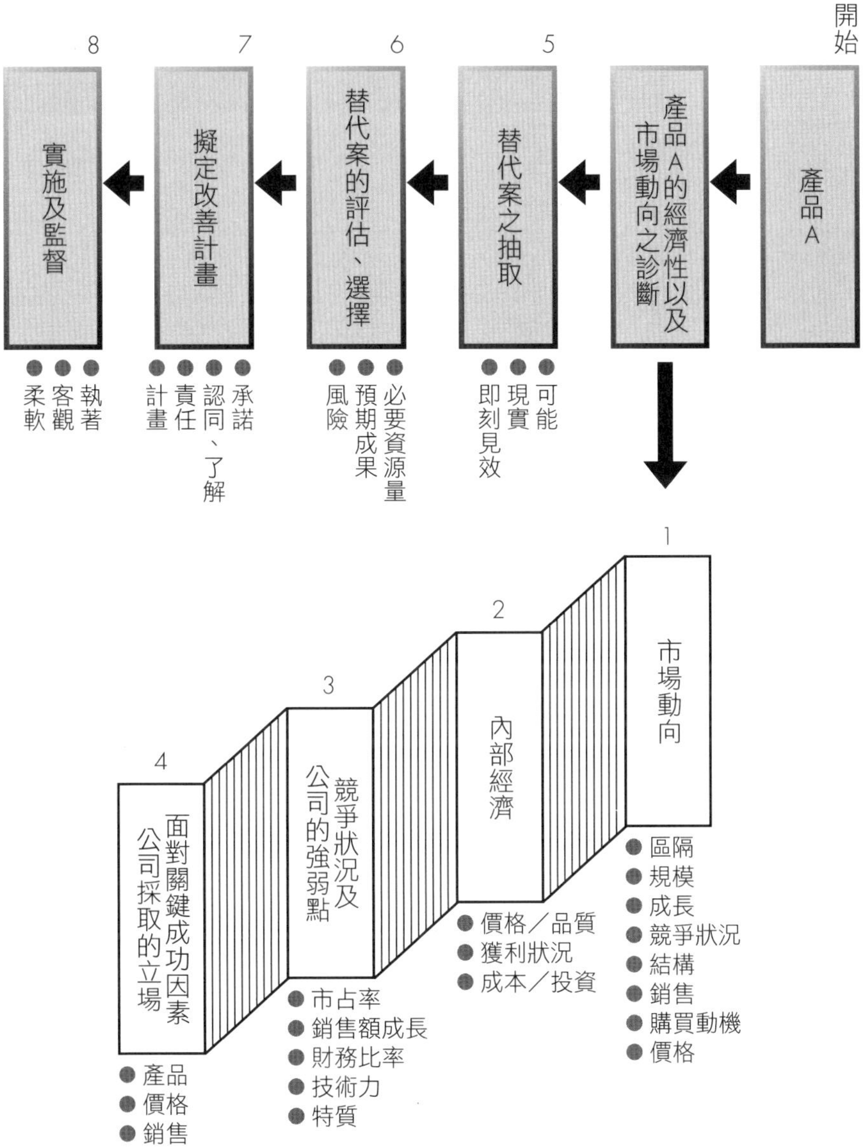

為擬定產品、市場策略（PMS），最好依一定順序進行分析。

[圖9] 產品、市場矩陣(模式圖)

產品款式

產品款式	0.5～5馬力 低速	0.5～5馬力 高速	5～15馬力 低速	5～15馬力 高速	15～30馬力 低速	15～30馬力 高速
自行車	25 / 750	0 / 25	70 / 30	20 / 5	— / 0	— / 0
曳引車	5 / 25	0 / 450	70 / 35	5 / 500	0 / 50	5 / 600
漁船	50 / 180	0 / 5	45 / 450	— / 0	15 / 700	20 / 5
幫浦驅動	15 / 10	0 / 150	5 / 40	5 / 450	0 / 30	5 / 200
發電用	— / 0	0 / 35	— / 0	10 / 75	— / 0	20 / 60

公司市占率(%) / 市場規模(億日圓)

發掘出原本疏忽、具相對優勢的地方，以及混亂的大型市場。

外，也要持續調查主要競爭對手在各市場區隔的力量強弱與涉入程度。這麼做的話，就可以知道在哪些產品市場區隔中，公司的強項會無法充分發揮；也可以知道具壓倒性優勢的產品與對方進行了不必要的競爭；知道在公司真正比人強的市場區隔中，生產能力是勝過對方的。

此外，這也可以有系統地診斷出一些問題來，像是「競爭對手已經鎖定了幾個產品和市場組合，鎖定了主要區隔（目標市場），正表現出良好的成果，但自己公司卻在各區隔都還只是略有擴張而已」。

若能像這樣，在一句話裡把競爭對手為什麼強，以及自己的公司為什麼弱的根源都講清楚的話，應該就可以視為已經踏出了解決問題的第一步。

當然，為擬定產品市場策略，不只要了解競爭狀態，還必須針對「各市場區隔的規模、各市場區隔的固有技術以及獲利性等等，是如何跟隨時間變化、今後又會朝哪個方向移動」等事項進行動向分析。還有，還必須以定量、定性等方式，分析在各產品・市場區隔中，究竟是哪些根本性因素造成有些人經營得宜，有些人卻經營不善？這裡我是採用了以產品款式與主要顧客群所構成的產品市場矩陣，但視產業的不同，可能有必要以產品系列取代款式，或是不以主要顧客來區分，而以通路別來觀察其他市場動向。

總之，必須由產品與市場構成的無限種組合中，針對最能引出該事業特質的兩三種組合進行基本分析，在幾次的嘗試錯誤後，再找到最適宜的方式。這是在產品・市場策略的擬定上必須養成的習慣，策略訂定者應經常訓練、累積經驗。

產品．市場策略最後如果無法昇華成為一篇能記述的美好文章，就體會不出它的真正風味。該文章必須依下列的順序發展：①面對社會上的變動與態勢，公司要如何因應；②今後此一趨勢如果繼續下去，將會如何；③要想徹底變革，應採取何種手段；④比照公司最擅長、不擅長、最強、最弱的項目以及問題的緊急度，應選擇何種作法最合適；⑤該作法如果失敗，應如何因應；⑥實施後的期待值如何；⑦由誰、在什麼時候、執行何種內容的計畫，才能讓公司整體呈現出所預期的成果。

［圖10］附加價值圖

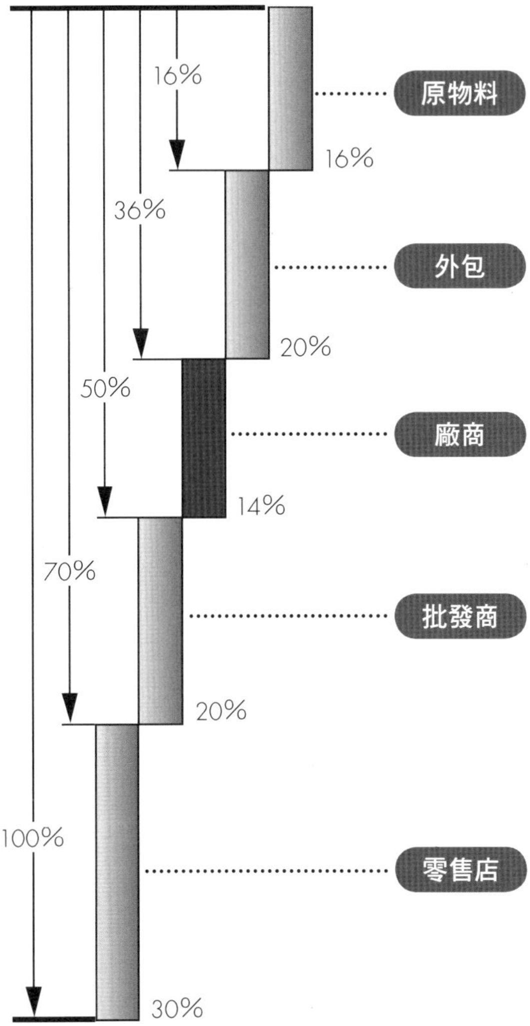

雖然身為廠商，但如果只一直想著製造的部分，往往很難擬出好策略。

在數次擬定這種策略性行動計畫書的過程中，會發現要使一篇文章更通順流暢，會有一定的分析順序。接著，應該就能像〔圖8〕所顯示的一樣，自己構思出一套流程來了。在做「市場動向」的分析時，如果只照字面講的分析動向，記述「瞬間風速」而已的話，會變得十分不完整。同樣地，在做「經濟性」的分析時，也不只是看最終求算出來的數字而已，而是要把從流通階段到承包、轉包為止的最後結果，全都包括在內。即使是一家生產廠商，能採取的策略性作法，也未必就只限於生產階段而已，而應該像〔圖10〕那樣，一直到最終售價為止的附加價值變化中，都無時無刻不想著，對市占率而言，或是對利潤而言，什麼才是最有效的策略。

4. 訂定策略性經營計畫的流程

到目前為止所講述的內容，應該大略已經涵蓋目前全球性大企業所採用的策略性經營計畫的各要素了。但很重要的一點是，這些要素並非個別存在，而是在某套思想體系中和諧共存的。任何企業都一樣，都有必要設定適於公司特質的規畫週期（planning cycle），再適度把它們傳達到公司內部〔圖11〕。

此外，若把目前為止講過的東西做成流程圖展開的話，應該會像〔圖12〕那樣。由此可以看出，策略擬定過程的基礎，就在其出發點，也就是針對各產品事業所做的產品市場分析（PMA）。組合管理的大前提，在於「各產品的規畫者確有在做事」。如果規畫的部分做得太馬虎，那麼以定量角度談論全公司的策略，就很危險。任何公司都很難為所有事業都安排優秀的規畫者，只能選擇一兩種最主要的產品，徹底進行產品市場分析、製作成手冊，再反覆透過教育與訓練將其思考方式在公司內擴散。我也做過很多這類手冊，但說起來，各公司若能自己針對公司產品具體地撰寫這種手冊，教育的效果就會大得多。所以這部分最好不要用既定的版本，而要靠自己弄出一兩套來，會比較好。

只要能踏實做好產品市場的分析，接下來的多重事業篩選以及為組合決定位置，就幾乎不成問題了。此外，設定好產品組合後，只要能透過分析各個產品事業，擬出替代案以及相對應的銷售額、損益、資金調度、投資等項目，那麼全公司的業績評估，就只是一種極其初階的連

[圖11] 規畫週期

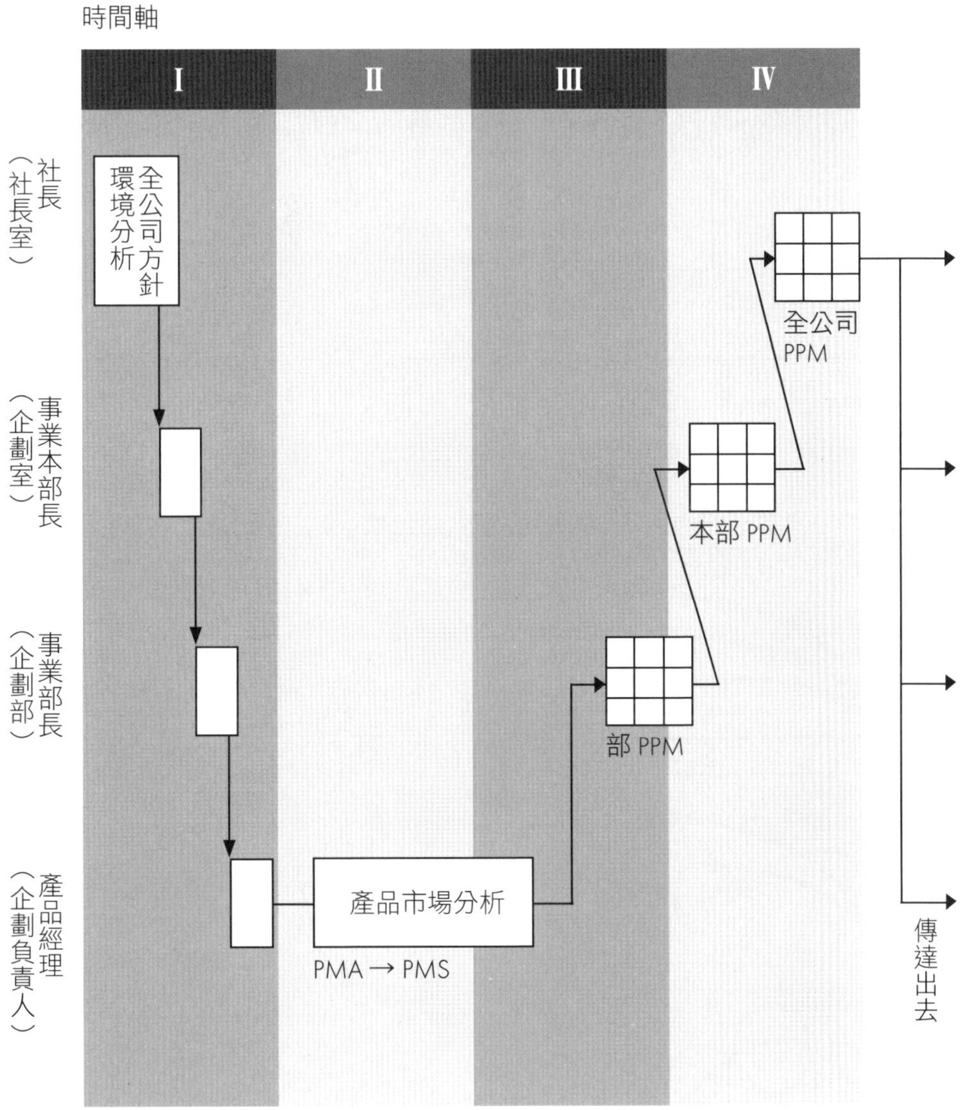

企業架構的複雜程度，當然會使規畫的循環、必要的步驟有所不同。

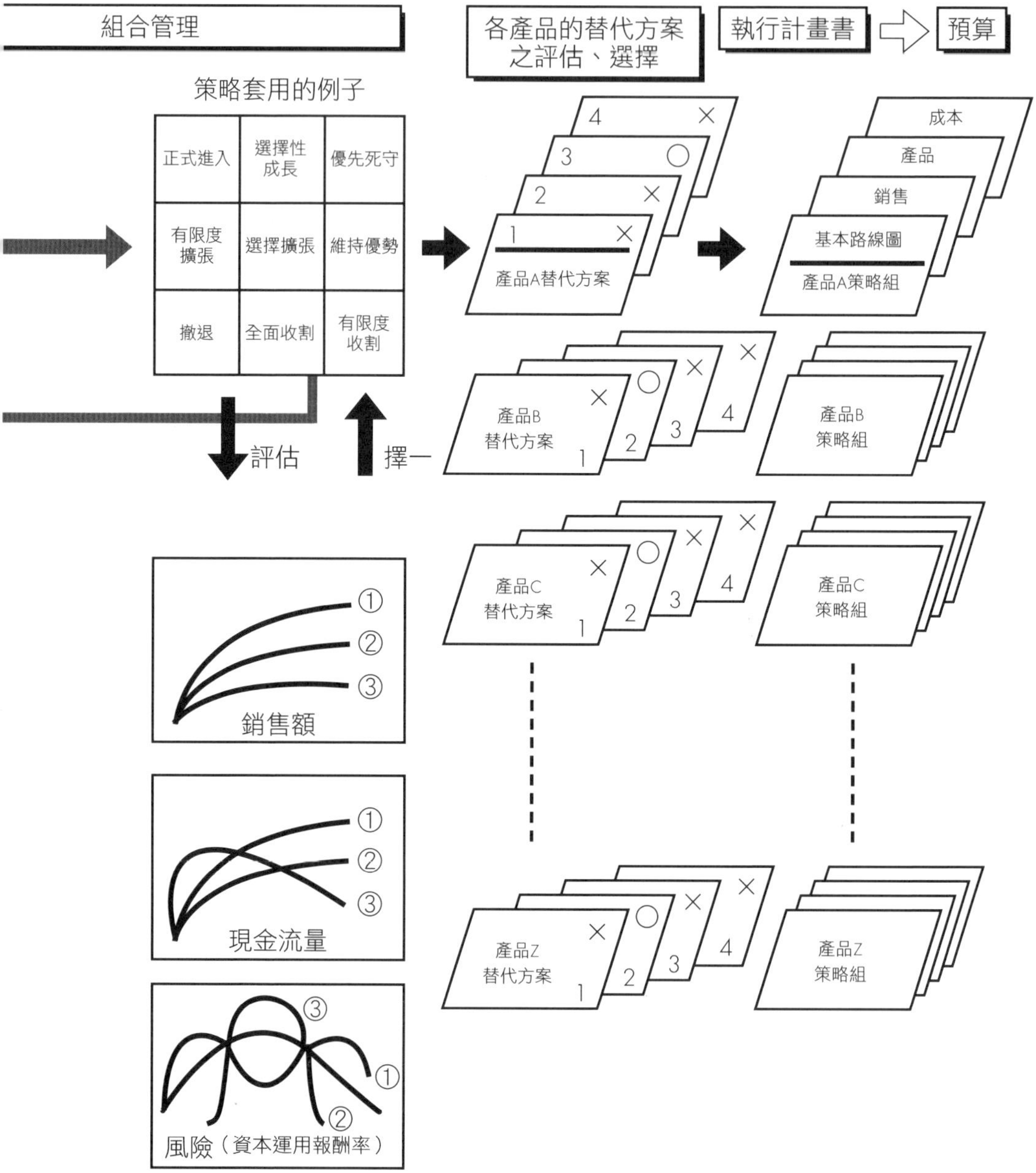
組合管理
策略套用的例子
正式進入
選擇性成長
優先死守
有限度擴張
選擇擴張
維持優勢
撤退
全面收割
有限度收割
評估
擇一
各產品的替代方案之評估、選擇
執行計畫書
預算
產品A替代方案
產品B替代方案
產品C替代方案
產品Z替代方案
成本
產品
銷售
基本路線圖
產品A策略組
產品B策略組
產品C策略組
產品Z策略組
銷售額
現金流量
風險（資本運用報酬率）

[圖12] 企業擬定策略之流程

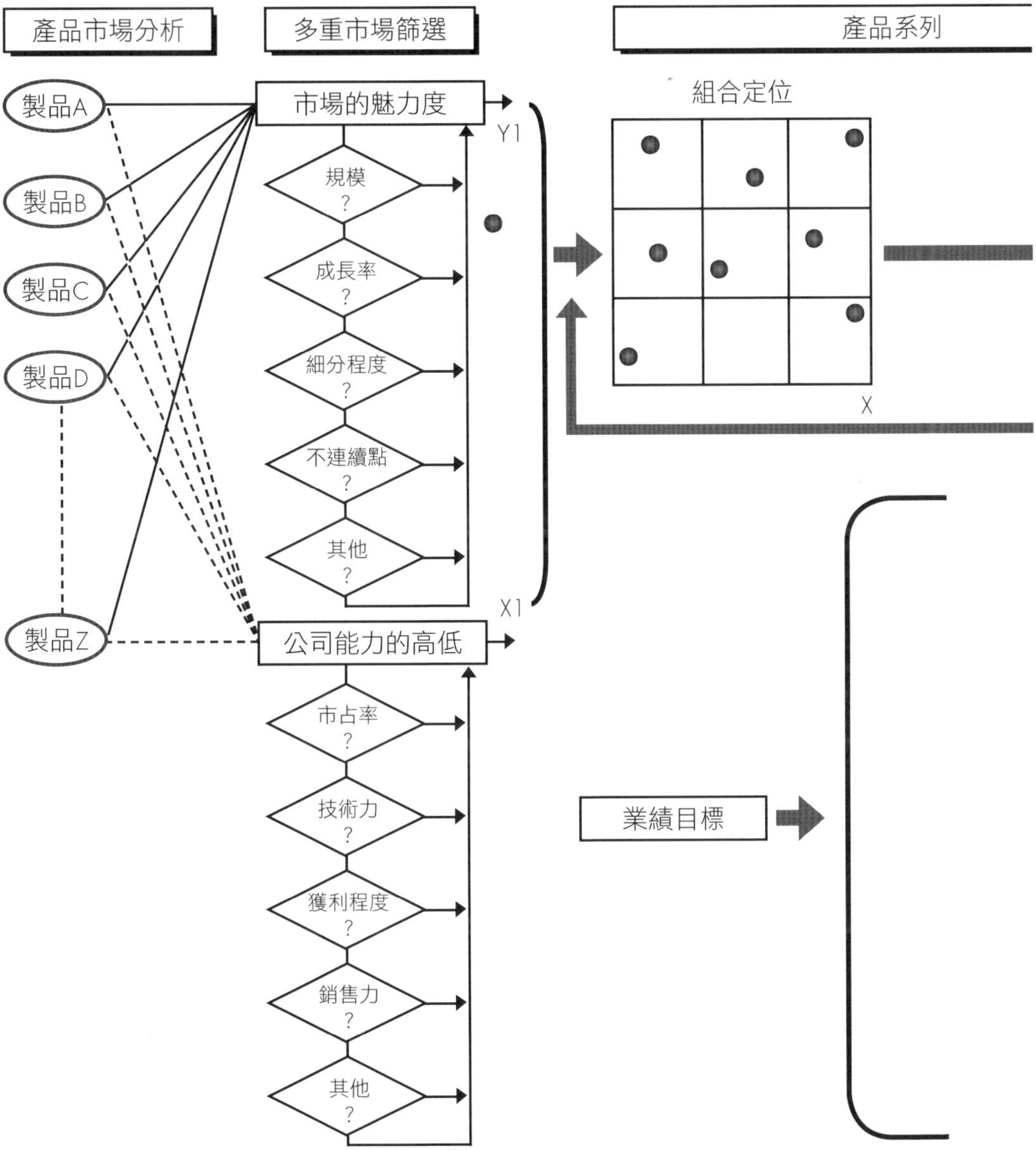

要訣在於，把產品市場策略及組合管理整合到一個體系中，讓它成為一套自然的流程。

連看問題而已。比較小的公司可以直接用手計算，比較大的公司，也可以用既有的線性規畫法（LP, Linear Programming）來計算。

在風險分析部分，很多人都聽過麥肯錫董事大衛．赫茲（David B. Hertz）❹的風險分析法，但若不是太大的專案，這種方法光是輸入就要費九牛二虎之力，所以還是只做某種程度的定性風險分析就行了。經營上的風險分析目前還是有待開發的領域，可以視為目前仍未發展出一般人也能使用的簡便方法。當然，也不能因此就不做風險分析，而要根據投資額、競爭狀態，或是目前處於產品生命週期的哪個階段來做定性分析。分析必須要做到能讓自己有十足的自信才行。如果太看輕風險評估的重要性，就容易出現如本章一開始提到的「曲棍球桿曲線」。

像這樣，看起來很複雜的流程，只要用習慣了，就會像水或空氣一樣，不會有什麼不可思議的感覺。即便是已經習於曲棍球桿曲線的管理者，只要改採組合管理，沒多久就能自行找到事業的優缺點所在了。此外，公司上下也會變得自然而然避開曲棍球桿曲線。不只如此，一旦成長性投資因而減少，公司上下也會更容易取得共識，把資源集中投注於少數發展希望濃厚的事業上。

從大企業的末梢通往中樞的神經系統一開始雖然不太靈光，但漸漸地，電流開始流了起來，脈衝訊號也開始往企業中樞傳送起有意義的東西。身居大企業高位的人，唯有把公司當成生物一樣去管理，才能像自己的妻子管好家務一樣，達到相當的管理水準。

我從自己運用冰箱的失敗，一直談到這些批判別人的事情，或許讓各位讀了之後感覺不太好。不過，若能擁有自律機能（協調機能），無論組織是大是小，都會十分美好。即使只是由旁觀者的角度來看，也都能讓人覺得十分安心。

❶譯註：安宅產業、永大產業等企業均在一九七五年前後因投資決策錯誤、過度投資或多元化至自己不熟悉的領域等因素，卻又未能及時發覺並予修正，再加上又身處石油危機與不景氣的環境，因而面臨重大經營危機。後來，這些企業不是破產重整、併入其他企業，就是費盡千辛萬苦到處討救兵才成功度過難關。

❷相對於在全國營業的都會銀行，而只在特定區域營業的地方性銀行。

❸根據一九五一年制定、一九九二年廢止的「相互銀行法」，由民間商店間的互助會轉換而來、專門融資給中小企業的金融機構。除一般銀行業務外，也從事互助業務，一九八九年時已全數轉換為普通銀行。

❹《管理科學入門》，大衛・赫茲著，松田武彥監譯，鑽石社出版。

第2章 何謂「低成長」

1. 策略性思考家的條件

轉換為家康流的策略意識

從日本的漫長歷史來看，企業在過去三年間所歷經的環境變化，或許稱不上什麼大事。但面對急速變遷的世界，我不禁想到，日本中世紀以來有三個時期的事情可以做為指導方針，讓今天的企業經營者有所依循。

這三個時期是：

一、德川幕府的創設

二、明治維新

三、終戰

其中，終戰恐怕是自日本有史以來，最讓從領導者到一般平民的意識都產生急劇變化的事件。不過，日本人之所以能度過終戰帶來的變遷，很可惜並非出自於日本人自己的睿智，而是在美國政府所派的麥克阿瑟及其參謀組織盟軍總部（CHQ）的主導下，才得以強制上演的。

這等於是在連自行嘗試錯誤的自由都沒有，只能照著附有標準答案的教科書學習而已。因此以我的看法，終戰後的經驗很難作為用來完美度過今日的經濟變動，以及隨之而來的世俗意識變化的參考。這是因為，目前日本所面對的各種問題，正是歐美各國所面臨的問題。任何國家都沒有把握自己想出來的答案，會比抽張神籤碰運氣高明到哪裡去。

談到「教科書」，其實日本的明治維新，也是類似的狀況。

它與終戰不同的地方，只在於一個是有人來強制給予「答案」，一個是自發性地模仿而已。而且和終戰的變革只花兩三年就完結了相比，明治維新前後至少花了三十年的歲月，來讓日本人進行精神革命。這次日本碰到的經濟變動，不過是它十分之一的期間而已。從這一點來看，二者不可同日而語。

從日本兩千年的歷史來看，明治維新雖然是個不連續點，但與其稱之為「斷層」，不如說它是「轉折點」還比較中肯。至少對日本的領導階層來說，維新無論在精神上或實質上，應該都不是「斷層」。其證據在於，若只看一八六八年這一年的話，除了遷都以外，就沒有什麼值得一提的事了。還不如把美國東印度艦隊司令培里率領四艘黑色軍艦來到日本、迫使鎖國的日本開放通商，一直到西南之役的三十年間所發生的各種大小事件依序排列出來，還比較有意義。

明治維新另一個值得注意的地方，是維新前身為變革原動力的中心人物，在維新後未必會成為領導者。就像是在這段期間出現的人物，分為變革的「計畫部隊」與「執行部隊」一樣。

有人認為，勝海舟或西鄉隆盛這些維新的得力功臣固然既有熱情又有執行力，但維新後卻因為某些原因而淡出，迅速成為過往人物。反之，執行維新的是薩、長、土三藩的菁英們，他們並不談論體制到底是封建制或民主制，而是設法在「不破壞既成維新體制」的狀況下去改善它。也就是說，對這些菁英來說，與其對體制發表各種不同看法，還不如思考如何在體制內進行改革。以結果來說，他們的出現促成了比讓勝海舟或西鄉隆盛來治理還安定的中央政權。

在今日的經濟變動中，高階管理者所面臨的困難在於，過去明治維新時的英雄是分工合作的，但現在若要維新，卻必須只靠自己的頭腦來思考。他們不單單要針對成長由過去的榮景趨緩進行變革，至少還必須構思未來數年間的策略，而且還得付諸執行，等於是一人分飾二角。

此外，這些人也都是在戰後的三十年間不斷成功直到今日。一直以來，這群身經百戰的勇士，都是把日本的成長和自己公司的成長當成同義詞。因此，今天的企業高層進行變革的困難程度，就好像江戶時代到明治時代的那些變革，全部都由同一個人包山包海完成一樣困難。而且，除極少數的企業外，在上位者多半都還是過去的成功者。他們會認為，憑一己之力要完成這種難度的變革是可能的，不然就是對這項交付給自己的最後任務懷抱著強烈的「責任感」。

另一方面，年輕一輩仍然和過去一樣受到過度的保護。由於他們總天真地期待，上面的人一定會幫忙把事情搞定，所以多半都是一些沒有勇氣毅然推動維新計畫的人。即便企業的經營變得多麼複雜，但就本質上而言，三十多歲的這群人應該還是沒有做不到的事情才對，但他們卻都杵在原地，只等著二十年、三十年後自己可以出人頭地。

對現在的企業經營者而言，明治維新的啟示在於「進行大規模變革時，中途必須要有人可以接手進行」。但「接手」卻意味著其間存在著不連續點，也因此需要足夠的勇氣。所以若公司上下沒有做好足夠的心理準備，而且又沒有外來壓力強制你去做的話，恐怕維新或終戰的教訓，都很難有什麼直接的幫助。

沒有教科書、沒有外來的壓力，而且沒人可以接手進行，最後卻能實現變革的，就是德川家康了。他身為日本戰國時代的武將，不但充滿勇氣與智謀，還能在取得天下後想到「可以馬上得天下，不能以馬上治天下」，動手修改規則。他去除讓自己過關斬將、最後勝出的「以下勝上」的規則，轉而推動「輪流參勤」❶、「朱子學」❷、「身分制度」❸等作法。接下來的兩百七十年間，德川幕府也持續制定安定成長的政策、付諸實行。那時雖然是日本的中世紀時期，但要治理三千多萬人口、又徹底讓六十個以上同床異夢的諸侯都能接受新想法，可以想見不是一件容易的事。況且他還設想出一套牢不可破的家訓，讓後人在自己死後只要照做就能維持原本的體系，這可不是一般人做得到的。

德川家康為今天的我們所帶來的啟發，就在於他的策略性思考。能催生變革，又能在變革前後擔任指導者的人，最需要具備的資質，應該就是思考彈性。作戰時固然要積極思考如何才能獲勝，但一旦打了勝仗，就應該馬上忘掉戰爭，開始思考治理天下。而且由於和平與戰爭間並沒有什麼具體的共通點存在，所以一定要徹底變革自己的意識。過去我們很少看到有變革者能創造出一套既為變革設計，又能帶來安定的制度。

今天的高階管理者如果打死不退、年輕一輩又無力取而代之的話，或許像德川家康那種策略性的意識轉換，會是最合適的。

「灰色」的妥協彈性

很多人可能會訝異本書稱德川家康的意識轉換為具有「策略性」，之所以如此，是因為我們固然視它為一種贏得戰爭的智謀而稱之為策略，但「贏得戰爭」到底代表著什麼，大家卻又各有解讀所致。策略家所求的不只是贏得戰爭而已，還必須做出有利於自己所屬團體的判斷。在犧牲數百萬人、破壞掉無可計數的敵方固定資產後，卻又拱手放掉好不容易占領的廣大領土，這實在不是策略性的作法。由此可知，第二次世界大戰時，日本的參謀本部不過是虛有其名，只是單純反覆在執行同樣的謀術操作而已。

真正的策略參謀，應該會把判斷何時該擴大、何時該撤退，當成自己最重要的任務。此外，真正的策略參謀，應該也會專心研究在西伯利亞至南太平洋的戰線上，究竟要在哪個地方設置多少戰力，才能最有效地展開攻勢。在了解自己優點的同時，也別忘了要掌握自己的弱點。因此在攻陷新加坡、局部掌握印尼的時候（一九四二年三月九日），應該要即刻進行和平交涉。不該把占領地當成是自己的領土，而應該開始研擬各種妥協性的策略，一方面爭取當地資源的使用權（像是印尼的石油那樣的東西），一方面又把領土還給原本的國家。

我所謂的策略性思考，指的是能經常性測量作戰時、撤退時或是妥協時界線的彈性思考方法。在做到最極至的狀況下，可以把對自己最有利的條件併入其中考量。至於「彈性」，指的是大腦能因應狀況的變化，推導出具體解決方式的彈性。策略性思考家的腦，不是那種只能做「非黑即白」思考的僵化頭腦，而是能評估「灰到哪種程度為止的話，仍可妥協」的彈性頭腦。

我之所以大篇幅談論與企業的經營沒什麼關聯的戰爭，原因就在這裡。

因為，今天的經營者及中階主管最重要的任務，亦即「掌握市場狀況、客觀認識公司的強弱、一面判斷經營手法會造成的利潤或損失，一面彈性地調整方向」等事項，與作戰時出主意的「策略參謀」之間，仍有極其重要的共通點存在。

戰後一直執行至今的經濟性擴張政策，並沒有將失敗或成長趨緩等條件列為前提，所以有它極其脆弱的地方。

這種狀況與第二次世界大戰時的「大本營」一樣，即便已發現有問題，卻還是沒能踩下煞車，也沒有想過踩下煞車後要怎麼做。

真正的策略性經營者，即使面對負面事態，也會盡早採取能避免「最糟狀況」發生的作法。為了不讓公司在談判桌上淪落到「無條件同意對方」的地步，即便或多或少有其困難在，毫無疑問，他們還是會毅然決然做出睿智判斷。

企業經營所承襲的「寧為玉碎」精神

現在最需要在經營上做出睿智判斷的問題，大致上可分為以下兩類。

(1) 經濟結構變化所造成的問題。

(2) 事業多元化的相關問題。

日本經濟結構的變化，並非全然都因石油危機而起，也和基礎產業成熟化以及生活水準的提升有關。生活水準提升，自然會造成人事成本的上升，使得日本業者很難在開放市場中與位於不同成熟階段的外國業者競爭。此外，「重視生活」的想法，也讓產業優先策略的推動變得十分困難。因此，即使沒有石油危機，經濟還是理所當然會進入深切的低成長期。

例如，一九七三年的薪資年成長率百分之三十，已經對企業的利潤造成明顯的負面影響。我擔任顧問工作的大多數公司，分析起來都明顯獲得這樣的結果。若維持那樣的薪資成長率，公司根本不可能撐到現在。再加上石油危機前，大多數產業都看得到民眾都有搶購物資的傾向，而且不只在日本，歐美也看得到。因此，能源成本的不連續性攀升，以及為因應消費者的搶購需求而做的處理，應該視為是成長朝趨緩的方向而去時，經濟的暫時性失速。

當我們回顧一九七五年前後日本的經濟指標時，若無法對此做出修正求得實際需求，就無法真正理解經濟結構的變化。

還有，經濟結構的變化實際發生時，高階管理者必須要能理解，此一變化對公司經營的事業到底是有利還是不利？有利或不利到什麼程度？公司還有多少時間可以因應？

例如，合板、纖維、鞋品、收音機等產業中，設計上的附加價值比較少的初級產品，已經很難在日本生存了；能源成本占總成本四分之一以上的煉鋁及卡車運送業，在經濟上也正處於危機中。這些產業首先必須針對從原物料到市場價格為止的項目分析其附加價值，然後盡早確認，當市場價格是一百的時候，公司所附加上去的價值有多少？這部分有什麼傾向？會不會很快有變化？

既然製造愈來愈難在日本做下去，想當然耳，最終生產部門的附加價值也會急速消失。在這樣的產業中，首先非考慮不可的，就是垂直整合的可能性。特別是在市場有日漸消失傾向的產業，就有必要進行下游垂直整合，亦即也跨足流通機構。還有，製造外移至東南亞等地時，應該以資本參加等形式，確保公司的資本確實投入了因製造而產生利潤的地方。

這樣的策略性行動與多元化不同，是在自己所熟知的市場與事業中做擴張動作，所以和「在陌生市場投入陌生事業」的多元化相比，風險已經低得多了，而且還可以保護到本業。不過，一般之所以避免垂直整合，而改採多元化，應該是因為垂直整合，特別是往下游的垂直整合，會與目前的顧客——流通業者產生爭執。

也就是說，他們並沒有解決問題，而是不停拖延下判斷的時間，然後投入看起來很英勇的「多元化」事業開展行動，讓自己忙到無暇分身解決問題。

最終產品可以有百分之五十的附加價值，但公司的市占率卻又年年減少的時候，只會把降低生產成本的壓力加到部屬身上，別無他策的高階管理者，實在不能算是企業家。反過來說，一個中階管理者如果處於受經濟結構變化的影響、被迫必須進行本質性轉換的產業，面對來自高階團隊要求降低成本、擴大銷售的連聲要求，如果只是默默接受，而且明知再努力下去也不會有結果，卻還向主管露出一臉「我試試看」的表情應允的話，也稱不上是稱職的管理者。

中階管理者的重要職責之一，在於把現場的第一手意見傳達給高階管理者知道，不該反而成為情報上傳的瓶頸。

2. 詳加研究新經濟環境

企業環境產生本質性的變化

今天的企業，之所以希望能擁有參謀團隊，以充當能產生策略性發想的強力智囊團，原因並不在於暫時性的不景氣，或只是為了要度過石油危機而已。只要詳加研究企業所處的環境，就會發現，實在無法不去考慮目前有一些本質性變化正在發生。它們可能會持續數年，甚至可能延續長達十年以上。既然可能持續數年，就表示高階管理者在訂定經營策略時，勢必得將這些本質性變化列入考量。

所謂的企業所處環境的「本質性變化」，包括以下六項：

(1) 低成長的長期存在
(2) 伴隨著市場成熟而來的僵化
(3) 經營資源的偏頗
(4) 國際情勢的逆轉
(5) 通膨現象的不可逆
(6) 產能臻於頂點

本章要針對這六大項目的背景來分析，以及它們對企業經營者或訂定企業策略的人代表何種意義。此外，我也想試圖探討，企業應如何因應這六大現象。

其一❖長期低成長的意義

不容許判斷出錯

低成長應該會一直持續下去吧──這已經不是什麼新看法了。但大家卻幾乎都沒有去想，在這種狀況下，企業活動應該要有哪些具體的改變。雖然大家都會講什麼「發想的轉換」之類的抽象話語，但這卻未必能成為具體的提案。

我認為，低成長所帶來的最可怕的影響，在於管理上的判斷所容許的犯錯程度，變得愈來愈低了。換言之，管理者在做出判斷時，容錯的彈性已大幅降低。成長期時，經營判斷上過於天真的想法與失誤，全都隱藏了起來；但在不景氣變得比想像中還久的現在，它們一口氣全都顯露了出來，讓人覺得企業的經營已經走到盡頭了。但這只不過一種徵兆而已，也有企業在石油危機後不久，就比別人還早針對過去十年間的重要管理決策做總體檢，看看處於新環境中，當年的決定是否依然正確，或是看看在今天這種環境中，會不會做出不同於當年的決定，再對發展方向做必要修正。

成長期時，即使不知道該投資多少設備，只要一股勁兒投資就對了。投資過剩的話再花一兩年等市場成長，錯誤就修正了；投資不足的話，也只要馬上追加投資就行了。也就是說，對錯誤判斷的容許幅度較大。然而，一旦低成長成為基調，錯誤就會一直持續下去。企業甚至可能因為判斷錯誤，直接造成競爭力大失、利潤大減等狀況。

要因應這種狀況，有四點可以做：(1)首先是在做出判斷時，要比以前做更多的分析、採更科學的方式；(2)要在企業內養出分析能力；(3)要認清決策不該是由個人或特定職位的人來做，而要由公司整體來做；(4)透過這些過程而做出來的決策，每個人都還是可以提出反對意見，不必有任何顧慮。(1)與(2)的分析方式，在第一部中已經詳述過了，在此我想特別強調(3)與(4)。

對我們這些住在「恥的文化圈」裡，以「羞恥與否」做為行事準則的人來說，要承認錯誤並不難。因此反過來看，我們也形同與錯誤同處一室，處於一個容易使錯誤永遠存在下去的環境。我們常會聽到，一些喝過洋墨水的人，會提倡「國外都把責任訂得很明確，所以很容易做決策，我們也該學學人家」。但想改變這幾百年以來的習性，畢竟不太容易；還不如不去追問這種習慣所造成的限制，直接訴諸作法上的改變，會比較簡單。也就是說，做決策時，要盡量控制不要交由個人或特定職位的人來判斷。為此，首先就必須減少以直覺進行討論，而要訓練自己對資料的收集與分析能力，盡可能根據事實進行討論。

由「直覺」轉為「分析」

假設我們想實際應用前章已經介紹過的，產品系列的組合管理（PPM法），但如果缺乏足夠的分析力，最後會連產品系列該放在哪個象限都難以決定，再次陷入不科學的激烈爭論中。PPM明明是一種針對「依直覺經營企業」設想出來的、能以更科學一些的方式擬定策略的工具，卻讓人陷入了矛盾中：面對我介紹過的九象限的矩陣時，大家還是會依目前誰講了就算，或是因為不好意思反對，而做出決定。結果，變成只是假借科學性方式之名，來為已由直覺做出來的結論背書而已。

不過，若依照正規的步驟，針對各產品系列進行「產品市場分析」的話，最後描繪出來的點，大家就幾乎不會出現異議了。所以只要個別分析所獲得的結論累積在一起，就可以不受無謂情感因素的影響，而擬出整體策略。反之，若在進行分析前就試圖決定產品屬於九個象限中的哪一個；或是單靠市場成長率或市占率等純粹的指標就想展開事業策略的話，大家的意見是不可能一致的。不可能有共同看法，就意味著必須有人「負起責任」選出最終策略，而這必然會導致「決策回歸由個人進行」的陷阱中。

若能透過反覆的產品市場分析形成整體的產品組合，那麼不管哪個人做出了什麼判斷，都不會有太大的意義，因為九個象限中的分布狀況，已經是組織整體的智慧結晶。所以，以這種方式產生的策略，是擬案全體成員的共同責任（只要產品組合能合平衡的哲學），最後就由團隊所有成員負起產品組合是否取得平衡的責任。但這絕不是毫無責任歸屬，因為若把原本就應該由整體負責的企業策略交由個人來承擔責任，一旦失敗，不是上頭要他扛責任切腹，就是他自己切腹以示負責，完全無助於已經產生的問題。組織會有那種錯誤的看法，原本就是一件相當奇怪的事。

長期低成長會使容錯度降低，決策體系又會使責任的歸屬回到個人身上，而使企業的判斷變得遲鈍，對錯誤判斷的修正變得遲緩。為預防這種問題發生，若能重視分析，讓個人情感或直覺沒有干擾的餘地，讓參與分析的全員負起責任的話，決策速度不但會更快、更科學，也更能針對錯誤判斷，迅速做出修正（因為修正的動作不會使特定個人感到羞恥或不知所措）。

其二❖伴隨著市場成熟而來的僵化

日本的急速成熟化

今日行銷策略的基本想法是：「市占率要在市場成長期搶攻。」其立論在於，自己公司與其他公司都在成長，全力競爭也較不會導致其他業者的反彈。只要自己承受風險投資的速度能比市場成長還快，使銷售量增加超過市場成長速度的話，市占率百分之百會增加。競爭對手想必也正忙著追逐市場成長，所以很容易沒空去管市占率，只會因為銷售量增加而開心，不會去在意市占率的減少。

不過，一旦市場的成長減緩或停止，也就是進入成熟期後，通常市占率都會變得比較難提升。日本的基礎產業，大部分在一九六〇年到一九七〇年初都呈現急速成長，各產業間成長期的差距，只不過才幾年而已。目前，文化生活的基本需求已經開始有充分的滿足，或者說，達特定生活水準的家庭都已經過著不錯的文化生活，讓許多產品市場急速進入了成熟期。這種狀況並非產品生命週期理論中那種「由成長期進入成熟期」的轉換，而是一種由薪資提升所牽引，以「拉動生活水準」的形式呈現的狀況。就像是乾涸的砂地上突然下起大雨來，使水位上升，一瞬間就滿了出來。這樣的描述，會比較接近實情。

［圖1］生命週期的差異

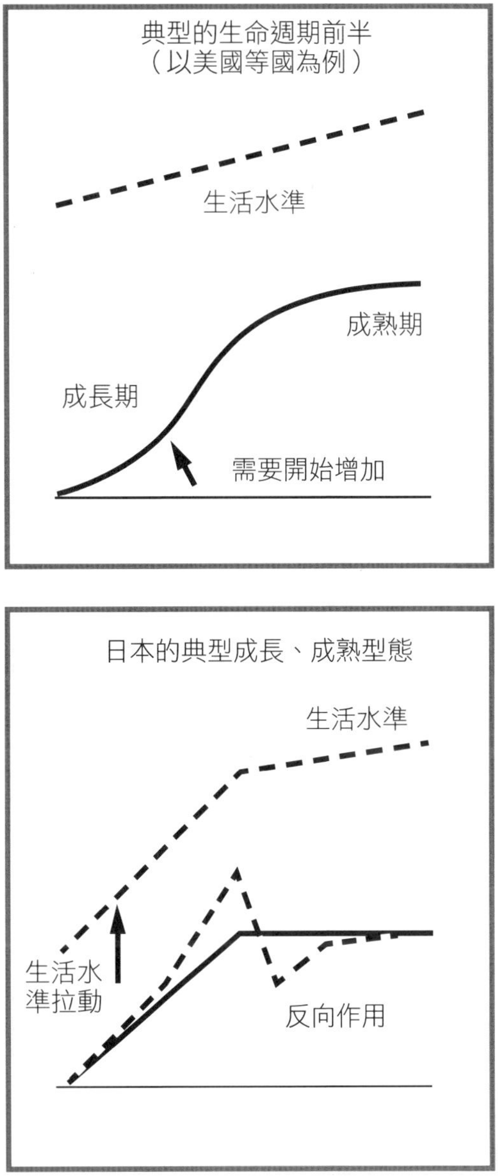

在日本，生活水準的提升與潛在需求的增加是同時發生的。

由於美國薪資的成長率比日本和緩多了，因此基本文化生活的物資供給，會隨需要的逐漸增加而成長。故而，許多狀況下，產品的生命週期也會帶有成長期特有的現象，和緩地進入成熟期。因此美國的成長曲線會像S曲線那樣，但日本的成長曲線卻會像梯形的左半一樣。或者，在極端的狀況下，如果薪資體系改善的速度急速減緩，也可能出現因過度反應而導致的暫時性驟降〔圖1〕。

在這種背景下，多數產品市場都在未能充分做好準備前就進入成熟期了。

因此，如前所述，善於規畫成長期策略的今日經營者，已經陷入窘境：他們必須在極短時間內熟悉自己所陌生的成熟期策略。

成熟期的市占率

簡單講，成熟期的特徵，就是「不易變動」。市場不易變動，就表示市占率的多寡也會固定下來。不只如此，消費者對特定產品的看法也會變得固定起來，企業會變得很難去刺激新需要的發生（當然，市場成長的速度也會因而減緩）。不僅不易變化，而且變化的成本也會變得很高。在處於成熟期的產品市場中試採各種獲得市占率的企業策略，會發現投資的效果不如預期。許多例子已經證明，從獲利上來看，此時採打折或廣告宣傳、新型商品的開發等等，全都是風險極高的作法。

或許可以說在成熟市場中，連維持既有市占率，都必須付出比成長期時更高的代價。一般來說，高市占率產品與低市占率產品間，市占率的差距會愈來愈大。之所以如此，是成長期時取得高市占率的原因（積極投資設備、擴大銷售網、產品系列多樣化、目標市場多樣化等一連串的成長策略），在進入「維持現狀」的時候，往往還是能做為公司經營所用。例如在啤酒、輪胎、汽車、機車等各企業幾乎都以單一產品決勝的市場中，這樣的傾向特別強烈。

還有，要花不少成本才能讓市占率變化的，並不只有低市占率的企業而已。即使是高市占業者想追求更高的市占率，有時候也不會有什麼收穫。特別是日本和美國很類似，獨占禁止法與群眾運動（對企業形象的攻擊）都會成為阻礙因素。不過，目前大家所學的企業策略理論，尚無法針對高市占率者，以科學而有說服力的方式，討論他們應該採取的手段，以及此一手段之成本效益比。對於高市占率卻陷入裹足不前狀態的公司而言，既然求成長不划算，應該都會改採「重視獲利度」做為基本對策。

於是，他們應該就只能把所獲利潤投注於開拓其他事業，亦即海外市場或國內相關市場等等，或是用於多元化了（這是因為即便再投資於既有事業，也只能讓市占率上升到不符成本效益的水準）。最近有一股針對多元化風潮所做的反省，愈來愈多人認為多元化的風險很大。我也認為多元化是風險最大的事業決策之一，然而對本業已走入瓶頸的企業來說，當然還是應該考慮以多元化做為公司多餘資源的出口。那些強調「應慎重進行多元化」的論點，說起來還是那些連本業都做不好的企業特別應該注意的。

高市占率與高獲利企業的走向

那麼，不想開拓新市場，也不想多元化的「高市占率、高獲利企業」，又會變得如何呢？有貸款的就努力還貸款，但應該花幾年時間就可以還完了。配股或保留盈餘固然也都可行，但若只有特定幾家公司持續高股利，目前的股市會因而混亂，企業的資金將會愈來愈難仰賴股市，居於弱勢的那些企業尤其如此。

由此可知，從企業策略或從社會來看，目前尚無有效方法能夠讓高市占率、高獲利企業一展身手。事實上，我認為大多寡占企業之所以讓人覺得投入多元化或多樣化產品後沒什麼效率，或是讓人覺得有點「為投入而投入」，應該和無法明確找到出色策略脫不了關係。

在大家眼中，以下的例子，就屬於高市占率、高獲利企業的多元化經營。

三得利（威士忌市場市占率百分之七十點零）→啤酒
麒麟（啤酒市場市占率百分之六十二點五）→威士忌
豐田（汽車市場市占率百分之三十七點八）→住宅
小松（推土機市場市占率百分之六十點零）→進軍海外
本田（機車市場市占率百分之四十七點三）→四輪車
山葉（鋼琴市場市占率百分之六十四點四）→家具

另一方面，在未有定論的獨占禁止法中，雖然也考慮分割這類寡占企業，但要把在全球以經營效率著稱的這類公司分割成幾家，實在是再草率不過的事。這類企業若確實利用獨占哄抬價格，只要勒令他們降價就行了。市場價格之所以降不下來，問題通常並不在於寡占企業本身，反而常來自於處於弱勢的企業。把價格訂在弱勢業者尚可存活的水準，並確保寡占企業必然產生的剩餘利潤之一部分，吸收做為公共事業之用，才是應該檢討的解決方式。

向常識挑戰

如果是寡占之外的狀況，當市場已經成熟，市占率也已經固定時，又該怎麼做？這應該是未來市場策略最為基本的一種狀況。可以採取的策略性作法，包括擴增市場覆蓋率、增加廣告宣傳費、操作降價等等。此外，也可以鎖定特定地理區域發展。不過，這類策略的投資效果都很小，也很難說可以因而在市占率上「大有斬獲」（當然，若處於成長期，可以考慮積極組合這些作法，以一口氣大幅拓增市場率為目標，然後再求維持住）。

如果要在已經成熟、固定下來的市場中找出策略性的解決方案，第一件要做的事，就是徹底挑戰產品市場中的既定常識。「常識」或「既定概念」很多時候常是市場在進入成熟期之前的成功條件。但既然我們要破除市場的成熟所帶來的固定化現象，而且是要「漂亮地」破除掉它，有時候就必須連「常識」這東西也徹底破除才行。

當然，這種方法並不能保證必然成功。也不是單靠破除常識，就能跳脫固定下來的市場結構。新力的特麗霓虹電視破除了電視色彩產生方式的常識，東芝的製麻糬機「麻糬子」也破除了麻糬非上麻糬店去買的常識。三洋的「Shop Cleaner」也是一樣，它破除了家庭用吸塵器在容量上的既有常識，形成一大突破。我認為，這些東西，要說它是發明並沒有錯，但它們卻非出自天才之手的大發明，而像是為了跳脫市場固定結構而採取的，超越既有常識的適切解決方法。

美國有家飛機製造商叫西斯那（Cessna），該公司的前銷售副總裁吉姆・提勒，挑戰了「噴射機都造價昂貴」的常識，要求設計部開發出並非承襲自既有產品的輕型商務噴射客機。結果，該公司推出了名為「Citation」的噴射機，使原本已固定下來的商務噴射客機與渦輪螺旋槳發動機的市占率產生了大幅變動，甚至一時之間還成為此二領域的龍頭業者。

一旦學到了諸如此類的發想，任誰都可以照著去做。但問題在於挑戰常識的替代方案出爐後，到底能對商品化或商業化執著到什麼地步，才是決定成功與否的分界點。《富士晚報》挑戰了既有常識──「報紙都是送到家來的」，結果讓已經固定下來的報紙市場市占率有了很多的改變；樂清（Duskin）公司挑戰另一常識──「抹布都是舊布或多的布」，結果現在接受度很高。

最近，先鋒牌那台據說（秋葉原兩、三家大型電器店家所言）熱賣中的灰色音響組合「Project」，同時挑戰了「音響系統均為多個組件構成」，以及「高級品都會附有胡桃木紋路的架子」兩項常識。最近建商推出的住宅以及國民住宅，很多的牆壁與地板都採冷色系。姑且不談十九世紀的豪宅，但木質色的色調其實未必會和一般居住空間相搭。但即便如此，電視機或音響的外側，卻經常使用（而且是塑膠印刷的）胡桃木花紋。這種「常識」，當然應該去挑戰。這些例子講的，都是已有人破除的常識。希望能以同樣方式跳脫固定型態的人，我會建議他們，應該針對自己所負責的產品市場，徹底列舉其中的既定概念，並研擬局部予以破除的方法（不停地問「為什麼、為什麼」）。

現在來做幾項練習。

燈泡——長久以來，燈泡的形狀與光源都沒有改變。為什麼要做成西洋梨的形狀？為什麼是旋轉鎖入式的呢（也就是為什麼不做成嵌入式，直接插上去使用）？為什麼光源是點狀的？為什麼燈一關後馬上拔下燈泡時，它總是燙到不行？

冷氣——冷卻方式與所使用的冷媒最近似乎已經定型，但冷卻方法不是只能利用氟利昂（Freon，一般常用的製冷劑，但會造成臭氧層的破壞）的汽化而已，一直以來還有各種不同的方法，像是焦耳—湯普森效應（Joule-Thomson Effect，編按：利用二氧化碳氣體在快速膨脹過程中產生的巨大的冷卻作用）、熱導管（heat pipe）、派爾提爾效應（Peltier Effect，編按：利用電流產生高、低溫差）等等。此外目前的冷卻方式成本也很高。特別是汽車冷氣，占汽車售價的百分之十以上，甚至到百分之二十。為什麼沒人試圖解決這問題？

堆高機——一直以來都是上下共兩支貨叉沒有改變，但它真是充滿矛盾的機器。為什麼會設計成在承載貨物搬運的時候，會看不到行進方向呢（只因為載了貨物）？為什麼堆高機都要塗成黃色？

這樣的例子不勝枚舉。每一樣都不容易針對「為什麼」提出答案。那些提不出明確而適切答案的，就是機會之所在。如果請教專家，都還得不到「為什麼如此」的充分答案的話，搞不好所謂的「常識」根本只是不必要的限制條件而已。先去除這些限制，再摸索是否有其他的替代方式可行。只要能將替代方式以假說的形式明文化，就能透過市調或技術開發證明或反證、縮小範圍。此時，就很容易找出答案了。

想破除成熟市場特有的固定化現象並非易事。但有時候，回頭向本節所提到的常識挑戰，將可協助我們找到足以徹底改變狀況的線索。正因為處於已定型的環境，才更能不受限於常識、自由發想。這也是頂級策略參謀可以獨擅勝場之處。

其三✣經營資源偏頗的代價

根據十九世紀的邊際效用理論❹，經營資源包括勞力、土地、資本三項。而在經歷了石油危機與群眾運動的現在，若談到經營資源，至少必須考慮到人力、資本、原物料、技術等四項。此外，要考慮的不是「土地」，而是企業所處環境，也就是「國家」。這些因素，從全球來看，都存在著明顯的偏頗現象。

此外，單就人力、資本、技術三項來看，日本國內的企業間，有很明顯的偏頗傾向。要想讓出現偏頗的經營資源變得平均，是很花成本的事，也有它心理上的困難度存在。

人才朝新流動性而去

除了最近這陣子不景氣外，有些大企業每年都會召募將近一千名的大學畢業生。但另一方面，也有一些很有發展希望的小企業，因為連幾個大學畢業生都找不到，而無法擴大事業的。現在，有些大企業由於產能利用度不足，冗員超過百分之二十的。此外，透過精密的工作分析，例如我們所使用的OVA法❺等方式，可以發現，大部分公司的間接員工有百分之十五至二十都屬於多餘的贅肉。

即便如此，要讓人才從大企業往中小企業流動，在心理上仍十分困難。世上就是會有人把大企業與一流企業直接畫上等號，所以也只能承認，這種現象是難免的。到目前為止，大企業一直沿用的破解方式之一是，把實質上是中小企業的子公司或關係企業，都加上同一個冠詞。松下電送、東芝化成、日立HISAGO、住友橡膠、三菱水泥建材等公司，世人就容易接受。再說，這些公司雖然不能算大企業，但也不少都是一流企業。

然而，如果是與大企業毫無牽連的一流中小企業呢？大企業從一九六〇年左右開始風行雇用大學畢業生並資助其生活費用。現在這群人已年近四十了，課長職位卻增加得不夠，讓人覺得這批人中冗員特別多。因此，即使很有能力，他們在大企業仍然已無一展身手的餘地了。事實上，意識到這件事，卻放棄與這樣的宿命對抗的人，實在非常多。

仍有餘力吸收人才的一流中小企業，應該花錢吸收這些經大企業（以金錢與環境）充分教育過、工作能力又強的人；不是找那種不知還能活幾年的老人家，也不是找非教育不可、只會玩吉他的年輕人，而是找這群正值壯年的過剩人口。從國家整體角度來看，若能做到這件事，就能有效運用數量有限的聰明人了。

資本使企業間差距更擴大

企業間的差距，現在有擴大的傾向。聞名日本商界的美國學者詹姆斯・艾貝格倫（James C. Abegglen）曾指出，過去十年間，日本的主導企業群與追隨企業群之間的業績差距，包括銷售成長率、自有資本比率、獲利度等等，全都愈來愈大。連大企業之間，也存在著資本的顯著偏頗。有像豐田、牧田電機、御幸毛織、京瓷那樣，能夠實際在無貸款狀況下經營的企業，但也有像出光石油、千代田化工那樣，貸款金額超過負債總額百分之九十以上的企業。

由於利率水準大致已定，資金成本比較不會有太大的差距。或者應該說，資金充裕的企業，可以透過放款讓自己的獲利度愈來愈好，但相反的，負現金流量的企業，如果為了補洞而增加貸款額的話，恐怕會愈來愈難改善業績。

歐美企業透過購併以及集團化，已經局部修正了這種資金的偏頗現象。不少仍有成長空間卻資金不足的企業，都在加入集團後獲得大筆資金的挹注，順利地成長下去。不過，日本企業的購併或形成「系列」的現象，除了汽車零組件等極少數業者外，多半只是拿來救一些已經病入膏肓的地方。這麼多不只會有心理上的障礙在，也很難保證能有效讓企業間的資金均衡運用。因此，這種走回頭路的均衡運用，多半都會成為資金的浪費，讓資金的均衡運用付出昂貴代價。

原物料，嚴峻情勢仍持續

一談到「資源的偏頗」，想必很多人都會想到原物料，特別是來自石油輸出國組織OPEC的石油。石油確實是一種均衡運用的代價很高，也在心理上讓人感到障礙的代表性資源。但如果把它當成像OPEC那種第三世界的開發中國家所特有的問題，可就大錯特錯了。

今天，石油與煤炭的最大生產國是美國與蘇聯。從蘊藏量來看，加拿大亞伯達（Alberta）省的天然氣也不能忽視。光是花錢，還是無法讓這些來源供應給日本。亞伯達省的天然氣等物資，會附帶許多心理上的限制條件，像是：這些天然氣是要拿來讓加拿大工作者可以多些附加價值（也就是不純然只當它是瓦斯而已，至少要拿來生產像甲醇這樣的東西），並非只當成是燃料來燃燒。

傳統上，要解決原物料的偏頗問題，以穩定而均衡地使用各種原物料（亦即由原物料較多的國家，輸出到沒有這類資源的國家），通常會以「分散原物料來源」的方式解決。但是，產油國如果像OPEC那樣步調一致的話，這種破解方式就沒什麼用了。現在變成除了訴諸政治力與武力之外，已經別無他法。再者，來源的分散也會造成規模經濟變差，以及變得較難靠大量購買取得折扣，所以成本相對較高。

現在，則是油價漲了、天然氣與廢鐵的價格也漲了。不得不說，原物料分布上的偏頗，愈來愈難調整了。

日本以「加工貿易立國」為目標，與高價原物料相抗衡的唯一方法，就是在生產階段集中投資於設備，同時也要隨時留意，不讓自己的產品失去國際競爭力。在鋼鐵與造船業界一直以來都是這麼做的，但在石油精製或石油合成化學、煉鋁、半導體等產業，日本的規模經濟還不充分，所以還無法到壓低原物料成本、便宜提供最終產品的地步。這些產業或許會因而經常受到來自國際的競爭威脅，不斷陷入嚴酷的情勢中，而必須在「投資」或「退出、縮減規模」之間做出選擇。

●技術之一——色彩的偏頗

技術偏重於哪方面，有必要從兩種角度切入。第一種角度，是要判斷到底是偏重基礎技術還是應用技術、偏重產品開發技術還是生產技術、偏重科學技術還是管理科學技術等等，也就是在同樣稱為技術的領域中，判斷其技術程度與技術色彩是否濃厚。

例如，有一些關於「偏重哪方面技術」的討論，講到了「日本較不重視基礎技術，而過於重視應用技術；日本的生產技術雖然進步了，但產品開發技術卻尚待開發」。像這類的討論，就屬於第一種探討角度。此外，有的專案投資了一百億日圓上的研發費用，也沒有人會去嚴格過問投資報酬率（ROI）；但如果企管顧問，像我們這種試圖從軟體的角度著手力求徹底改善投資報酬率，只要占了技術開發預算的區區百分之一，便足以成為大騷動了。

在矯正這種「技術色彩」上的偏頗時，最基本的作法，就是針對那些阻礙公司成長或獲利提升的瓶頸事項，應盡早控制其影響範圍。公司到底應該擴增生產設備好，還是應投注於經營手法及人才開發比較好？一旦討論到這樣的問題，會很容易想，要在所有層面上都做好改善。

然而，這個問題其實就是常見的資源重分配的問題，也就是「選擇」與「程度」的問題而已。經營者必須自己分清楚：「把擔任管理職的部長與課長找來，當面要求他們帶領所有部屬全力衝刺」，和「決定要在哪些重點地方真正投入資金與人才」，是兩件不同的事。

請想像在公司的上方有一個隱形的水罐，裡頭裝了一百億日圓。經營者就必須思考，要打開哪個水栓、要怎麼讓水去流，才能讓總利潤最大〔圖2〕。

以我的觀察，許多企業都有一種傾向：同樣是一億日圓的利潤，卻沒有注意各單位的獲利貢獻與整體獲利間的關係，反而是受到公司一直以來的部門架構所限，像公家機構那樣去分配預算。我認為，有必要每隔五年或十年就重新考量一下未來的狀況，徹底檢討資金的分配方式，不要受過去所限。由於阻礙公司成長的主因，可能歸因為來自前述幾種技術的不足，所以一般的作法，都是針對公司進行全面診斷，以找出瓶頸所在。

●技術之二——選擇偏重

另一種切入的角度，不是看技術色彩的濃淡或技術程度，而是選擇，也就是要採用「哪

[圖2] 從公司整體角度考量利潤

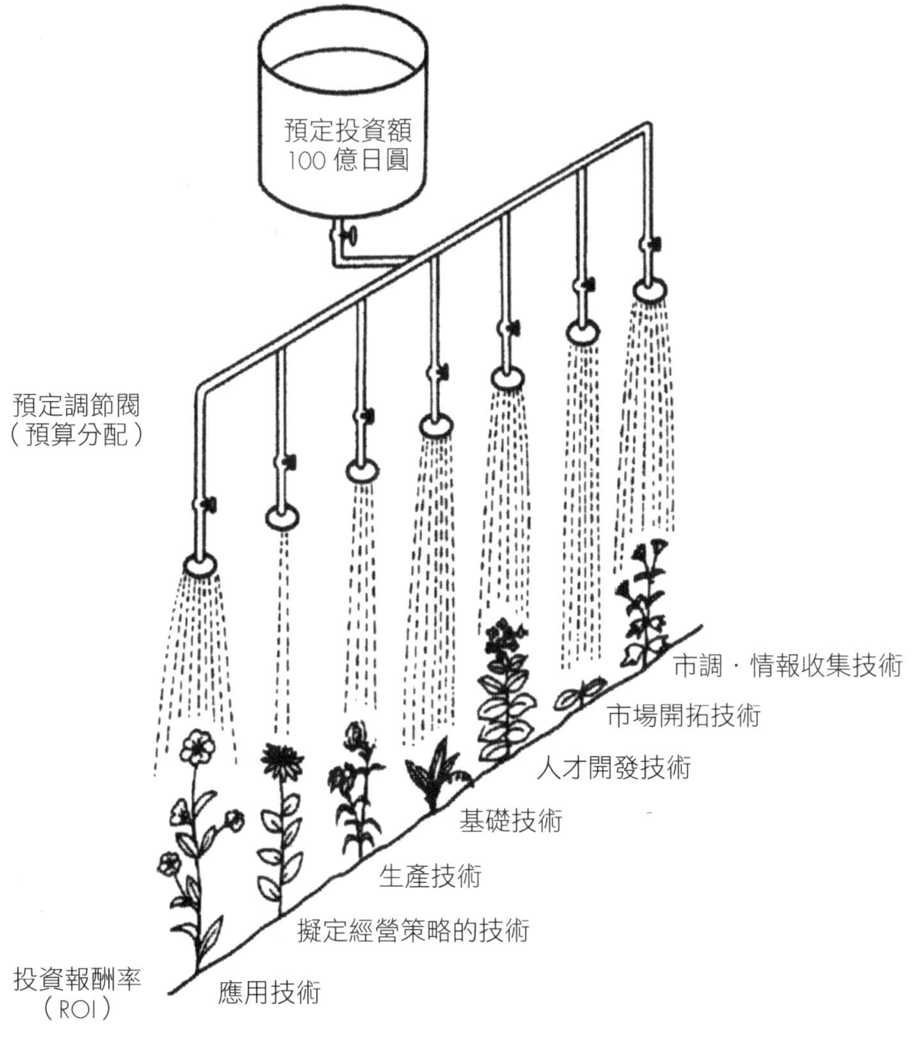

企業內部可以多花一點心思，研究「該針對哪個領域、投入多少資金」。

一種」技術。像是「要用半導體技術，還是迴路技術？」、「要用原子爐技術，還是造船技術？」等選擇。要探討的問題是，在不同的事業領域中，應如何做出選擇，才能讓公司整體成長、提高獲利度？一直以來，都會覺得應該在所有事業上都全力以赴，這點並不奇怪，但今天這問題似乎還是得回歸到資源重分配的問題上。

以奇異電器為發祥地的「產品系列的組合管理」，給了我們解決此一問題的一個方向。在擁有複雜技術的企業中，有必要建立起一套公司制度，從策略性角度檢討各重要技術的組合、相互搭配的產品系列組合，或是系統事業的組合等等。七〇年代後半，教我們如何把不同事業彙整在一起的「策略性事業單位」（SBU），或是有助於將命令傳達給各事業部長了解的「路線圖」（roadmap）等，應該會成為企業在策略上的重要工具。或許要求企業一下子就轉換為策略性思考是有點強求，但面對危機的迫近，與其訴諸下下之策，還不如趁現在還有點餘力，就算是局部性的改變也無妨，趕快在企業內部運用策略性規畫做出一些成績（成功例子）。毫無疑問，這會成為企業在碰到什麼阻礙時的最佳優勢。

其四❖複雜的國際情勢

第四個現象「國際情勢」，目前已出現極其不同於前、經常變動的狀況，並非過去的「東洋與西洋的關係」或是單純的「南北韓關係」就能完整說明的，所以變得很難正確掌握情報。

麥肯錫公司早期的總裁之一吉爾・克雷，在一九五九年發明了「多國籍企業」（Multinational-Enterprise）一詞。身為美國的多國籍企業，麥肯錫是進軍歐洲的先驅者。當時成為多國籍企業的目的，聽起來十分神氣，是要「在全球原物料最便宜之處採購、在勞力最便宜之處加工、再於價格最高之處銷售」。因此，其最根本的想法在於：「不要再受限於美國、英國或日本等所謂的國籍，要超越國家的範疇，視整個世界為一體來做生意，才可能享受巨額財富。」然而，從十五年後的二十世紀初期回頭去看，世界事實上並不是這麼單純而一致的，而是各國有各國的稅法、法律與意識型態。這事實目前已愈來愈明顯，企業愈來愈無法把世界當成一個市場來看待了。

例如：

＊西班牙人事成本很低，但光因為這個理由而前往發展的企業大多失敗收場。

＊歐洲共同體成立前，到葡萄牙發展的美國、日本企業大多失敗收場。

＊貪圖東南亞的低工資而前往發展的美國半導體業者，大多被迫撤退或回本國發展。這些例子代表著，單單是一個「工資便宜」，仍不足以作為企業的全球策略。

還有：

＊前進南美洲的大多企業，現在都不得不與當地資本合作，降低自有資本比率。

＊即使是澳洲，一直到十九世紀末如上所述，擬定全球發展策略時，不是要把整個世界看成一個，而必須分別研究一百多國的情勢，才可能順利前往發展。這樣的現象，不知道是六〇年代幾乎不存在呢，還是大家都視而不見？

其五❖通膨持續擴大

新經濟環境的第五個現象，是「通貨膨脹的持續擴大」。根據現代經濟學——凱因斯經濟學與馬克斯經濟學都是認為通貨膨脹是不可逆現象，幾乎沒有辦法可以止住它。如果完全不管失業率的話，或許是可以止住通貨膨脹，但目前卻沒有能同時解決這兩個問題的方法。我們這幾年在現實環境中所看到的，是通貨膨脹與不景氣在巧妙平衡下在鋼索上走著的樣子。

目前政府的不景氣政策正如火如荼展開，但如果天真地放任重貼現率不管，勢難避免通貨膨脹捲土重來，而這並非目前的政治與經濟方面的可用對策所能壓制的。這對經營者而言，代表何種意義呢？仔細想想，不就是「獲利率降低、資金成本增加」嗎？社會上的年成長率標準都已經因通貨膨脹而往上提升為百分之六到九了，若光靠正常利潤扣掉資金成本，實在無法到達那個標準。如果找不到能比以前產生更多利潤的方法，那麼做生意實在賺不到什麼甜頭。

例如，面對通貨膨脹，會發生「折舊提列不足」的現象。今年花費二十億日圓製造的設備，假設每年折舊五億好了，四年就折舊光了。但此時不管是想要再弄一套二十億日圓的新設備，或是想要重置原本的設備，卻會因為通貨膨脹而無法實現。因此，若以普通方式折舊，事業會做不起來。由於我們非得用某種方式充分提列折舊不可，當然就會轉嫁到成本面上了。結果，成本因而增加，讓產品跟著變貴，等於是自己加速了通貨膨脹。萬一競爭對手的折舊狀況不同，可能會讓產品的價格高於市場一般值，而大幅失去市場地位。

於是，會影響身為企業家的投資意願，並中斷了健全的生產循環。

其六❖生產力停滯

第六個現象，是生產力的問題。戰後，日本生產力的成長幅度，固然一直都比歐美高，現在卻首度出現停滯的狀態。過去我們曾比較過美國與日本的直接人力及生產力。

結果我們發現：

＊日本藍領階級的生產力比美國高得多。

但是：

＊直接人力與間接人力（編按：間接人力是指行政、幕僚及管理職人員，直接人力是直接投入生產流程的人員）的比例（直間比），日本明顯比美國差，也就是日本的間接人員比例較高。

［圖3］經營環境之本質性變化

經濟重要因素

- 國內經濟成長
- 基礎產品市場
- 經營資源
- 國際情勢
- 景氣
- 生產力

↓

變化的方向

- 持續的低成長
- 成熟、固定化
- 人、原物料、資金之偏頗
- 個別變化
- 通貨膨脹之不可逆
- 停止成長

↓

對高階管理者的意義

- 容錯度變小
- 「變化」的代價昂貴且困難
- 使經營資源變得平均不但代價高，且在心理上不易做到
- 不斷變，極難掌握
- 獲利率低落及資金成本增加使投資意願低落
- 第二、三級產業的薪資上漲、藍領階層擴大

＊因此，在很多產業裡，間接人力，亦即白領階級也包括在內的那群人，生產力都輸給美國。

我們也曾比較過日本與美國引擎生產商的生產力。

其結果是：

＊藍領階級的生產力雙方大致相同。

＊但美國製造商的直間比是直八間二，日本製造商的直間比是直四間六。

雖然直接人力的生產力相同，但由於其他部分所造成的稀釋度不同，很可能在國際市場上會變成無法與人競爭。亦即日本存在著「間接人力影響生產力」的特殊狀況。

之所以如此，原因之一是勞雇關係的僵化。此外日本還有個歐美所沒有的重要因素，那就是「文字」。日文無法打字，只能用手寫的。即便改採打字印刷，一小時還是出不來。但歐美卻只要二十六個字母就解決了。而且，是由占人口一半的女性來做這件事。為了提高占人類一半的男性的工作效率，占人類另一半的女性卻必須做些歸檔、打字、寫信的工作，以提高間接人員的作業效率。那樣的國家，與只會讓一半的人口倒茶、影印的日本相比，存在著本質性的差異。原本的其他因素，再加上此一因素，使日本的間接人員變得非常多。

當然，文字的問題並非最近才存在。在人事成本尚低的時代，文字問題仍影響不了日本維持國際競爭力。但若像現在那種工資與歐美幾無差距的時代，我想這種間接人員間的差距，恐怕是日本失去國際競爭力最大的因素。

參謀團隊的必要性

在石油危機之前，以上所談到的六大現象，都不是經營者心目中的大問題。但由於石油危機的出現，這些問題一口氣全都擋在眼前，讓日本企業的高階團隊變得相當狼狽。這也是沒辦法的，因為環境的變化這麼複雜，凡事都要自己思考，是非常困難的。

因此，我個人認為，如果把優秀人才集合在同一處所，由這群人充當策略思考團隊集思廣益的話，應會是最好的方法。

［圖4］直線管理者與幕僚間的關係

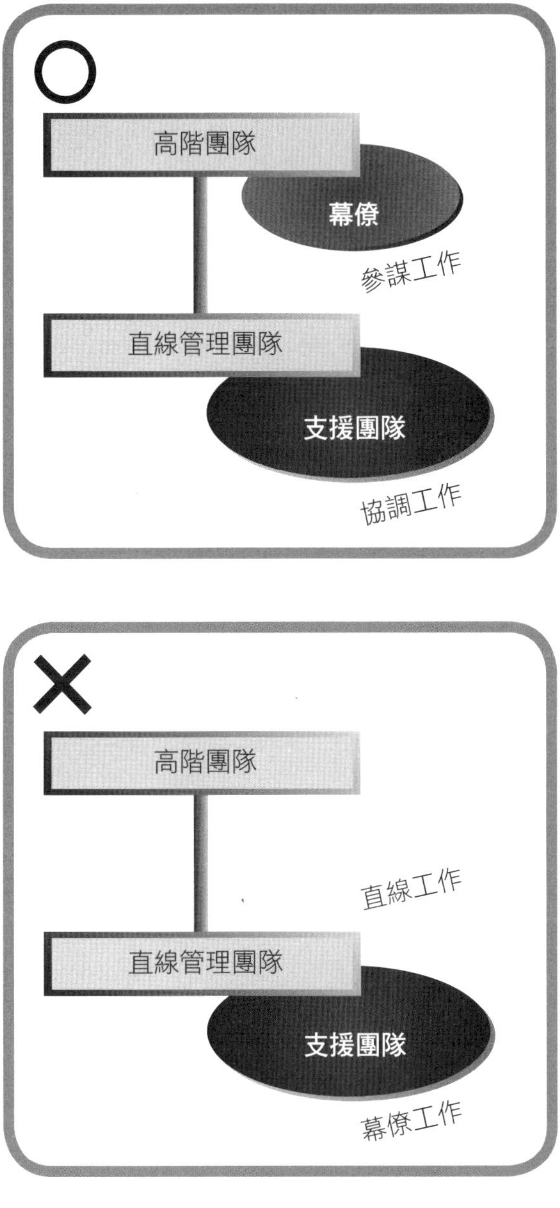

雖然這不能算是「三人行必有我師」，但若要分析複雜情勢、擬定重要的企業策略，這麼做是必要的。

像我先前提到的那種難題，非得交由這種策略思考團隊來處理不可。然而，日本大多企業都是在高階團隊的下方區分直線管理團隊與支援團隊，而且屋漏偏逢連夜雨，還把支援等同於幕僚工作。

現在許多公司都把提供參謀功能的幕僚團隊當成是消耗型、協調型的支援團隊。由於一直以來都存在這樣的想法，高階管理團隊因而完全缺少直屬的「思考團隊」。我認為，應該明確區分為從事參謀活動的幕僚，以及在直線部門充當潤滑油的支援（如資金部、人事部、庶務等）團隊。而且，這裡所謂的參謀活動，指的是高階團隊專屬的參謀活動。這些有關企業活動的變革，非做不可。

目前為止很多企業都設了社長室或企劃室之類的單位，可惜還是把它們當成從屬於直線管理團隊，只讓它們整理直線管理團隊丟出來的東西，把它們變成了包辦許多例行性業務的單位。因此，這表示許多企劃人都缺乏對新經濟環境的分析能力，或是無法根據事實分析自己的事業、提出改善計畫，所以有必要把協調工作與參謀工作分開。

3. 低成長的內涵及其策略性意義

接著，我們來看看所謂的不景氣、低成長，到底包括哪些類型。首先，在一九六〇年代，幾乎所有產業都呈現與GMP一樣的成長，在七〇年代到達不錯的高峰，接著就大幅滑落了。以圖畫來表示的話，大約就像〔圖5〕左側那樣。接下來的發展，誰也猜不出來。正由於誰也猜不到，所以才叫它「低成長」。但我認為，這內容有必要再詳細看一下。我想，為預測未來可能發展，最好還是依業種分成四類（〔圖5〕右側）。

(1) 需求變動型

第一種類型，是需求變動型。不管景氣如何，需求都會有所變動的產業，都屬此類。例如，像耐久消費財那樣的東西，產品的壽命可能是四到五年，或者看情形也可能是七到八年，不會在幾天之內就消失。

因此，消費者可以因應景氣，延長或縮短其耐用期限，而調整需求。因此，即便所有人口每個人都有這產品，但只要耐用年限由四年延後到五年，每年的需求就會減少兩成左右——這群產品的命運就是如此。

此時，本來應該像〔圖5〕的A～B虛線一樣變動的，卻因為日本當時位於成長期，使大多產品都呈現A→B的直線上升曲線。因此，原本應該如A～B虛線那樣變動，結果卻完全被蓋過

[圖5] 國內生產總值的演變

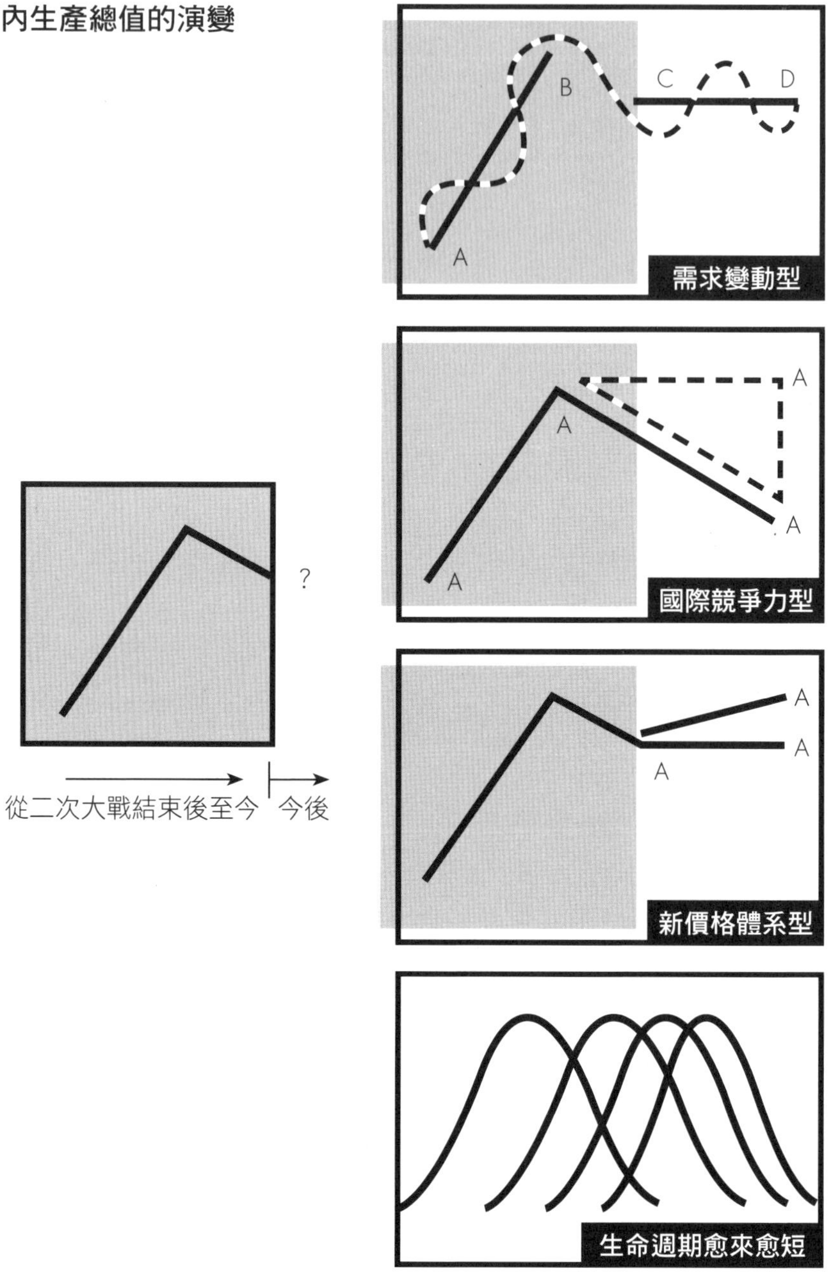

並非所有產業都走向「低成長」。

去了。一直以來，景氣有它變動的傾向，但由於不景氣與經濟變動一起發生，B→C的部分，兩種波動就剛好重疊在一起了；C→D則沿著低低的直線，又像過去一樣持續振動著。它大概就是這樣的產業。

因此，我認為應該再細分為兩類來考慮。

其一是已完全滲透至需要消費層裡的產品群，像是電視機，家家戶戶都有，是完全成熟的市場。卡車市場也是，這十年左右，已完全成熟。

這類產業，會像C～D的振動那樣，在原本應該平坦之處上下振動，所以大家會以為，未來也會因為經濟的變動，而繼續呈現同樣的大幅振動。百貨公司也一樣，那裡賣的並非全都是「今天不買，就買不到」的商品，所以會選擇暫時忍耐。因此，只要景氣一好，大家就會回到百貨公司去消費；景氣一差，就買超市的商品——美國這十年左右，就有這樣的現象。總之，這種產業的需求，會因為經濟環境的改變，而呈現顯著的變化。

例如，影印機大量問世之初處於尚未完全深入需求消費層的階段。還有，像傳真機那種東西，目前也並非每個有需求的人都已經在使用。也就是說，它們都是仍處於成長期的產品。這樣的產品一旦成熟，理論上當然會呈現出和先前例舉的卡車或電視機一樣的曲線，但碰巧現在是景氣最差時，這些產品又處於成長期，所以只會呈現出A～B那種直線變動而已。

影印機及傳真機至少不會因為這次的經濟變動而呈負成長，頂多只會讓成長稍微減緩而已。但本質上，只要這些商品的潛在需求已經滿足，就無法再成長下去。銷售這類變動型商品的業者最重要的工作，恐怕是為企業培養足夠的精力，應付這種需求的變動。

為此，首先要做的事，是降低損益兩平點的位置。也就是要盡量減少固定費用的比例，讓變動的部分增加。那種需求一來到谷底，就會出現虧損的收益結構，是無法全力與人競爭的。因此為盡可能拉低損益兩平點，要盡可能讓變動費用的比例增加。例如，不投資新設備，而以外包等方面化為變動費用，做為權宜之計；或者，要投入大筆宣傳費打廣告時，就分散為好幾次，不要一次出一大筆固定費用。

此外，庫存也是一種固定成本，要設法別在此時囤積大批庫存。

(2) 國際競爭力型

接著是我自己命名為「國際競爭力型」的第二產品群。

這一類型的產業，市場並沒有太大的波動，也沒有消失，而是和以往相同。但若以日本的生產來考量，它們是一群在國際上愈來愈缺乏競爭力的產品。

屬於這一類的，有因為燃料費高漲而造成的煉鋁業或石油化學工業。此外，若從日本「勞動成本特別高」的角度來看，纖維與合板等產業也屬此類。而一直以來都是輸出的鞋類產品，也屬此類。再往前看更早一點的例子，電晶體收音機也是。這類產業，雖然在日本市場會依A→B→C的直線演進，但由於日本的競爭力愈來愈差、市場為國外廠商所接受，或因為過去由日本業者掌握的市場現在變成美國業者市場，致使過去所輸出的產品量，現在都已落入國外業者之手。

身處此類產業的人們，如果單純只求降低成本，或是如前所述管理損益兩平點，是解決不了問題的。由於這是以一國的經濟狀態與他國相比所變化而來的，即使克服了高燃料費的問題，成立極其出色的煉鋁工廠，一樣無法與人競爭。

因此，從事這類業種的高階管理者，非得從所謂的「垂直整合」下手不可。垂直整合可以分為往上游整合以及往下游整合。往上游整合就是向原物料下手（例如在印尼設立石油精製基地，或是向巴西進口鋁礬土、鐵礦石等等），把資本重新分配到上游；往下游整合，就是把資本投注於掌控銷售網。

以煉鋁業來說，最近之所以沸沸揚揚，來自於業者垂直整合，積極投入「窗框」的領域所致。在鋁製窗框的產業中，已不是所謂的「煉鋁業者」了。因此，如果現在還不做出策略性的決定，三年後、四年後，極可能會因而悔恨不已。

然而，市場並非因而就消失了，所以還是必須做出大方向的策略決定，向上游或向下游重新分配資源與資本。

再以京都的纖維業為例，許多業者就往流行產業或室內設計的方向發展，往下方進行垂直整合。由於市場並非已經消失，所以與其考慮到外地從事風險較大的發展，還不如更貼近市場還比較好。這是愈來愈多業者的判斷。此外，只要向下游整合，就可以像收錄音機那樣，從原本只聽新聞的功能，轉換為流行產業的一分子，在市場中擺脫後進國家的模仿。

(3) 新價格體系型

接著是稱為「新價格體系」的一群產業。這石油價格一漲，其他燃料費跟著漲，會使原本預估的高成長不斷往下修正。原本為因應高成長而準備做的設備投資，會變得沒有必要。最具代表性的例子就是油輪。

當全球的油輪處於過剩狀態，原本預計價格會像A↓B的直線那樣往上攀升，但卻未能超出原本價格水準，變成像A↓C那樣變動。未來七、八年後或許有可能再稍微上漲，但目前來看，業者無計可施。就是這種十分嚴酷的產業。

屬於此一類型的，除已提到的油輪外，電力設備也是。電費一高，需求就不會那麼大。從事這類產業的人，恐怕只有訴諸企業重整，才可能解決問題。需求變動型的產業固然可以用拉低損益兩平點來因應，但這類產業如果要靠拉低損益兩平點，忍耐現況撐下去的話，是撐不久的。恐怕還是得和新夥伴合作，前進完全無關的其他產業，或是賣掉目前資產的一部分、轉換體質，才可能承受得住全無成長希望、只不斷持平的現況。

目前日本頂尖的造船公司，或許因實際狀況的不同而有差異，但都面臨人力過剩的問題。像鋼管造船或三井造船那樣的公司，都有五千人左右的過剩人力。如果要讓這五千人都有事可做，全年下來非得要有兩千億日圓的生意可做才行。在目前的經濟情勢下，根本不可能創造兩千億日圓規模的事業。若把人力在公司裡重新分配，畢竟有它的限度在。

因此，也只能從比較嚴苛的角度來做出經營上的判斷。不是和目前手邊仍有多餘資金，且正要投入有展望產業的公司合作，就是得賣掉資產、關閉公司的一部分單位。

(4) 生命週期愈來愈短

第四類型雖然和這次的不景氣並無特別關係，卻存在因時代的進步致使生命週期愈來愈短的現象。特別是一種叫做微電腦的產品，過去在設計上很花時間的，現在新產品卻問世得愈來愈快。

計算機也是我們周遭看得見的例子。計算機在之前還有一到兩年的生命週期，最近卻隔半年，誇張一點的話隔三個月就被淘汰了。

音響是不是流行，也是大家熟知的例子。過去那種只要聽得到聲音就行的音響，產品壽命有到五、六年之多。現在音響也講究起流行，最近的產品生命週期都顯著變短。還有，前不久才問世的數字鐘用的是半導體，設計上十分簡單，所以新產品壽命不斷變短也是想當然耳。

電腦的周邊設備也存在這樣的現象。現在，微電腦等使用積體電路的產品都有一種現象。一直以來，在開發這類產品時，設計都必須從零開始，生產計畫與銷售計畫也必須一步一腳印地去做。但這樣的公司，接下來可能無法跟上社會的腳步了。

此時應該把體質從基礎開發完全轉換為應用開發，讓公司在變更設計時，可以不必再次從零開始。唯有如此，才能克服產品生命週期愈來愈短的問題；另一種作法是把開發的工作交由營業部門進行。

因此，身處這類產業的高階管理者，應捨棄所謂的完美主義，做好準備，在市場擴張之時盡可能賺取利潤。一直以來的行銷理論，都會要大家在市場已進入成熟期再收割，成長期虧損沒關係。但對這類產品來說，應該轉換為在市場成長期打帶跑（所有流行性產業均然）的體質，也就是在成長期時盡快成長、盡快獲利，等競爭業者追上來，就徹底抽手。

所以，針對「要如何因應低成長？」的問題，應分為上述四種類型，思考自己的事業到底屬於哪一類。我認為，依類型的不同，有的必須管理損益兩平點，有的必須垂直整合，或者是必須改善體質，才能因應低成長。

先知道有這樣的背景存在，我們才接著探討，怎麼做才能知道自己所負責的事業屬於這四類當中的哪一類，以訂出相對應的策略。

4. 如何讓策略進行質的轉換

(1) 技術引進時代告終

並非思想，而是感想

企業策略（Corporate Strategy）這個字，一直以來都只有很狹義的解釋，主要指的是企業為求成長的各種策略（例如購併、垂直與水平整合、多元化等）。等到一九七〇年代後，以奇異電器為中心興盛的產品系列組合管理受到歐美的多元化大企業採用後，企業策略也變成是一種「事業間的資源分配」了。特別是處於一九七三年以來的資源危機，以及繼之而來到今天為止的不景氣，我們常會聽到一種說法：能否有效分配經營資源，才是決定今天的企業能否成長的重要因素。

這樣的想法，基本上是以某個切面來看待企業這個組織體，也就是只從流程的角度來看待它，有它不夠妥切的地方。這讓我覺得，他們還沒有戒除把「經營手法的導入」與「技術合作」當成屬於同一層次（有些公司還讓同一個窗口負責這兩件事）的習慣。

不過，技術這種東西，通常是關鍵知識的結果，是用來生產產品的。但經營手法的關鍵知識，卻不是直接讓損益有所改善的東西。企業必須消化關鍵知識，將之融入環境中，使其與既有管理流程能共存。唯有如此，才能帶來成果。由於經營的關鍵知識必須有一套流程融入到

（社會的、法律的、心理的）新環境中，所以與技術的引進比起來，可能性低得多。為比喻此事，我想引用一段小林秀雄的文章（出自《私小說論》，新潮文庫出版）：

「……（日本的作家們）只要看到西方作家的寫作技巧中呈現了什麼新想法，都會照單全收。這固然沒什麼不對，但這些思想只不過是幫助作家培育夢想之用而已。作家們必須把外來思想當成一種技法來吸收、當成一種技法來運用才行。他們所吸收的，與其說是思想，不如說是感想……」

引進經營技術已無魅力

在企業從國外引進能提升生產力與品質的經營關鍵知識（主要是工業工程相關）的年代，由於引進對象直接人工的素質優秀，所以都還成功的；但最近的經營關鍵知識比起當年已複雜許多，所應用的目標也變多了，所以其中似乎有不少（例如MIS、PPBS、PERT等一系列的英文縮寫）。都無法光靠學個樣子就能有實際成效。這些經營的關鍵知識，還會冒出一些專家來，大量把民族精神加諸其中，或是擴大解釋其原意，然後宣揚起號稱無所不能的某種新手法。

所謂的關鍵知識，不過是一種「怎麼做」（how）的手法而已。其他像是「為何要做」（why）、「做什麼好」（what）、「做哪個好」（which）、「何時做才好」（when）、「誰來做才好」（who）、「在哪裡做最好」（where）等各種問號，它都不會有答案。

事實上，我認為關鍵知識的命題的部分（why）、抽取的部分（what）、選擇的部分

[圖6] 重新擬定企業策略

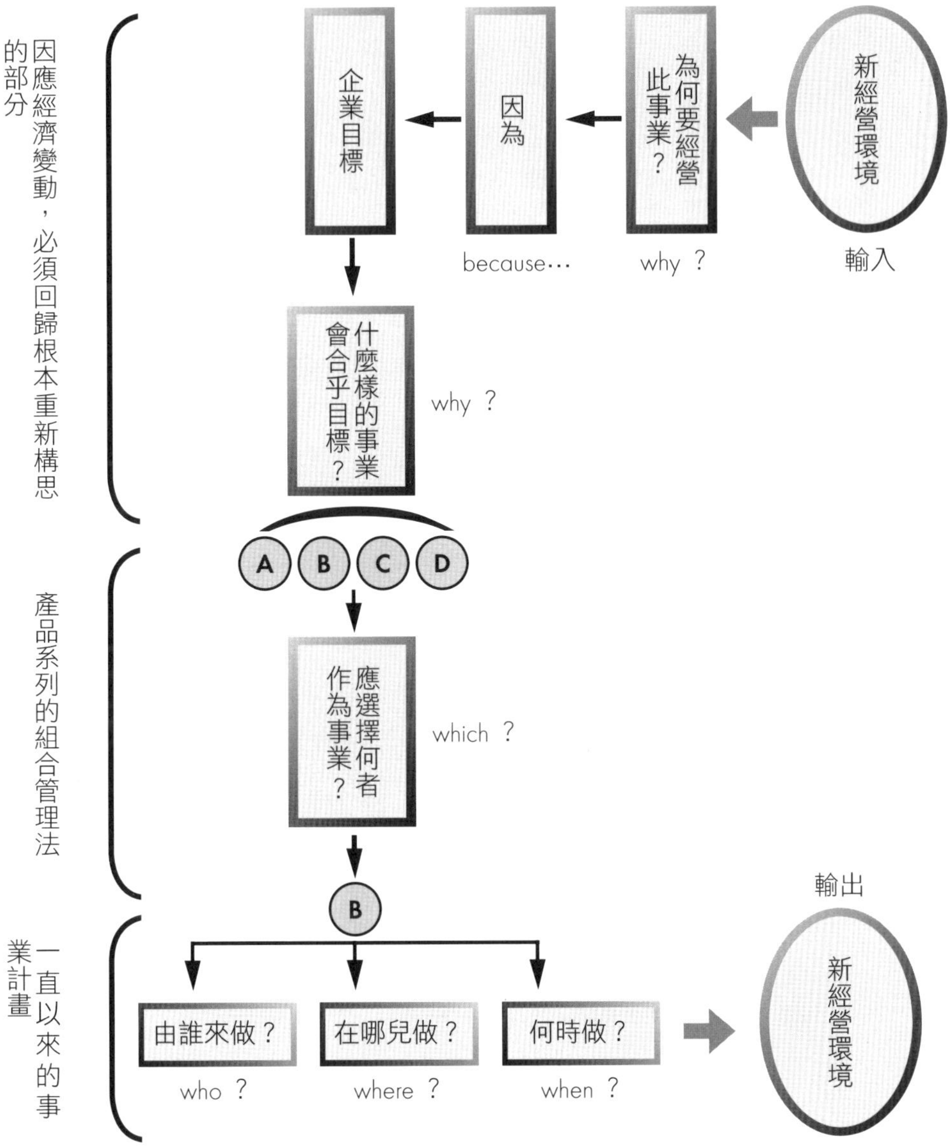

不光是關鍵知識，也必須研擬合於企業體質的策略。

（which where when）以及人的部分（who），正是石油危機發生後，全球性大企業愈來愈重視的項目。

為了解如何讓關鍵知識進行「質的轉換」，我想好好研究一下這些問號背後代表的意義（參見〔圖6〕）。

(2) 命題的部分——why

以前在自有自營的社長還很多的時代，常會有「為何要經營此事業」的自問自答。

所期奉公

處事光明

立業貿易（岩崎小彌太）❻

但在社長多半也是受雇於人的現在，就很少聽到什麼關於企業的經營主張、企業的座右銘或是企業目標的熱烈討論了。但另一方面，我們卻聽到很多電視廣告上用「生活的綜合性廠商XY」或是「XY for beautiful human life」等等，變成不強調內容而強調感覺、不強調企業目標而強調企業形象。

●經營事業的理由——重新提出本質性問題

我在麥肯錫全球二十三個分公司調查了在石油危機發生後，公司接受客戶委託的項目有什麼變化。過去以來企業常採取的成長策略（多元化、海外事業、購併等）、重新評估既有策略、財務管理（特別是現金流量的管理），以及組織重整等委託項目，在歐美都一樣有所增加。但也有幾件是想要「重新定義企業目標」的，吸引了我的目光。

例如，面對所處社會背景由「公共投資型」建設轉為「社會福利型」建設，美國某家建設公司就找麥肯錫進行了一個專案，想了解「公司應有何種新企業目標（或解釋為使命）」。

另一方面，針對身為公共投資主角的高速公路建設，麥肯錫也重新檢討了其本質（一個在加州及德州所做的專案）。在早期，美國的人事成本與原物料都還很便宜的時候，來自汽油稅的收入很充足。因此，高速公路的建設可以大張旗鼓。「路開得愈寬愈好」、「路基愈厚愈好」、「轉彎處要做得連最高速度行駛都能順利開過去」等等，變成了蓋高速公路時的固定考量。

美國的公家機關和民間企業不同，人才很少移動，所以不但不會去挑戰這種「常識」，甚至還強烈傾向於守住這種優良傳統。剛才寫到的那些傳統，其實非常花錢。石油危機後，來自汽油稅的收入減少了，日常維護等固定費用卻上升了（增加到原本的百分之二、三到百分之十以上），道路建設的變動費用也居高不下，使得政府不得不放棄原本規畫的道路建設。

我們的專案小組所做出的結論是，傳統的這種全州的道路建設規格已經二十年沒有變了，此時必須因應新經濟環境，做出能符合時勢所需的調整才行。結果，規格調整後，原本光一個州就高達一千五百億日圓的道路建設預算，就節省了三成。

這個例子告訴我們，我們一直以來所認為的常識（日本工業規格或營建署相關的各種條例等等），當然是因為它問世時的時代背景，才有那樣的經濟價值存在。所以在大規模的社會變動發生後，就有必要重新檢討。此外，位居政府或企業高位者，也只把這些事情當成黑盒子，歸入工程師或會計的神祕「專業領域」中。其實，我希望他們能參考麥肯錫的經驗，了解在參考公司的規格或先前例子推動投資計畫時，能讓獲利性產生更多改善的，是直接著手處理，而非相互比較替代方案。

●整理出具體企業宗旨

另一方面，委託我們從「事業是否有繼續下去的必要」的觀點重新審視事業本質的客戶，也比以前多了不少（美國是冷暖氣／有機合成化學等、歐洲則是汽車／造船／纖維／銀行／油脂工業等）。

要想度過危機、不致失去方向，就必須有堅決的信念與明確的目標。特別是在經營環境已大幅改變達兩年以上的現在，不是更需要為了在新環境中生存，而把「為什麼要經營事業」的重要理念講清楚、跳脫迷惘與猶豫嗎？

現在已經不像大正時代那樣，只靠一個概念就能統治了。既然已有半數以上人種是看電視長大的，就應該在制定企業宗旨時，盡可能形諸具體文字。因此，企業宗旨應該以下面這種方式表示出來：

「要去除大氣污染、讓都市找回藍天」（污染防治設備業者）

「要成為都市再開發用建築設備的領導者」（美國某設備業者）

「在居住空間中讓聽覺獲得休息」（音響業者）

企業宗旨的訂定，應該像這幾個例子一樣，訂得讓事業能有發展性，又不致濫用手邊的可用資源而造成浪費。當然，不消說，針對第一個問題「why」，還必須加上一句「由於上述之事業可確保充分獲利度，且能因應多變的社會需求，所以……」，也就是要在中間「because…」的部分提出證明、把原因分析得很透徹。如果擅自決定企業宗旨，而缺少分析佐證的話，勢將受到外界的責難，因為那和過去那種一切由心情決定（或說由直覺決定）的作法，並沒有太大的差別。

(3) 抽取的部分——what

●企業經營的縮影

通常，能合乎企業宗旨的事業，可能只有一種，也可能會有無限多種。一般來說也都會有幾種吻合的，企業策略中所謂「抽取的部分」，是指要針對這幾種可行選項，明確了解它們到底是要做什麼的一種流程。

過去，管理者在思考企業的經營時，並沒有太大的需要去分析什麼樣的事業內容才對公司真正有意義。他們只要想到什麼做什麼就行了，有時候甚至還是先做先贏，搶先做的企業會在競爭上占據有利位置。有時候只是看到其他業者做了什麼，自己也姑且跟著照做，卻可以變成事業計畫中認真陳述的事項，還獲得了認同。

事實上，企業策略中最困難的部分，就是回答「what」這個問題。請各位特別看看以下三個組合：

	營收	經常利益	業種
佳能	四七六	三二	相機+計算機+影印機
	<	=	
奧林帕斯	二五六	三三	單眼相機+相關精密設備
雪印乳業	三四三八	九一	市售牛乳+起司+冰淇淋+食品
	<	=	
麒麟啤酒	三三四七	二二一	啤酒
五十鈴汽車	二〇七六	二七	卡車+汽車
	<	=	
栗田工業	三七三	二七	水處理設備

數字以億日圓為單位（一九七六年春）

我認為，在這些組合之中，可以看見戰後三十年企業經營的縮影。再客觀一點，看看世界各國的企業，也存在著一樣的狀況。

	一九七五年營收	淨利	業種
亞里斯珈瑪	一一四三	二九	各種機械設備
	<	=	
凱美特隆	四六四	三〇	化學藥品
	<	=	
英蘭康特	三三五	二九	木製品

數位以萬美元為單位（《財星》雜誌一九七六年五月號）

之所以不容易找到「該做什麼」，是因為不容易認清自己公司的實力，以及不容易理解其他公司戰力所致。

特別是在企業同時遭受石油危機（也就是資源的不穩定與新價格體系）與通貨膨脹的這兩年左右，有人覺得，就連原本相對上較能掌握企業環境的公司，也開始失去自信。

世上任何事都是相對的，特別是在企業競爭的世界中，也是看你和對手的相對戰力來決定勝負的。當然，到處可見同業都因為社會或政治壓力而感到辛苦的過渡現象，但在多數仍有基本需求存在的產業中，真正的競爭對手並非政府或消費者，而依然是其他同業（外國同業也包括在內）。

●在經濟變動中測量企業能力

為因應企業這樣的需求，麥肯錫曾以芝加哥分公司為中心，組成了專案團隊，想出一套能在短時間內診斷出對某公司而言，在能源危機發生以來的經濟變動中，有多少變動是真正有意義的。這個團隊設想出來的流程取了個很妙的名字，叫做「經濟變動查核法」（Economic Dislocation Audit）。它名字怪雖怪，卻是一套很正統、很有系統的方法。

首先要掌握的是，在這次的經濟變動中，該企業所經營的事業，也就是業種本身，受到了多少影響。某業種會因為經濟變動而產生位移的脆弱程度，主要是取決於兩個因素，也就是財務、營運面的彈性（內部變數），以及需要的增減（外部變數）。因此，必須先在由此二變數構成的平面上，找到該業種所處的位置才行。位於〔圖7〕右下角的業種，是特別抵抗不住這次經濟變動的業種；左上角的業種，則是相對上抵抗力較強的業種。

在財務、營運面彈性較大的業種，其特徵為：

(1) 變動費用比例高

(2) 資本密集度低

(3) 所需營運資金少

［圖7］業種矩陣

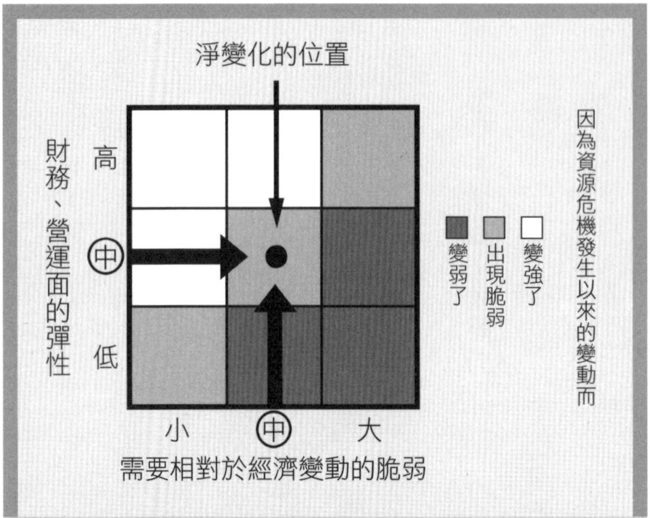

這是要調查因為這次的經濟變動，公司進入的業種出現了何種淨變化。

［圖8］公司（事業）矩陣

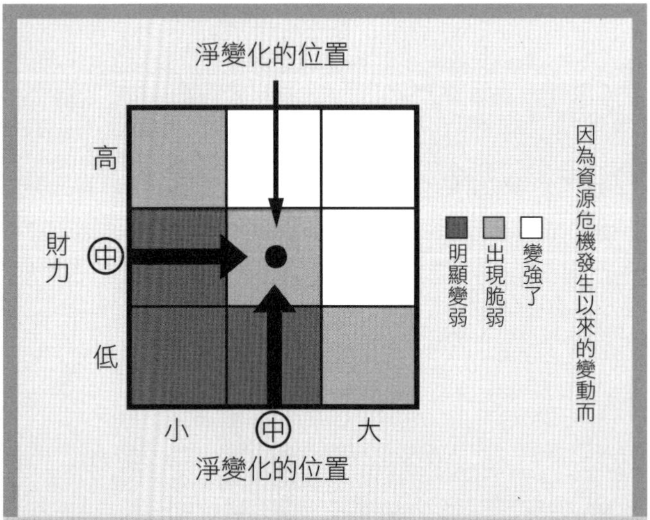

這是要調查經濟變動為公司競爭力帶來何種相對變化。

此外，易因市場需要的變動而受影響的業種特徵為：

(1)價格彈性大

(2)耐久財，要任何時候（重複）購買都行

(3)存在有等級較低的替代品

把與業種相關的矩陣〔圖7〕改成以公司為對象，就變成〔圖8〕。此時可讓其中一軸表示財力，另一軸表示市場競爭力。這樣，就能知道公司所帶有的脆弱性，會因為經濟變動而產生什麼位移了。

在這次這種狀況下，可判斷為財力較強的公司，有以下特徵：

(1)有穩定的正現金流量

(2)調度外部資金的能力很強

(3)自有資本比例高

此外，市場競爭力較強的公司，有以下特徵：

(1)市占率高

(2)擅於成本管理

(3)生產體系具柔軟度

(4)擁有特殊技術或獨自的銷售網（也包括加盟業者）公司在座標圖上所處的「淨變化」位置，是由業種矩陣以及公司特定事業矩陣合在一起而求得的（參見〔圖8〕）。

[圖9] 企業策略的方向

類型	企業策略的方向（例）
積極的成長策略	● 企業策略的方向（例） ● 為擴大基礎而進行之購併 ● 擴增設備、投資將來 ● 確保資源（人力、原物料、授權） ● 抑制價格、擴大市占率
選擇性成長策略（或稱靜觀其變）	● 重視市場策略 ● 改良產品 ● 提升生產力 ● 克制貸款
選擇性撤退策略 防衛策略	● 不賺錢事業之整理 ● 徹底減少成本 ● 避免風險 ● 重視現金流量 ● 配股增減
緊急生存策略	● 事業大幅重整 ● 盡可能刪減成本 ● 出售部分生產力 ● 避免投資 ● 停止分紅

視經濟變動所受損害的不同，所採取的策略方向也大相逕庭。

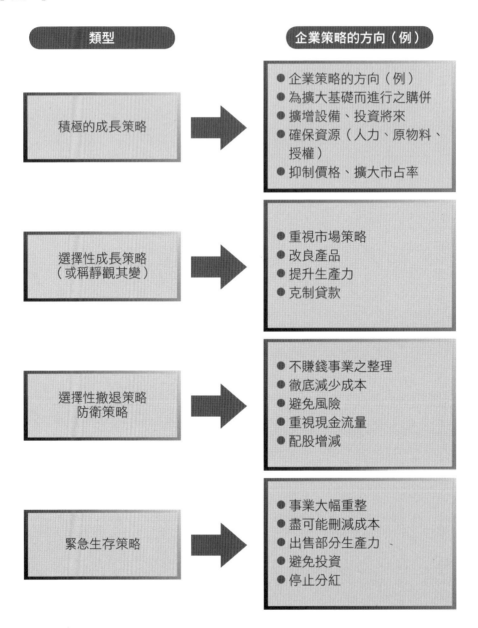

●短期內決定基本策略的方法

如此思考下，除了明暗的部分外，灰色的部分增加了不少，讓我們難以判斷到底所受影響是好是壞。此時就針對屬於該灰色部分的事業馬上進行更詳細的現金流量分析與事業潛力分析，把策略的指導理念分為「攻」與「守」來區辨。

此外，面對經濟變動時的因應時間，也視緊急度的高低分成了四大類（參見〈圖9〉）。而這四類也都可以再構思出幾種能呼應「what」的作法（參見〈圖9〉右側）。

目前這套緊急查核法，已在麥肯錫全球各分公司的客戶身上使用。在美國的部分已有電機生產大廠、連鎖超市、休閒用品製造商、清涼飲料業者、連鎖服飾零售店、樂器製造商等企業完成了查核，也已如預期，在短期內找到了基本策略方向。

這套方法只能算是診斷的前面部分而已，接下來當然就進入我們一直以來所進行的，傳統的企業策略諮詢工作。此外由於周遭經濟環境已大幅改變，

無論屬於何種類型，很多策略已經都馬上停用了。例如下面這些變化。

(1) 成本與價格的時間差距縮小（前置時間縮短）。

(2) 成本不再連結到營收（圓），而是連結到銷售量（台數、體積等）來掌握。

(3) 盡可能減少初期投資，並修正為以階段性方式訂定事業計畫，不要一次完成所有決策。

(4) 貫徹確保本業不墜之原則。

(5) 評估投資的方式由回收期間法PBP（Pay Back Period）那種曖昧的方式變成比較嚴格的現金流量折現法DCF（Discounted Cash Flow）。

(6) 在目前採用的事業計畫之外，準備緊急計畫作為後備之用，並預先設定好啟用的條件與時機。

(7) 預見通貨膨脹會持續下去，而努力留意延後做決策下使未來增加的成本與風險，掌握其狀況。

(4) 選擇的部分——which

最近，「產品系列的組合管理法」很受注目。因為它可以根據給定的制約條件（時間、資金、人力、技術、社會），在幾種可能做為事業的項目中，選擇「風險最小、利潤最大」的組合。該方法的內容我已再三介紹過，故在此省略。此外美國《商業周刊》在一九七五年四月二十八日那期也介紹了奇異電器在經濟變動後如何運用此一概念。

不過，若想把這套概念實際用來協助擬定企業策略，就必須充分收集資料，而且必須謹記，它並不適用於以營運部門為核心、想直接拿它來套用的那種既有組織。

歐美的大企業雖然也廣為使用這套方法，但真正能完全活用它的公司，恐怕只有寥寥數家。大部分企業都未能用它來取代既有的事業計畫法或流程，而只當成一種互補的、並存的流程而已。不光是美國，其他國家的企業，通常也都是直線管理者的能力較強，如何挖空心思把組合管理那種（有可能）以極度批判性觀點看待他們的方法導入企業營運，是最重要的。

非得做出「which」選擇的，還不只是針對產品系列而已。許多設備、設施之類的投資計畫亦然；這些投資一樣必須充分考慮經濟環境的變化。

例如，美國某製紙大廠計畫投資一座造價高達二十四億日圓、可以從廢水中回收賽璐璐的裝置（重油燃燒法）。由於這是製紙業有個鐵則「只要能提高賽璐璐的回收率，獲利度就會變好」，因此這一直都是一種理所當然的回收方法。然而，當重油價格翻倍，有時候放棄回收賽璐璐，反而能降低紙價。因此，此一設備投資計畫，就中止了。二十四億日圓的無效投資就這樣省下來了。

像這樣的問題，埋沒於公家機關或企業體系中的人，可能很難去發現。但既然石油危機的本質兩年半來已經十分明朗，再加上新價格體系的形成也是其重大特徵之一，因此也應該考慮到，選擇的部分（which）可能會因而產生不同的答案。

(5) 人的部分——who

●不夠用功的根源在於環境

在軍事戰略中，人的部分指的是能力、組織、士氣三項。在企業策略方面大致也是一樣，如果要評估執行部隊的戰力的話，只要把士氣換成心情就行了。

在能力方面，雖然以一般人的資質而言，能力之高不須懷疑能力，但尤其在最近，卻會聽到下面這些說法：「中階管理者心目中認為高階管理者失格」、「高階管理者認為中階管理者不足為用」。

也就是說，無論高階或中階管理者，都有不夠用功的地方。因此，各種用於開發管理能力的訓練方法，就變得極受歡迎。

然而，人類只有在受到極其強烈的刺激時，才可能光靠教育腦袋就改變其行動或思考上的習性。只要不是處於極限下的環境，無法一面感受到肉體上的強大壓力一面學習的話，是學不到什麼精華的。這意味著，剛才提到的「不夠用功」，問題根源並不在於「是否用功」，而在於環境。而且是這幾十年來，培養出管理者的那種環境。

有一種現象經常舉出來當例子：美國的企業員工可以獨自一人來與日本企業交涉，但日本的企業員工卻一定會以集體的方式為之；另一方面，日本卻也有松下幸之助、本田宗一郎、立石一真、盛田昭夫等戰後嶄露頭角的武士。這兩類的日本人，很明顯並不相同。其理由何在？不就是因為在面對環境時，你是採取「被動接受」，還是「主動出擊」，然後經過幾十年的時間，再具體展現於個人的能力之上嗎？

一九六〇年代前半，歐洲開始正視起自己與美國之間管理能力的差距。但現在卻似乎已無這樣的問題存在。雖然我並不認為在發展停滯的歐洲會有那麼多優秀的管理者，但歷史不長的商學院（特別是法國的INSEAD）出身的人，卻都在高薪之下前往大企業擔任要職。一方面是因為這種美國式的職涯發展愈來愈常見；另一方面，十年前還很少見的麥肯錫這種工作，現在卻與政界、金融界一樣，自然而然和空氣一樣，成為不可或缺的東西。

既然環境使然的能力無法在一朝一夕間改變，那麼就先讓脫穎而出的少數人組成協助高階管理者擬定策略的諮詢團隊（而不要以個別行動的方式），來因應這個困難的時代——這是說什麼都必須做的。

除此之外，還必須同時培養一群年輕有為、未來的準管理者，而且要盡可能個別管理他們，也就是要花心思提供他們可以獨當一面的環境。

●扭曲的事業部制

在「組織」的部分，其實無法與前述的能力問題切割開來探討。目前三十五至四十四歲這群工作能力最強的管理階層，都是在多數大企業採用「事業部」的制度後才進公司、過去十五年到二十年間受到事業部制度培育起來的一批人。

事業部制度固然對成長期的企業意義重大，但反過來從企業角度看，也不能忽視事業部制度有其「扭曲」之處。相對於松下幸之助、立石一真等人所體嘗過的「把企業當成一個整體去看」的環境，事業部只是企業的一部分，它本身並非企業體。特別是在資金調度與決策上，事業部制只能算是十分狹隘的世界。

就這一點而言，可以視為大企業在採取事業部制度的部分，在型態上會變成一種官僚組織。官僚組織的特徵在於，各組織的責任與義務定義得很狹隘，和有如心臟的中央機關（政府）之間的關係，僅限於預算與決算這兩條「動脈」和「靜脈」而已。預算的容許超出範圍是正負幾個百分點，評估的方式是看有沒有犯什麼錯。這種組織會有一種傾向，為了搶奪動脈中的血流量多寡而展開露骨的對抗，助長了派系主義的氛圍。

另一方面，行事自由的私有企業原本的特徵，就像松下幸之助、立石一真、吉田忠雄等人的傳記中明確提到的那樣，很重視「構想比組織重要」的理念，預算中可調的部分也顯著占去很大的比例，具有能視狀況變化迅速因應的特質。

此外，在這些企業中，專業領域並沒有變成一種禁忌，因此可以用人的頭腦思考事業的整體樣貌。所以它的特徵就是，產品企劃／製造／員工／庫存／資金／市場策略／涉外等事項，會以有機型態相連結。

●克服「官僚的心情」

如果我們把目前採行事業部制度的大企業放到「官僚型」與「私有企業」的兩個極端之間來看，會訝異於它的型態極其接近官僚機構。

而且還不只是型態而已，就連實質上也變得極其官僚起來。一個人若在這種機構待上十年，又要他的心情不會變得官僚，是太強人所難。

一旦心情變得官僚，企業就會僵化，無法以有機生命體之姿做出決策，而會變成手是手、左肺是左肺，大家各求自己的最適化而已。在這次的經濟變動中，除了超級優良的企業，大多數大企業都被（使用前面介紹過的「經濟變動查核法」來看的話）塗成了灰色或黑色。即便如此，大企業不但沒有提出治本的對策（事業重整／人力重整／組織大變革等），反而一副想要靠粉飾太平度過難關的樣子。這樣的現象，也只能說是大企業根深柢固的官僚心情使然。

不過，資本主義經濟下的歐美各國，已經比日本早幾年到幾十年走過這段路，展現出血淋淋的例子，說明這種傾向對企業生命造成的危險了。

現在的當務之急，並不在於熱心改變擬定企業策略的技巧或流程，而是改變其發想以及品質。為此，「克服官僚心情」，正是現今大企業的管理階層最大的課題。在此我想再次強調，這正是本節的主旨。

❶譯註：德川家族為避免其他大名（諸侯）在自己的領土祕密策反而建立的制度；各地的大名必須定期到江戶居住一段時間，原則上是一年。
❷譯註：即崇尚中國南宋時期理學大家朱熹的理念。
❸譯註：將一般平民分為士農工商等階級，由武士支配民眾的制度。
❹譯註：邊際效用遞減法則（The law of diminishing marginal utility）是指當消費者消費某一物品的總數量越來越多時，其新增加的最後一單位物品的消費所獲得的效用（即邊際效用）通常會呈現越來越少的現象。OVA法：請參考本書第一部「何謂策略性思考」一節。
❺OVA法（Overhead Value Analysis）是麥肯錫紐約辦事處的約翰・紐曼（John Newman）所採用的一種系統化方法，要求能左右一般管理費運用的極高層管理者提出其部屬對時間與經費的詳細運用狀況，並要他回答「假定我們要把這一項刪減百分之四十的話，有什麼方法能達成嗎」之類的問題。這些方法再由中央團隊交由相關部門檢討其適切性及任其陳述相反意見，進而謀求企業內部能有一致的想法。
❻譯註：這三句話是三菱集團的三大綱領，均為該集團第四代社長岩崎小彌太所言，分別代表「要對社會有貢獻」、「要光明正大進行企業活動」，以及「要以全球、全宇宙為視野推展事業」。

第3章 以策略性思考為基礎的企業策略

力量的相對變化

戰略這個字，指的是在戰爭中為達成勝利所擬定的計畫。所以首先非得有對手存在不可。因此，企業的策略也是一樣，大前提是有競爭對手的存在，接著才來摸索如何才能變得具有相對優勢，以及如何以最有效率的方式去達成。

「相對優勢」講起來好像理所當然，但擬定企業策略的人，卻未必真能在擬策略的過程中徹底列入考量。例如，我曾經看過一家市占率不高的家電製造商，產品的種類很多，但每項產品全都不賺錢。從它「家電製造商」的招牌來看，雖然產品種類確實必須豐富一點，卻不代表這家公司可以在與競爭者絕緣的真空狀態下做生意。也就是說，該公司並沒有注意到，某些作法即使在「只有自己一家」的「絕對」狀態下有其道理，但如果事實上是處於「尚有其他競爭者」的「相對」狀態下，就會出問題。

此外，該公司竟然認為，內部的產品系列之所以未能妥善規畫，原因之一在於「顧客有需要」。如果顧客真的那麼需要這家公司的產品，所有產品都應該有很高的市占率才對，所以這理由太過薄弱了。

結果，這家公司把自己原本就不多的經營資源撒到更多項目上，每一項分到的卻愈來愈少，最後全敗下陣來。該公司的獲利度之所以低落，是因為它完全沒有針對競爭對手建立自己的相對優勢所致。只要靠極其基本的常識，就能判斷。

企業策略是為了使公司與競爭對手間的相對力量產生變化而擬定的計畫，特別是要讓公司能更有效率地促成這種變化。但相較之下，企業體質的改善，就還是必須依照絕對標準來進行。例如，實施「價值分析」或「價值工程」（Value Analysis、Value Engineering）以降低成本、縮短應收帳款回收期間等措施。只要這些作法最後也能改善獲利、增加可用資金的話，能對競爭對手採取的策略，確實也會變得比以前多。不過，雖然有人因此把這些作法也當成是策略的一部分，但我卻認為，堪稱為「企業策略」的，應該是要直接能讓公司與競爭對手的相對力量產生變化的才算。應該與改善獲利、重整組織、管理流程、人才教育等營運面的改善區分開來比較好。

我之所以這麼想，最大的原因在於急迫度的不同。與競爭對手間的相對力量如果變弱，不但會危及企業存續，營收也會遭競爭者控制，使得公司無法再健全營運下去。戰略這個字原本就是戰爭用語。如果在與敵軍相連接的戰線上，相對力量有所消長，將會對我國帶來什麼樣的影響？這麼去想，應該就能明白了吧！在這種狀況下，營運方面的改善，就像是戰時的情操教育以及振興農業的活動一樣，只是內政上的舉措而已。雖然就國家整體而言確實不可或缺，但如果任何一項做得稍微遲了點，也不會造成致命傷。

我之所以認為應該把策略與改善分開來看還有另一個原因：二者的用腦方式不同。我認為：「強烈感受到競爭者的存在，而想確保相對優勢」和「針對某絕對目標進行改善」，需要的是不同的動腦法。此外，適於執行這兩種工作的人，性格也大不相同。前者需要的是鬥犬般的性格，後者則是需要蜜蜂般的性格。

我自己由於出身九州，所以特別熱血沸騰。和委託我幫忙進行各種改善比起來，客戶若委託我幫忙擬定策略，我會高興得多。當然，麥肯錫是一家以顧問為業的公司，內部改善的專案，風險會比策略的擬定要小，所以在接案的時候，還是必須在二者間取得均衡才行。但就我所見的範圍內，會進來麥肯錫這種公司的人，多半都有獨來獨往個性，爭鬥心都十分旺盛。看起來，如果放手讓同事們自由選擇，那些關於策略擬定的工作，應該會是最受大家歡迎的類型。

讓對手無法跟上的三種方法

各位已經了解企業策略的定義了。它是一種「規畫自己與競爭對手間相對力量關係的作業」。接下來，我想從方法論的角度探討一下，該採取什麼樣的方式，才能使相對力量產生變化。

據我所知有關這方面的論點，全球還沒有人把它完全系統化。因此，我會根據自己有限的經驗擅自進行探討，請各位仔細看看我的說法有哪些不夠成熟的地方，進而構思出更出色的企業策略方法論。

首先，我為有三種方式可以讓與競爭對手間的力量關係產生變化。

(1)在分配經營資源時，比對手更注重「重要項目」與「次要項目」之間的區別，讓公司的市占率與獲利度居優勢——在同一產業中，如果做的事和競爭者完全相同，相對力量將不會有變化。因此，應找出該產業之成功關鍵因素（ＫＦＳ），集中經營資源於其上。這樣，即使處於同一產業，即使經營資源的數量並未增加，仍然能夠勝過競爭者。因為資源都花在刀口上。這種方法，我稱之為「ＫＦＳ的企業策略」。

(2)有時候，在與人有所競爭的產業中，公司並不具備有利的相對條件，競爭者在ＫＦＳ方面的策略也很相似。但只要其他部分的競爭條件並非百分之百相同，公司仍然能居相對優勢。例如，公司擁有一些未與其他業者有直接競爭的產品。若把這些產品的技術、銷售網、利潤等等，都妥善運用到競爭性的產品中，就能利用雙方在資產上的相對差異而居優勢。這種方法，我稱之為「相對優勢的企業策略」。

(3)即便在同一產業中相互競爭，但只要能找到不被對手跟隨的新發展路線，仍可使競爭相對有利於自己。這裡講的「新路線」，可以是市場開拓面的，也可以是產品開發面的。總之，這種策略是要發掘對方沒有做的事來做、積極殺出一塊市場來。這種方法，我稱之為「發展新路線的企業策略」。

這三種方法，仔細想想雖然理所當然，但著眼點卻是要在同一領域中從事對手所不做的事。如果只是純粹的削價競爭，對手也能輕易跟進，勢將嚴重影響到業界的獲利性，等於是自掘墳墓；而為改善獲利性而過度刪減成本，又會損害到消費者的利益。

由於這三種擬定策略的方法可以讓對手難以追隨，同時又能擴大自己的相對優勢，其目的在於讓競爭轉為對公司極其有利，以下就一一詳述這三種策略。

1. KFS的企業策略

產品系列的組合管理（PPM）好不容易成為日本大企業所接受的一套方法。這種前所未有的發想方式有個特徵，就是能考慮到多樣化產品事業間是否均衡。之所以要考慮產品事業間的均衡，其根源在於各產品事業都有自己的個性，而且用於培育產品的經營資源（人才、資金、原物料、時間等），也都很有限。如果所有產品只是同一樣東西的集合，也就沒有什麼均不均衡的問題；資源如果無限，所有事業就都可以無限擴增，也根本不必擔心成長時的均衡與否。

經濟的「低成長」最大意義在於，至少對企業高層而言，如果產品間缺少均衡，將會大幅損害到收益的結構與公司的成長性。如果高度成長能持續，即使略有不均衡之處，發展順利的事業仍可彌補發展不順的事業之不足，發展不順的事業也仍有改善的機會。但處於低成長的環境中，均不均衡就會變成多元化企業、電機製造商，以及機械製造商所必須面對的問題了。

因為多元化企業為什麼能透過多元化而獲得好處？其原因在於，人才、資金、時間等基本經營源有剩餘所致。如果資源沒有剩餘就多元化，恐怕後來新開發的那些多元化事業，都很難成功吧！如果新開發的多元化事業僥倖成功，本業恐怕就難以有好的發展。在成長停滯的經濟下，基本經營資源並無剩餘的公司如果投入多元化，風險很高。這是因為，新事業帶來的現金流量要由負轉正，必須仰賴來自本業的支援。不景氣下，本業自己的資金周轉都已經減緩下來了，如果還扛著食欲依然旺盛、猛吃資金的新事業，必定會成為公司的沉重負荷。

這種無法分散企業風險的多元化，只有本業資源充足的公司才有本事去做；資源吃緊的公司即使一次只投入一點點人力或資金，希望能漸漸達成多元化，成功的可能性依然很小。事業機會這種東西，並非一點一滴慢慢證明它能成功，而是要在認同它風險很大的前提下大膽擴大事業，才會有利（至少統計起來是這樣）。「事業機會」就像金礦一樣，世上有高達幾萬的企業家不斷在挖掘它。從常識的認知來看，很少會有那種極為隱密、只有自己發現、只有自己埋頭挖掘的礦藏存在。

因此，一旦發現事業機會，就有必要一口氣把它挖出來。而這正是缺乏財源的冒險家之所以難以成功的原因。我們聽過許多冒險家的成功故事（卡西歐、Duskin），但也別忘了，在我們聽到的失敗故事（日本熱學、興人）❶或坊間流傳的八卦之外，還有更多不為人知的悲慘例子存在。

即便是一家本業仍有餘力的公司，也不能保證多元化就必然成功。新日鐵、普利司通、豐田、麒麟啤酒、三得利等寡占企業的多元化事業，目前為止實在很難說已經成功，在不久的將來可能也很難成功。

因為這些企業所進入的新事業，其「成功關鍵因素」（KFS, Key Factor for Success）與本業的KFS並不相同。不然就是因為新事業領域的領導業者已掌握了KFS，沒有理由輕易讓出。當然，還有很多「賺太多」的公司是出於不純正的動機（高層以好玩的心情亂投資、逃稅）才多元化的。即使企業高層一本正經地下令要多元化，但公司卻不是從上至下都想要再賺那麼多錢，結果往往會連克服風險所需要的全體共識都達不到。

(1) 進入新市場時應考慮的KFS

也有一些企業，全體成員在精神上都支持多元化了，在策略上卻沒有共識，也就是掌握不到KFS。這又是為什麼？〔圖1〕是一份關於購買渦輪時考量因素的市調。現在假設有家發電用渦輪的製造商想利用這樣的趨勢橫向發展渦輪技術。

如大家所知，發電所很怕突然斷電，所以對發電用渦輪的可靠度當然極為重視，不惜花再多的錢提升其可靠度。此外，由於重油價格攀升，發電效率也成為事關電力公司盈虧的敏感因素。即使效率只是少個百分之一，可能就難以與人競爭；相對的，若能考量到這兩項KFS，而不對初期成本設下太嚴苛的限制，將可在發電所蓋好後節省後續的營運資金。

此外，在比較核能發電與火力發電之間的替換成本時，都是以千瓦／小時來討論，所以較擅長發電用渦輪的製造商，將可在「發電效率」與「可靠度」兩項KFS上徹底占上風。

〔圖1〕買渦輪時應考慮項目的重要度

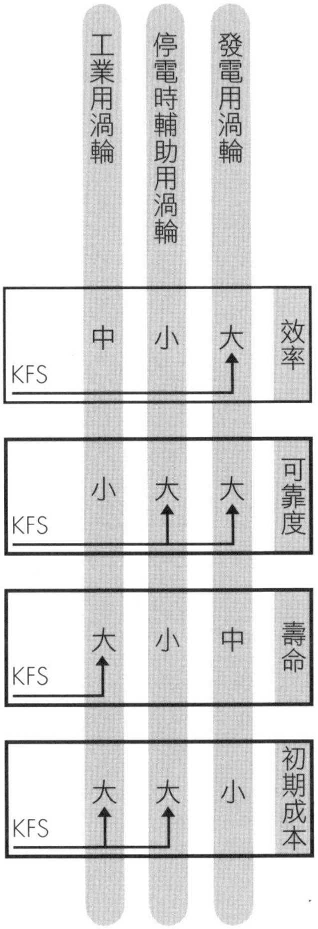

產品相同、目標市場區隔不同的話，有時候KFS會出現很大的差異。

那麼，在發電所的建設式微後，想投入事業多元化的重電業者，如果要求工程師使用同樣的渦輪技術，設計出目前流行的「停電用小型備用發電渦輪組」的話，會不會有發展呢？這些工程師一向都以發電效率與可靠度為主要考量，因此無法犧牲掉這兩項因素。明知新市場的初期成本必須控制，他們還是很容易過度設計。這原本應該是由企業高層或營業部門來強制要求他們改變想法，但通常還是會由設計這一端來主導想法的轉換。

如果把過度設計的產品供應到初期成本很重要，但發電效率不那麼重要的市場中，會出現什麼狀況呢？想當然耳，過度設計的部分如果反映在價格上，這產品將會滯銷。反之，價格如果和其他競爭者差不多，將會使營收大幅惡化。進入新市場時，如果未能詳加考慮KFS，後果不堪設想。同樣的現象，也會發生在工業用渦輪上。產品和市場就像鑰匙和鎖一樣，組合錯誤的話，就打不開營收之門。我之所以不用「行銷」一詞，而以「產品・

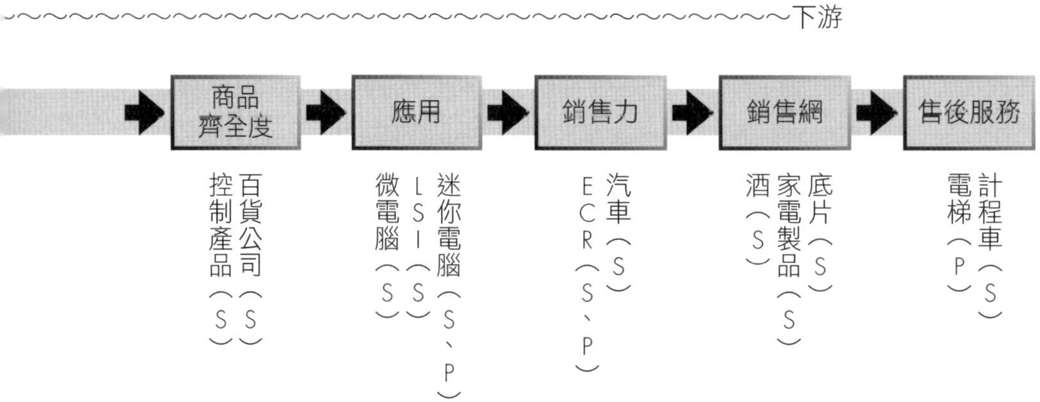

市場策略」稱之，也是基於這個道理。

(2) 拆解企業活動、掌握ＫＦＳ

ＫＦＳ極其重要，所以我再舉幾個例子讓各位練習抽取策略要素。首先，請各位看看〔圖２〕。製造商的上下游都有幾個流程存在。事實上，在考慮某家企業的事業ＫＦＳ時，我們無法判定，關鍵是否在於該企業直接從事的項目上。因此，我們必須從頭到尾考慮從原物料到售後服務為止的所有要素。一般來說，掌管某一事業的負責人，由於所有與事業相關的要素都在腦中複雜地交錯著，所以通常很難把自己的事業切分成不同步驟來思考。

不過，我認為再怎麼複雜的事業，一定都存在著一套流程，可以切分成相對而言較簡單的不同階段。〔圖２〕所切分的階段當然無法套用到所有事業上，而只是就我所想到的，從上游到下游為止挑出來的幾個階段。

[**圖2**] **企業活動的階段與KFS**

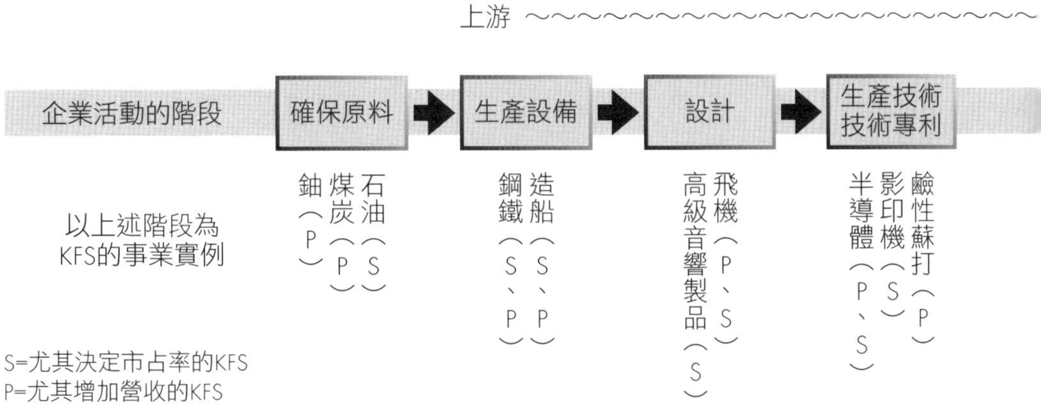

各產業都有不同的KFS，對營收或市占率帶來莫大影響。

●原物料

例如，咖啡豆就是一個只要能確保原物料，就決定在業界獲利能力的例子。全球適於栽種優質咖啡的土地，只有巴西等極少數地域而已；還有，咖啡豆的生長效率，最重要的就是看土壤與日照量。也就是說，在某個地域確保多少咖啡豆，就能大幅左右你事業的獲利度。只要能掌握特定地域的咖啡豆，就等於一開始就有優於他人的勝算了。

同樣的狀況也適用於石油。和咖啡不同的地方在於，石油的開採權有決定性影響力的，比較不是獲利度，而是市占率。像石油那種實際井口（well head）價格只有市價六分之一的東西，利潤比較是在中間階段決定，倒未必是確保原物料就能確保利潤。

他們寡占的態勢之所以不易瓦解，是因為他們那些能取得利益的權利寡占化了，而非取於末端加油站店數的多寡。但鈾與煤炭就和石油不同了，雖然它們也是燃料，但獲利度卻會因為礦藏的品質而大不同。

●生產設備

KFS在生產設備上，是製造中俗稱由「規模經濟」（Economies of Scale, EOS）所支配的產業，也就是像造船或鋼鐵等產業。在這些產業中，掌握最適規模（通常是大容量的設備）的業者，就能同時享有市占率與利潤。當然，這樣的產業如果變成需求愈來愈少的萎縮性市場，規模經濟愈大的業者，受傷就愈重。這類產業的風險會受景氣的變動所左右，即便在景氣好的時候可以享受高市占率與高利潤，但在景氣變差時未必就是好事了。不過，在賣方市場中，

KFS是在生產設備上，這一點倒是沒有錯。

設計

飛機製造業就是一種KFS在設計階段的產業。製造飛機的工程師群是很難培養的，但只要培養出來，就會成為公司的強大武器。波音公司生產的飛機在民航業界暢銷、市占率大幅成長，就是因為他們有一群出色的工程師〔圖3〕。福克（Fokker）、德哈佛蘭（De Havilland Aircraft）、彗星（Comet）等飛機之所以能風靡一時，設計者也占了很大的因素。此外由比爾・銳雅所設計的REA-JET以及池田研爾所設計的三菱MU-2渦輪推進機等產品，之所以能獲得高市占率，也不是因為銷售力，而是因為設計力。

同樣的，音響產品愈是高級，設計就愈成為KFS。外型稍微有所不同，或是頻率特性上的些微差異，就會大大影響到消費者的購買決策。若無這樣的設計技術做後盾，只一味讓業務員推銷產品，或是砸錢打廣告，還是無法改善市占率或利潤。

生產技術

鹼性蘇打就是一種KFS在生產技術的產業。採水銀法、隔膜法、離子交換法等不同方式生產，會使成本大不同。再加上市場價格沒有太大差距，所以採何種方式生產，就大大左右了利潤的多寡。

在這樣的產業裡，關鍵在於如何在可能取得的技術中挑選成本最低的一種。如果以採用水

[圖3] 波音公司1999年左右的成績

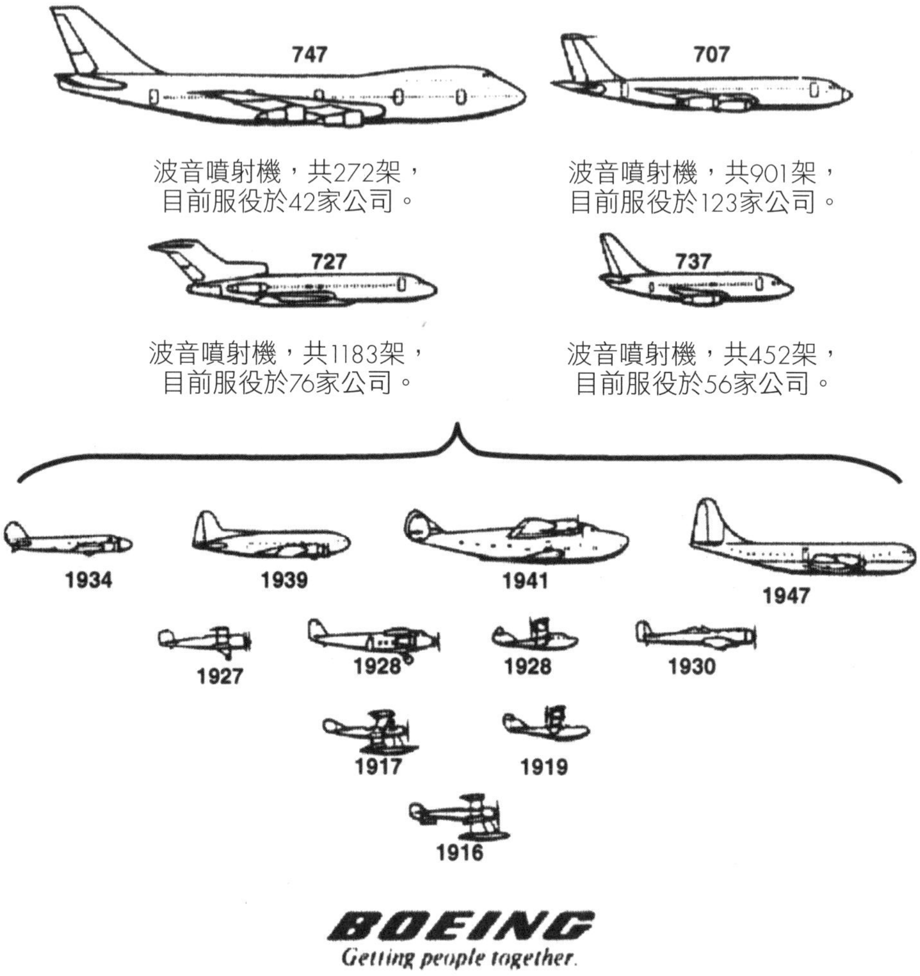

一旦形成優秀的設計團隊，就能不斷推出暢銷商品（此為波音公司對日本市場所做的廣告）。

銀法為前提，不管怎麼努力，對收益的改善還是不會有太大幫助。平板玻璃的浮式生產法問世時也出現過同樣的狀況，它把成本降到大幅低於原本生產方式的水準，根本比都不用比（和日本與美國間比賽游泳一樣）。

半導體產業的有趣之處在於，生產技術（主為製程時間及良率）會對利潤造成決定性的差異。價格領導者會巧妙地把這種差異運用在定價策略中，因此掌握這種技術的業者，一般而言就會變成市占率第一。當然，如果是積體電路（LSI），會因為晶片大小這種設計技術上的差異，而使利潤差距拉得更大。但如果是像離子植入法（ion implantation）這種仍不成熟的生產技術，可能競爭力就會比較不夠。日本的一流製造商，目前正爭相提升自己的生產技術，以生產與液晶顯示器並用的C-MOS或記憶體用的N-MOS等積體電路。

技術專利

目前的影印機，已經會因為所使用的技術而大幅左右市占率了。隨著全錄公司的靜電複印技術（乾式複印法）專利到期，理光公司的產品「RICOPY」所採用的知名技術「濕式複印法」很快就衰退了。

此時對全錄公司來說，專利就是KFS。雖然過去該公司是獨占，但也因為獨占的高價政策，才得以讓RICOPY那種便宜的複印法存在。一旦專利到期，產品採普通紙乾式複印法（PPC）的公司（例如佳能、柯尼卡、理光等）就急速增加。而一旦普通紙乾式複印法的低價競爭一展開，不但濕式影印機的市占率不保，連全錄公司的市占率也大幅下跌，真是十分諷刺。這表示，普通紙乾式複印法的KFS，已經變成「影印品質」以及「每個月持續使用的成本」了。

因此，在我們進行有關影印機使用效益的調查後發現，如〔圖4〕所示，當機器價格因競爭而往下跑（箭頭①）時，普通紙乾式複印法與濕式複印法的交點位置，也會急速往左跑（箭頭②）。這表示普通紙乾式複印法的使用者急速成為主流（箭頭③）。今後，業者之間應該會以「機器價格」這個KFS為中心，展開激烈的競爭吧！

●商品齊全度

商品齊全度既是控制產品（繼電器、計時器、開關器）的KFS，也是標準化零組件（螺栓、電晶體、冷凝器）的KFS。只要看看購買這些東西的資材部採購人員，以及指定這些產品的工程師的舉動，就能了解原因。他們在採購的時候，會先決定需要什麼樣的功能或性能，然後再從手邊的目錄中看看世上有沒有產品符合需求。採購人員或工程師最先會去看的目錄，都是來自於自己平常最常往來的廠商——那通常會是業界最厚的目錄。不知為什麼，以機率而言，人常可在比較厚的目錄中，找到更多符合「特殊需求」的產品，所以會先去看比較厚的目錄，一旦自己想要的零組件出現在目錄中（如果世上有供應商把那樣的零組件當成標準品的話，那麼厚的目錄，出現的機率最大），就不會再想去看其他的目錄了，而會直接指定這家供應商，寫下自己要的零組件編號。於是，目錄較厚的供應商，市占率就上升了，而目錄較薄的供應商大多都會著手「重整虧損品項」，而使目錄變得愈來愈薄，造成強者益強、弱者益弱了。

［圖4］影印機的經濟效益

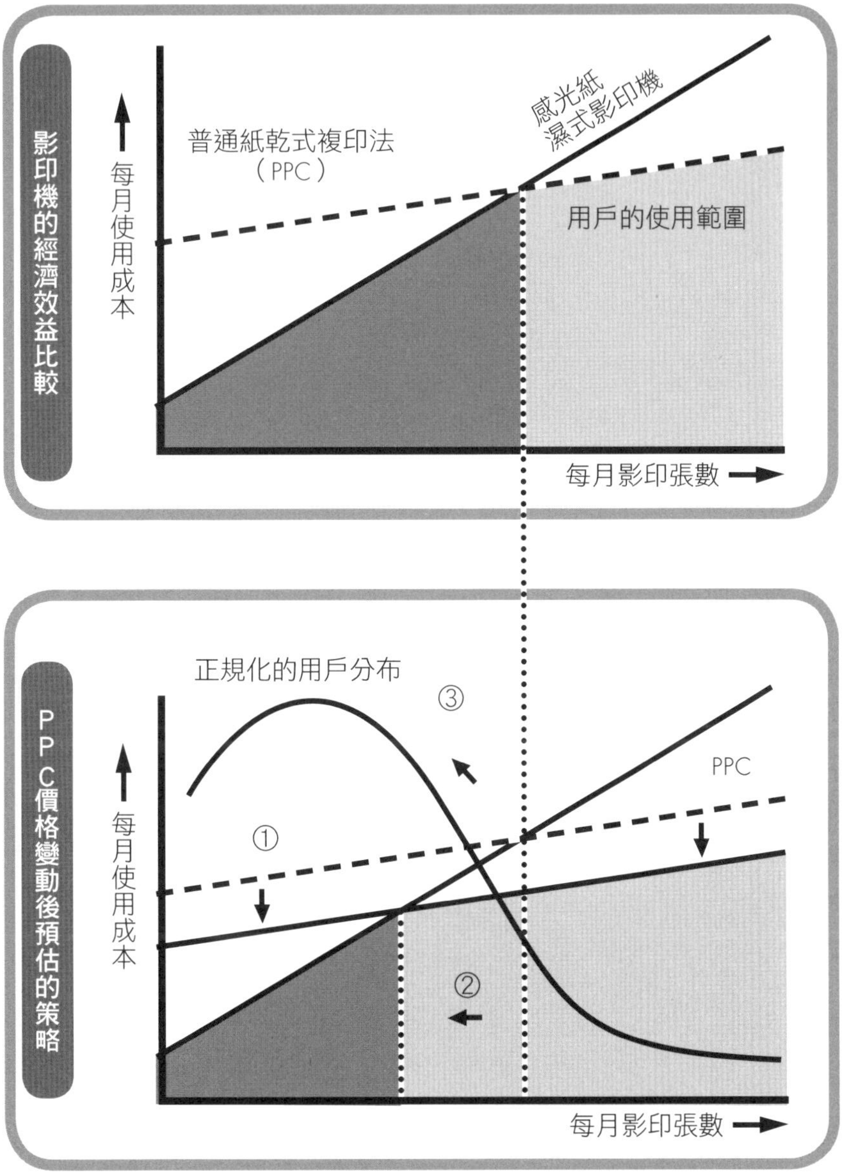

① PPC價格下滑　② 使用範圍擴大　③ 小規模用戶激增

在這類產業中，若有供應商單獨推出一種突破性的新零組件，成功的可能性也是很低的。因為，為了讓所有設計者、所有採購人員知道有這麼一件東西的存在，就不知要花費多少成本，更別說要設定售價來反映這樣的成本了。

反之，如果無法讓世上的人知道有此產品的存在，就很難衝高銷售量。這就是零組件供應商之所以很難單靠單一明星產品生存的原因。

所以最聰明的作法，應該是在偶然出現傑出產品時，以比較高的價格為那些產品較齊全、目錄較厚的供應商擔任OEM（Original Equipment Manufacturer，原廠委託製造）。這樣就可以讓更多人看到產品，而大大提升銷售量。

百貨公司與超市的自然淘汰機制也一樣，在在反映出「商品齊全與否」的KFS。看看西爾斯百貨那種厚到不行的精美目錄，再看看JCB經常寄來的薄薄郵購目錄，實在很難不讓人覺得，好像在賣以前那種見不得人、只能私下宣傳的「增高機」一樣。在美國也是，雖然做郵購的不只西爾斯，但厚厚的商品目錄就是會愈來愈厚，不難想見該公司很快就會拉開與後發業者間的差距。

應用

最近普及化的消費性電子產品，KFS多半都在「應用」的部分。例如，小型電腦現在已經和電晶體收音機一樣，誰都有能力製造了。這使得大部分具備積體電路技術的公司，包括大型與中型電腦製造商、電子式收銀機（ECR）製造商、計算機製造商、通訊器材製造商等等，全都先後加入戰局。產品價格也跌破五百萬日圓，變成幾無利潤的生意。講難聽一點，在這個已有近二十家公司蜂擁而至的產業中，能夠提升利潤的業者，恐怕屈指可數。

為什麼呢？這產業的KFS並非產品本身，而在於應用軟體的數量與品質。只有能稱霸這個部分的業者，才能增加市占率、提升利潤。順便一提，每增加百分之一的市占率所需要的應用軟體工程師，高達一百人之譜。因此，要想在迷你電腦業界成功，擁有出色產品只能算是拿到入場券而已。能否深入了解與電腦毫無瓜葛的「發票處理」、「庫存管理」等用戶端需求，才是顯著影響競爭勝率的因素。

市占率增加後，就能負擔用於一筆固定費用，來培養通曉用戶端業務知識的應用軟體工程師。因此，從用戶端來看，會覺得你所派的顧問相當了解他們的業務應如何電腦化。其他業者派出來推銷產品的銷售工程師，就不會是你的對手了。市占率的業者即使想如法炮製，也會因為固定費用過高而無利潤；反之，如果不想花錢培養大批工程師，而只由少數銷售工程師每人負責用戶端不同產業的話，勢必只能吸收到粗淺的用戶端知識，而在與一流製造商的競爭之中敗下陣來，使市占率更加惡化。這類產業也是一樣，有強者益強的傾向。真正的原因，就在於是否具有發展應用軟體的能力。客製化的積體電路，或是最近受到矚目的微電腦，獲得市占率與否的KFS，也都在於應用上。

這樣的傾向，大型電腦業界最早認同。IBM的說法是：「我們是賣服務，不是在賣電腦。」該公司的產品和康大（Control Data）、漢威（Honeywell）等公司比起來雖然沒有特別出色，但在周邊設備或支援軟體、應用軟體等層面，卻是獨領風騷，而成為該公司獲得市占率與利潤的關鍵，這是大家都很清楚的。

銷售力

有很多產業的KFS都在於銷售力的差距上。如果有人問你「為什麼各業者的市占率會不同？」大部分人應該都會回答「因為銷售力高低有別」吧！誠然，在汽車等產業中，完全就是這樣。任何人看到東洋工業或三菱的車，應該都不會覺得在品質上輸給日產或豐田的車；很多人甚至十分稱許三菱的引擎。但從實際市占率來看，根本不能以「有差距」來形容了，而是完全朝日產與豐田兩家公司寡占的局面發展。這樣的差距，很明顯來自於銷售力。所謂的「銷售力」是數量與品質的乘積，而不只是數量的問題。事實上，我們不得不承認，銷售人員的執著與熱情，或是管理流程能否讓這種精神層面的東西持續下去，正是造成差距擴大的原因。很多人都說，「只要一通電話，豐田的業務員會馬上飛奔而來」，我自己也有過這樣的經驗。

類似例子在電子式收銀機（ECR）業界也看得到，幾年前，東京電氣（TEC）挾ECR產品，試圖以低價切入原本由安迅（NCR, National Cash Register）公司所獨占的收銀機市場時，恐怕任何人都覺得該公司的攻勢難以長久吧！任誰都會覺得，安迅公司的電子化產品一旦成功，就能藉由壓倒性的銷售力重新席捲市占率。因為，TEC本身的銷售力，充其量只能達到約莫百分之十的市占率。然而，安迅公司終究未能重拾原有市占率。TEC的銷售人員遠比安迅少，卻到今天都還維持住逾四成市占率。原因在於，業界的KFS是以「量×質」來計算銷售力，也就是要一間間徒步去拜訪零售點才行。因此，萬一TEC的業務員失去了像今天那樣的精力，每天的拜訪家數不是目前的幾十家，而跌至業界平均的十幾家，或是不願接受有功必賞、有錯必罰的激勵計畫，而一味追求安穩的生活與職位保障的話，TEC根本不可能維持今天這樣的高市占率。該公司會變成必須採人海戰術，也就是以量取勝，但這方面卻又是安迅占上風。安迅公司曾因為擔心日本市場一面倒向ECR而影響到全球市場，還把原本擔任日本安迅總裁的安德森調回美國總公司擔任總裁，要他帶頭指揮作戰，這件事至今令人記憶猶新！

●銷售網

說到KFS在銷售網的產業，最為大家所知的就是家電產品。目前，松下、東芝、日立這三大業者，就控制了家電產品銷售通路的七成。在這種狀況下，其他業者很難在一朝一夕間就突破其銷售網。成功突破此一銷售網的代表性例子，是新力與先鋒兩家公司，但二者都是靠單一產品決勝負的，而且二者都把產品的特出之處在媒體上大肆宣傳，讓大眾有深刻印象，亦即採取「需求拉動」式的方法，提高消費者指定購買其品牌的機率。重點在於，如果KFS是「銷售網」，要想予以突破，就必須要有足夠出色的產品，而且還得透過「促銷投資」讓消費者知道產品的優點所在。只要此一嚴格條件有任何一項無法滿足，會很難成功。為對抗這類專業後發業者的「蠶食戰術」，現在，製造商為了增加連鎖經銷商的忠誠度，已經改採「回扣制」計算經銷商的毛利，而轉變為一種光靠單一產品很難突破的新機制。

另一方面，像酒類產品或底片業那種批發商或中盤商比較強勢的業界，選擇哪家批發商（或說請哪家批發商幫忙流通），就決定了勝負。例如，富士軟片之所以能有壓倒性的優勢

（市占率約六成），就是因為流通業界最強的五家批發商都掌握在該公司手中。其中有家叫淺沼商會的，幾年前富士軟片還因為要求該公司不要幫柯達賣產品，而與柯達之間發生不愉快。這正是圍繞著KFS的一場活生生的好戲。富士採取這種強勢戰術，相當正確。為此，淺沼變成了富士軟片的專屬盤商，柯達公司被迫進入必須培育弱小盤商的長期戰。柯達必須在人生地不熟的日本針對堪稱結構特殊的複雜流通機制進行徹頭徹尾的改革，實在讓人不得不說該公司的前途凶險。這與家電業者的例子是一樣的，柯達唯一的希望，就是推出顯著不同於前的產品，以及透過排山倒海的廣告與宣傳活動，讓消費大眾知道這種產品的存在。事實上，大約在兩年前，柯達就是以此為目標而打算推出「超微粒子底片」，但櫻花、富士等業者卻都在事前掌握這項消息，很順利地在市面上推出同樣的產品，而且獲得成功。柯達接著推出來的，恐怕不會是強調粒子的產品了，而是要徹頭徹尾提升底片的感光度。例如，底片如果能做到ASA（譯按：美國標準協會）感光度提升到四百，色調與粒子也不會變差的話，就可望大幅減少因手晃而造成的拍壞情形；而在使用即可拍相機時所拍照片必須放大的狀況下，料想也依然能保有這種優勢。因此，柯達除了培育出屬於自己的特約經銷商，以求達成KFS之外，還必須設法在市面上推出自己特有的躍進式（策略上大幅跳躍）新產品。

此外，知道自己的強項在銷售網的富士軟片，則應該會強化與特約店之間的關係，不讓其他業者有可趁之機吧。由於此時要力求讓特約店成為夠分量的通路，所以比較聰明的策略，應該是讓這些店家也經銷底片之外的其他產品。

一家公司處於這種狀況下，就必須抵擋得住任何業者都碰過的「直營的誘惑」。萬一特約經銷店稍微感覺到你疑似想採直營的方式，不但很容易轉而投向櫻花或柯達的懷抱，在心態上也會變得難以長期穩定維持混合式的銷售型態（在直營與代理店兩種通路間維持適當比例的銷售方法）。反之，正因為第二名以下的製造商只能安於較為弱小的盤商，才更有必要以直營做為根本性的策略，來撂倒具有壓倒性優勢的第一名業者。之所以如此，是因為只要經過計算，往往可以發現，與其仰賴那些效率較差的代理商，不如自己直營還比較划算。無論是管理團隊的管理能力或雇用條件，或是業務員的素質與管理，一流製造商自己跳下來做，都會比交給二流的盤商來做要好很多。

基於這樣的理由，在KFS是銷售網的產業中，今後應該會有愈來愈多第二名以下的製造商，會為了大幅縮短與第一名之間的差距，而採取直營的作法。此外，任何較為小規模的業者，如果不採這種作法（下游垂直整合），與一流業者間的業績差距，將會愈來愈大，陷入衰退的困境中。

●服務

最後來看一下KFS是「服務」的產業。最為人所知的就是像電梯那種一發生故障，代價就極其昂貴，或是會大幅降低形象的產品吧！如果電梯出現會卡在樓與樓之間的故障問題，業者並不能因為自己的市占率低，就修理得比別人還慢。業者除了必須發展全國電梯銷售網外，還必須同時認知到，自己有必要投入一筆固定投資，來建立能與一流業者匹敵的細緻服務網。

營業用車輛（計程車、推土機、卡車、堆高機、農業用拖曳機等等），也或多或少都有相同的傾向。誰要是能握有服務網，就能稱霸天下。反之，暫居下風的業者如果搶先投資了超過現有銷售規模的服務網，將會成為收益上的一大負擔。

此時，暫居上風的業者應該多多以服務為賣點，而落後的業者則應該集中在特定區域發展，不要急著擴大為全國網路。這是因為，若集中於特定區域內銷售，早晚都能在該區域內稱霸，而取得與頂尖業者並駕齊驅的市占率；再者，區域性的服務網，也可以在當地做最有效的運用。

日本的營業用車市場，基本上已經成熟了，幾乎沒有什麼成長的空間。因此，銷售會比較少來自於新需求，絕大多數會來自於替代性的購車，或是想要再買一台的消費者（例如卡車市場中，新購車的消費者所占比率只在百分之十以內）；服務出色的業者，將因而有更好的發展。和新買車的消費者比起來，這類型的替代性消費者，只要服務能讓他們滿意，幾乎都不會改買其他品牌的產品。在已經成熟的市場中，市占率之所以很難出現變動，主要是變動的代價很大。

因此，對於居下風的業者而言，要採取的策略應該是集中於特定區域的發展，絕對不要讓經營資源分散掉。反之，居上風的業者，則應該採取干擾策略，徹底跟進對方、盡早找出居下風的業者想集中發展的區域，然後在當地投入與對方相同投資，別讓對他在那裡發展出相對於自己公司的優勢。這樣的話，對方就無法取得投資應有的收益而陷入困難。因此對居上風的業者來說，來自銷售第一線的情報極其重要。一不注意，別人可能就會在特定區域蠶食掉你的市場，進而發展為良好的收益結構，而成為一大威脅。

雖然沒有談得太細，但我還是概略探討了各種KFS。在擬定企業策略時，並無必要完全掌握從原物料到服務為止的所有階段。如果每個階段都想取得壓倒性優勢，就算有再多經營資源，也不夠用。無論你身處何種產業，一定都能透過完全稱霸其中一個或兩個階段，而在業界取得相對性優勢。有趣之處在於，企業都是暫且先以這種粗略形式取得領先地位，之後才利用身為領導者的收益結構，慢慢鞏固剩下的其他流程。這麼做，會更快接近成功。看看現今的寡占企業，全都是在創業初期就針對KFS採取大膽的策略。反之，那些屈居下風的企業，乍看之下所做的事和領導者沒什麼兩樣，但在最關鍵的KFS，卻做得很隨便，往往不夠徹底，也不夠執著。

光是知道KFS，仍無法取得成果。要想贏，就非得針對KFS承受某種程度的風險、毅然決然投下賭注不可。這樣的賭注，我們稱之為「策略性判斷」。要想在嚴酷的企業競爭中占優勢，它是非通過不可的關卡。

(3)捨棄僵化部門

開始我曾提到，電器製造商或機械製造商的事業，存在著事業的發展均衡與否的問題。事實上，這幾類業者的事業，存在著很多誘惑。如果任何名稱中有「電子」的東西，全都要做的話，經營資源勢將分散到占日本GNP三分之一那麼多的事業領域中去。名稱中有「機械」的東西也一樣，如果經營者想涉足任何關於機械的事業，就算你的資金和石油生產國的國王一樣充裕，還是一樣做不到。

由於日本的經濟成長過於快速，再加上在經營資源上沒有受到太嚴酷的限制，那些大企業恐怕都沒有思考過，每個產業都有它自己的生命週期，也都有它自己的KFS，所以事到如今，他們會變得連重新調整自己腳步的餘裕都沒有了吧！在這種狀況下，企業應該優先發展自己已緊緊掌握KFS的事業，或是幾乎已盡收掌中的事業，然後整理掉競爭對手已緊緊掌握KFS的事業，以及公司必須耗費許多時間與資源才能與對方平起平坐的事業。

也就是說，應該讓重組事業，使其整體取得新平衡。這恐怕是唯一的一種方法，能讓那些多樣化、多元化的企業透過健全的資金流動來強化自己的體質。如果只因為不景氣或低成長就刪減固定成本、千篇一律地縮小經營規模的話，只會阻礙到成長的契機。我認為，應該由企業的管理高層以自己的意志做出更多關於事業的抉擇，讓事業不管在成長策略、獲利策略或撤退策略等方面，都能變得比以前明確，才能讓企業找回自己的活力。

2. 相對優勢的企業策略

對那些與ＩＢＭ或豐田汽車交手的公司而言，最討厭的事情是，這幾家公司不但銷售力強，資金還很充裕。萬一雙方正面衝突而陷入價格戰，應該沒有公司有足夠的體力能耐得住與這幾家公司做持久戰吧！但更令人困惑的是，公司雖然沒有與這些業者在他們的主業中交手，卻和這幾家公司在他們視為副業，或視為多元化領域的產業中交手。

例如，對全錄公司而言，乾式影印機（採用靜電複印技術的ＰＰＣ）就是它所有的事業了。該公司的營收（一九七五年度是一兆兩千兩百八十二億日圓）與利潤（七百三十二億日圓）都很可觀，恐怕可以和同在事務機產業競爭的ＩＢＭ公司並列為全球兩大巨人吧！然而，如果仔細探究二者間的不同，會發現ＩＢＭ強在它的軟體，特別是那些沒有技術專利保護的大型電腦系統，以及所有的周邊設備；反觀全錄，根本上是靠靜電複印這種舉世少見的專利所保護。

任何一家公司如果想與ＩＢＭ勢鈞力敵競爭，即便該公司開放所有專利免費使用，但專利的事業化過程還是有太多必須做的事，因此所須耗費的經營資源，恐怕與一開始就由自己開發技術差不了多少。毫無疑問，要凌駕於ＩＢＭ之上，恐怕得花上幾兆日圓的經費。反之，全錄公司並沒有系統或軟體群的守護，所以只要靜電複印技術的專利一到期，其地位就跌到成為一家純粹賣機器的製造商而已。乾式影印機的基本技術就只是讀取技術、送紙技術以及靜電印刷技術三樣。而擁有前兩樣技術的業者，可以說多如牛毛。只要專利一到期，有能力模仿靜電複印技術、讓紙帶有靜電，在適當溫度下使炭粉附著其上的業者，在日本至少就有幾十家。因此，全錄公司無法只靠技術就守護住自己的巨大帝國。

ＩＢＭ就算注意到全錄公司的獲利度，以及全錄的產品與ＩＢＭ的事務機之間存在著共通性，也沒有什麼奇怪的。ＩＢＭ擬定進入ＰＰＣ業界的策略，應該就是看準達二十年的全錄靜電複印技術，基本專利會在一九七五年到期。而且ＩＢＭ還徹底研究過全錄的客層、訂價策略、成本結構等項目，推出了高速又便宜的產品。

在這種狀況下，其實可以說一開始就勝負已定了。雖然一般人都容易以為市占率大的企業較強，但如果競爭看的是相對優勢的話，就不是看雙方在業界的市占率了，而是看公司其他事業的實力強弱了。能否確保收益來源，就決定了你的強弱。

確保收益來源的機制

為使各位更詳細了解這部分的機制，我用虛構的兩家製造商Ａ公司與Ｂ公司為例，來說明。承接上文，假設它們都是影印機製造商。不過，同樣的狀況，也適用於傳真機或迷你電腦產業。

Ａ公司市占率很大，訂價策略幾乎可以和獨占廠商沒兩樣。成本方面，約莫與使用者每月影印的張數成正比。但針對小規模用戶，該公司會把價格訂得比成本還低，以「較便宜的入場券」吸引未使用過的使用者願意嘗試。ＩＢＭ等業者的電腦租賃費，也是以類似的方法設定。

那麼，如果小規模用戶以低於實際成本的便宜價格安裝影印機，會如何呢？對A公司來說，小規模用戶會造成虧損，所以沒有魅力可言。但如果隔一段時間再去看，他們卻會像毒品上癮一樣，開始愈印愈多。主管會對部屬講一些「喂，你去印一下這份文件」之類的話，結果連永遠沒打算再讀一遍的資料，都歸入自己的檔案夾中。一般人，都有這樣的資料收集欲。

電腦等產品也是一樣，在它還很昂貴的時候，連輸入資料都要小心翼翼地檢查，麻煩到還得事前先用手驗算過一遍才行。但最近的使用者卻連錯誤都懶得檢查，不是出錯讓電腦抓，就是輸入了完全錯誤的數值來計算，看到答案才說「好像有打錯的地方？」和電腦的這種狀況一樣，無節制地影印的使用者，愈來愈多。

基於這樣的理由，影印機採低入場費政策，會特別吃香。如〔圖5〕所示，這樣的價格策略確實很有道理；然而，另一方面，業者就必須相對提高供應給大規模用戶的價格了。

如果不從另外這塊取得收益，就無法提升整體利潤。最後，由於這樣的價格策略，A公司的利潤結構會如〔圖5〕下方那樣，從中、大規模用戶取得巨額利潤後，先吸收掉小規模用戶那一塊的損失，剩下的才是真正的利潤。

然而，A公司這種價格策略，卻在競爭對手B公司加入後，徹底毀壞。假設B公司像〔圖6〕的虛線那樣，極其忠實地在價格上反映出成本。在A公司傳統的優惠低價下，小規模用戶不會對B公司有興趣。因此，這部分的客源不會流失。

然而，在大規模用戶的部分，B公司的價格策略卻具有相對的競爭力，可望在此取得不少市占率。因此，A公司會發現，造成虧損的小規模用戶的比例增加了，但帶來較多營收的大規

[**圖5**] **競爭前的獨占價格策略與利潤結構**

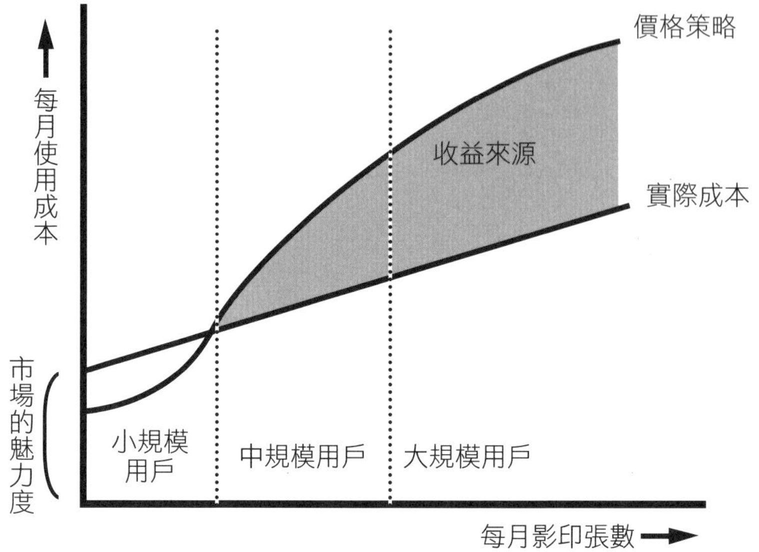

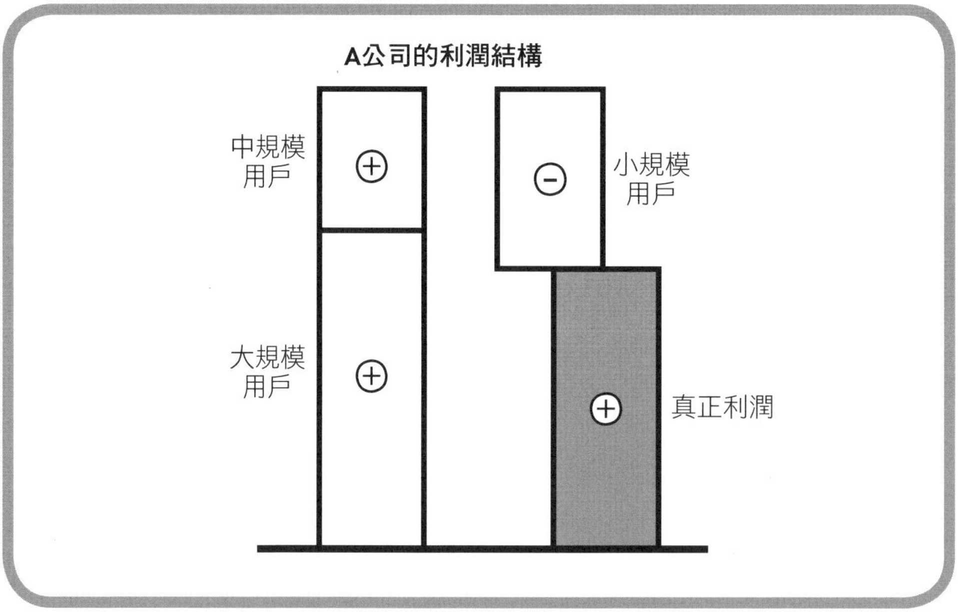

在獨占的價格策略下，收益來源極為偏頗，但整體而言還是可能帶來巨額利潤。

[圖6] B公司加入競爭後及價格戰後的利潤結構

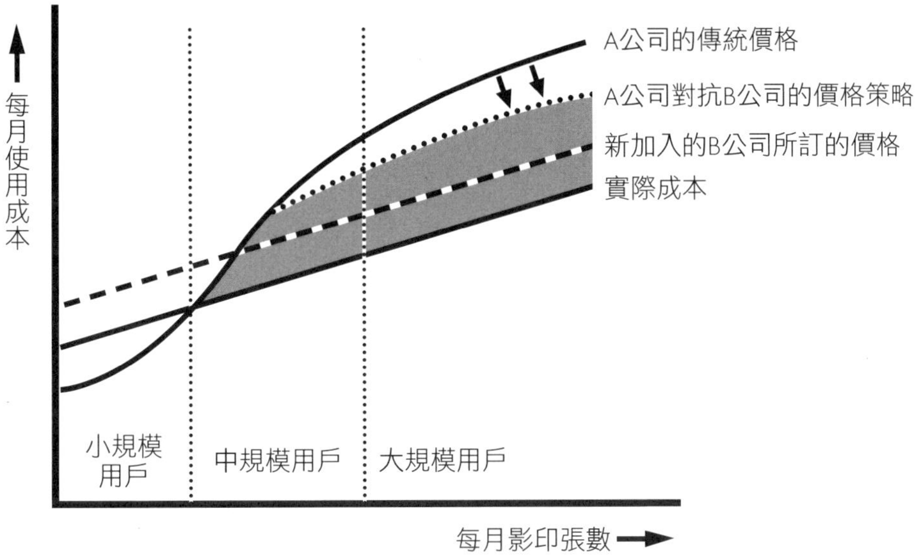

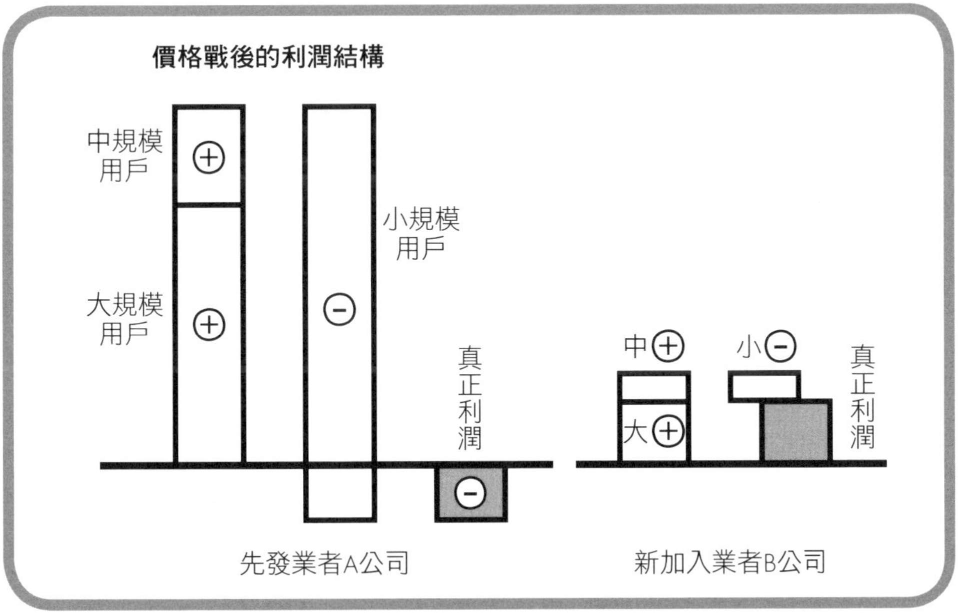

陷入競爭後，A公司若急於抵抗對手的價格策略，收益結構會急速垮掉。

模用戶卻愈來愈少。這勢將導致公司的業績低落，A公司陷入了極其困難的態勢中。但A公司的事業卻只有這種產業而已，為奪回大規模用戶的市占率，只好像〔圖6〕的鏈線那樣，採取接近B公司的價格策略。但此舉卻成為A公司的致命傷。原本撐起收益的支柱，卻為了要維持市占率而犧牲價格。

雙方愈是陷入死鬥，A公司所受的傷會愈來愈深，如〔圖6〕下方所示。如果捨棄小規模用戶的話，未來會失去發展的種子，但培育小規模用戶的，卻又會把它們養成大規模用戶，而送入B公司的口中。如果盡可能刪減成本而調降價格的話，B公司應該也會徹底跟進吧！這是因為，B公司的主要收益來源不在該產業，而在其他產業。所以即使在這產業中出現些許虧損，還是能夠充分吸收掉。

這場戰爭對A公司來說會像是永遠難以脫身的地獄一樣，B公司則可望慢慢征服整個產業。這就是B公司針對A公司「基於相對優勢」的經營策略。

底片業界的「干擾作戰」

另一個競爭實例也可以說明典型基於相對優勢的企業策略。過去全二十四張底片市場競爭上，小西六公司（現在的柯尼卡）的底片產品「櫻花色24」，在電視或海報上大肆宣傳「多了四張，價格不變」，我認為就屬於相對優勢的企業策略。但日本業餘攝影用的彩色底片，十多年來都是富士公司的市占率都呈成長趨勢，而櫻花軟片的市占率漸漸減少。以前都還不分軒輊的市場，已經和啤酒業界一樣，漸漸變成了「格列佛型的寡占」❷。

底片和啤酒很像，都是注重形象的商品。消費者常會憑感覺選購特定品牌。如果蒙著眼睛喝啤酒，大部分的人都分不出品牌來。像這種品牌相似到分不出來的產品，要提高市占率，只有靠形象了。所以麒麟啤酒的「就是想喝麒麟」這種廣告詞正是正確解答。如果用「麒麟最好喝」宣傳的話，就會有廣告過於誇大的可能性。無論如何，針對難以區別品質的商品打形象牌，麒麟的這句廣告詞可以算是達到促銷極致了。

底片也是一樣，在品牌測試中，消費者的喜好大概是富士與櫻花各半。但二者間的市占率差距竟然還是愈拉愈大。恐怕大多數消費者對櫻花與對富士的印象已經在長時間內固定下來了。買底片時，他們不是用底片本身來判斷，而陷入一種以「安全選擇」來判斷的惰性，也就是採取一種「不必挑戰自己潛在意識」的購買方式。

這種「形象上的差距」，有人認為，在零售店的階段大約會出現十塊錢的差距。也就是說，如果讓零售店可以多十塊錢的話，他們就會積極推銷櫻花軟片，使大多數消費者都照他們的話買櫻花的產品。此外，如果同樣讓櫻花便宜十元，由消費者自己來選的話，櫻花的市占率應該也會以類似的比例提升吧！這與啤酒市場中麒麟與其他品牌的關係極其相似。

其實這種低價策略其實並不高明，因為雙方的品質原本沒有太大的差異，品牌測試中也都證明了，但降價卻像是業者在承認自己的品質比較差一樣。從這一點來看，櫻花會推出可拍二十四張的底片，也是相當合理的。

之所以說它合理，第一個原因是，櫻花軟片可以藉此從「形象戰場」回到更積極訴諸消費者的「回饋戰場」。這至少可以讓消費者對自己不知不覺間養成「買富士軟片比較好」的感覺，出現些許猶豫的心情。

第二個原因是，它針對的是「可拍二十張」的市場，這是彩色底片最重要的一塊市場。藉此，原本十二張、二十張、三十六張，在數字上沒有連貫感的產品線，就變成都是十二的倍數了，效果很大。二十四張本來就是十二張與三十六張的中間張數，比起「二十張」的底片，可以更方便消費者做出選擇。其實「二十張」的產品只是盲目模仿業界大廠柯達公司的而已，本來就是很奇怪的數字。獨占企業經常會在產品開發或價格策略上犯的一些錯誤，和這件事十分相像。

第三個原因在於底片這種東西的邊際利潤很大，變動費很小。即使底片多了四張可拍，相對於售價，成本的變動恐怕只有百分之一上下而已。也就是說，利用變動費用稍微送消費者多這四張的優惠，就可以在不降價的狀況下能得賣更多。賣得更多，也就是市占率增加，當然就對營收很有幫助。這樣的狀況，也和啤酒、藥品、眼鏡等產業很像。

恐怕就是因為這樣，該公司才推出「多了四張、價格不變」的策略吧！

那麼，以「同樣價格」銷售，卻只有二十張底片的富士或柯達公司，會受到什麼影響呢？消費者當然會從過去注重形象變成注重划算與否，所以也只能從價格上迎戰了。我自己也有過這樣的經驗，一旦你用過可以拍二十四張的底片，再回來使用二十張的底片，就會覺得好像虧到了。還有，當你抓到拍照的好機會，正準備用到第二十一張底片的時候，它卻到底了，那也會讓你很受傷。因此，櫻花軟片的這種策略，應該有相當程度是基於自己的相對優勢而做出來的決定。即使富士或柯達的底片降價，由於櫻花早已打出「價格不變」的約定，一定也會跟著降價。而且由於邊際利潤很多，所以即使櫻花跟著降價，也不會突然面對極大的痛苦。

對富士或柯達而言，櫻花的這種「干擾作戰」實在很討厭。因為，富士與柯達都是以底片為主力產品，恐怕也是他們的主要營收來源之一。如果在這部分突然採取激烈的低價策略，對公司的影響很大。反之，如果從目前百分之二十的市占率推算回去，對櫻花而言，彩色底片恐怕只占其事業總營收的百分之十不到。因此，只要櫻花在彩色底片以外的百分之九十都能取得高營收，該公司的策略，就可以算是典型的「基於相對優勢的企業策略」了。

事實上，根據媒體報導，該公司的影印機U-Bix以及內建閃光燈的「閃亮亮柯尼卡」相機，都有很好的銷售成績，所以相對優勢的策略應該是成立的。若從富士公司也迅速推出可拍二十四張的底片作為對抗來看，富士或柯達也深深了解到，櫻花的策略不只是低價戰爭而已，而足以威脅到自己獨占的市場地位。

所謂的「相對優勢」，存在於各種不同的地方。只要詳細分析產品、市場，就能找到兩、三樣出來。在訂定策略要素時，若想讓對手難以跟進，或是即便跟進也會受重傷，就只能靠開發新產品或利用相對優勢了。參謀團隊雖然無法開發出獨創性的新產品，卻可以透過周詳而冷靜的分析，擬出根據相對優勢的企業策略。

3. 發展新路線的企業策略

企業如果希望自己的策略能夠有別於競爭對手，可以採用前一節介紹過的鎖定KFS的作法，或是擴大相對優勢的作法。在某些狀況下，最後必須從銷售方法或是原物料方面著手。不過一般最常想到的，還是在產品上差異化。想這麼做，就必須把技術上的差距當成策略武器。

我以前是工程師，過去，在我專攻的電子光學、特殊金屬材料、原子爐工學等領域，我做過不少工作。但進入目前的管理顧問業之後，客戶的產品技術，就未必是我所能理解的了；再者，接一次案子的期間約為三至四個月，在這麼短的期間內，必須一一了解客戶在銷售、服務、市場動向、製造等層面的狀況。這讓我愈來愈覺得，自己根本不可能深入了解其技術面的知識，甚至幫客戶規畫新的發展路線。不過，由於我身為工程師的自尊使然，我倒是很想找到能讓完全的生手在短期間為技術找到新發展路線的方法。

結果我發現，大部分企業都會把公司區分為業務、製造、技術等功能，而這些功能間存在的隔閡，往往讓企業無法以整體觀點來看待自己的事業。所謂的「做生意」，最原始的型態，原本就是先感受市場需求、據以製造出適切的商品，然後再銷售。當然，狹義來說，做生意只是一種「交易」而已，或許只要左手取得商品，右手賣給客人，然後從中賺取利潤就行了。但無論如何，「做生意」的基礎，都在於必須以同一種目光看待買方與賣方，以及有機地在同一個腦子裡將買與賣連結起來。

然而，組織一旦變大，各個功能就會獨立，開始走自己的路。設計的「功能」本身會成為一個「組織」，創造出屬於自己的秩序。此外，研究中心之類的單位，也會脫離技術部而自成一格，不知不覺發展出自己的獨特倫理與目的。無論東洋或西洋，企業這種不同部門間的壁壘，往往很難打破。即使你向屬於某部門的成員訴說外面世界的宇宙觀，卻還是只能為個別成員帶來或多或少的影響，而難以撼動整個部門。

在私人企業中，如果研究中心的成果很少，費用卻一直增加，將使管理高層愈來愈感焦慮。如果研究中心一切透明，管理高層從外看進去，就能了解裡頭在做什麼的話，或許還能防止這種焦躁感發生，但久而久之，他們或多或少還是會發現研究中心像黑洞一樣不斷燒錢，而覺得必須採取所謂的「對策」吧！

在這種時候，出身研發部門的公司要角，就扮演極其重要的角色了。原本，研發中就應該一切透明，讓研究中心的存在意義成為管理高層共同關心的事物。但現實中，這些來自研究中心的要角，往往會像該單位的利益代表，或是像封建制度下莊園的領主一樣，讓研究中心繼續像個黑盒子，而愈來愈成為與實際脫節的單位。

於是，不了解研究內容的管理階層，會對研究中心施壓，而使研究變成「重量不重質」。研究員的表現，會變成依據研究報告的頁數、專利通過件數、對外發表的研究成果數等項目來評估。這使得愈來愈多研究員被趕進象牙塔裡。因此，即使家電業者的研究員去訪問公寓的主婦，應該會比在學會發表成果來得有收穫，但他們卻往往像與消費者完全脫節一樣，活在自己的空間裡，照自己的節奏，有自己的宇宙。

像這樣的症狀，並非只有研究部門才有。業務部門也是一樣，往往不了解公司產品的真正優點，因而未能充分做好銷售的工作。業務員身為企業與消費者之間的橋梁，也無心把消費者需求傳達給技術部門知道，以促成日後的生意。對於推出相同產品的競爭對手，典型的業務員只會用「你們做出來的東西不好，當然不會賣」之類最薄弱的說法，誇大責備技術部門；而因為賣到缺貨或產品比別人出色而暢銷的時候，他們又會說「是我們銷售得力」。

當企業像這樣依功能別分權化的時候，就會發生許多只懂自己專業的笨蛋，滿腦子只想著要如何讓「這個事業」賺到更多錢、要怎麼增加市占率等等，讓能統合各方見解的「權力」或「頭腦」付之闕如。分權化的前提應該是中央要能具備管理的能力，否則光是離心力就足以讓企業體分崩離析了。這種物理原則極其基礎，意外的是卻沒有人去理解。因此，企業如果有創業者或那種凡事自己來的「一人社長」存在，都會自動成為向心力的來源。如果這個核心人物又很優秀的話，就能達成良好的成果。

但企業如果處於如前所言的分裂狀態的話，有時候外人可以幫得上忙。外人可以為其分析市場、告訴企業所得到的需求資訊，然後把業務、技術、製造等功能全都串在一起。外人可以超越權力的障壁，強制企業從事業的觀點來討論事情。但即便如此，就像我前面提到的，我們也只是全然的外行人，光靠「知識」本身，恐怕還是不足以扭轉形勢。

因此，我構思出一套能釐清糾葛與混亂的方法。它有個前提，就是我只以思考方法當武器，或是只以道理當武器，知識的部分則全數由對方提供給我。這套方法可以協助企業發展新路線，不過倒不是非得仰賴「天才般的偶然」那種高度成長的新路線，而是那種在市場競爭或社內的資金分配已陷入僵化狀態時，讓企業能重拾活力，朝特定方向動起來的新路線。

其內容包括：

(1) 思考方式的轉換
(2) 策略自由度
(3) 技術面組合管理

這三種方法是我目前所使用的。雖然還有其他方法，但由於不夠普遍，在此我想就這三項做稍微詳細一點的說明。

(1) 思考方式的轉換

這個部分的內容，我已經在第二章的「向常識挑戰、在僵化市場內找出策略性解決方案」的部分簡單提過。這裡我會舉新的例子、做更詳細的說明。

這套方法，就是要不斷詢問「為什麼」，問到負責的人受不了為止。

企業經營陷入僵局時，光靠營運面的發想，根本不可能做出徹頭徹尾的改善。一般來說，就是因為追求KFS所花的錢以及其效果已經到達極限，才會陷入這樣的境地。因此，在市占率或獲利度等明顯動向消失，變成只有長年一點一滴朝一定方向推進的時候，就非得從「策略面」檢討方案不可了。營運面改善的前提是企業可以漸漸達成KFS，但要想一口氣跳脫僵局的話，我認為避開大家常識中所認知的KFS，反而會比較好。

就是為了守住該產品市場中的成功關鍵，才會變成今天這種局面。例如，豐田、麒麟、普利司通等企業的成功關鍵因素，在於實現了生產與流通的規模經濟。然而，居下風的業者，現在若想徹底改寫這些產品或市場的版圖，如果光靠追逐相同的KFS模仿別人，在還沒上土俵與人相撲前，就已經先因為體力不濟而輸了。所以應該思考看看，KFS到今天是否依然沒變？

換個說法，就是要嘗試挑戰「業界的常識」。它有時候會是早已深植人心的常識，在業界已經成不了話題；有時候會是業界在草創期的大問題，但隨時間過去卻已經能夠解決，卻因為早已過了十年以上而沒有人記得了。就是要去發掘這類的疑點。我們稱這種疑點為「議題」（issue），把它當成是划船時不可或缺的槳一樣來使用。

應該挑戰的「常識」在哪裡呢？工法、工程等生產相關的議題、銷售或服務網等流通相關的議題，與產品計畫相關的議題等等都是。事實上，愈是直接負責這些業務的人，就愈容易繞過這些常識、對它們視而不見。

例如：

＊日光燈為什麼細細長長的？

＊電影為什麼要在暗暗的地方看？

＊照片為什麼一定要先沖洗成負片才能洗成相片？

＊啤酒為什麼要裝在土色的瓶子裡？

這些問題聽起來或許像希臘哲人在玩思考遊戲一樣。但那些成功跳脫過去的人，卻全都像這樣挑戰過事業的本質性假設、挑戰過常識。

＊有三個引擎的噴射機（波音727）
＊結合閃光燈的柯尼卡C35EF相機（產品開發）
＊東芝的墊毯（產品開發）
＊理光的高速傳真機（產品開發）
＊東京電氣的電子收銀機（銷售方法與產品開發）
＊樂清（銷售方法與產品開發）
＊道氏化學的蘇打（生產方式）

如果想脫離長年保持的僵化狀態，最好的方法就像是這些例子一樣，逐一列舉業界裡頭最為本質性的假設，然後檢視這些假設是否仍然正確，或是事業在沒有這些假設下是否依然能夠成立。

●打破飛機引擎個數的常規

噴射機的引擎只要裝在機翼或機體，就只能裝一個、兩個、四個或六個。一個引擎的是舊時的單引擎飛機；兩個引擎的噴射機，以DC-9等為代表；四個引擎的，以波音707或DC-8比較為人所知。此外蘇聯的伊留申（Ilyushin）或英國的三叉戟（Trident）都是機體有四個引擎的特殊結構；六個引擎的是兩邊機翼各三個，噴射機我不知道有沒有，但螺旋槳機的話，有個失敗的例子是飛行大亨霍華・休斯的巨無霸木製飛機「大木鵝」（Spruce Goose）。

就在大家只把注意力放在左右對稱之上時，波音公司卻能注意到兩個引擎與四個引擎之間的燃料經濟性有很大的差異。由於三個引擎的燃料經濟性明顯較四個引擎好，而且在速度、商物載貨量以及安全性等方面，又比兩個引擎好很多，所以就推出了採用三個引擎的波音727。現在，在尾翼處裝設引擎已經變成一種流行了，其後問世的三星L1011、三叉戟2、DC-10、蘇聯的TU-154等飛機，全都模仿波音727的三引擎設計。

●把電毯墊在下面

在電毯上還縫著「電毯上方請勿放置物品」的注意事項時，有誰會想到可以睡在電毯上呢？從熱平衡的角度來看，馬上就能發現，毯子墊在下面的使用效能，原本就會比毯子蓋在上面要好。但由於「不能摺、不能坐」的先入為主觀念，所以並沒有人去挑戰這樣的想法。東芝所推出的這種墊著用的電毯賣得極好，消費者證明了這種使用方式很適切，因而破除了業界的常識。現在連松下都打著「上條先生與下條先生」這種廣告詞（譯按：上條先生指蓋身體用的電毯，下條先生指墊著睡的電毯），難為情地推出了類似的產品。

●樂清達七百五十萬戶的網路

樂清最為獨特的地方在於，該公司建立起一個單靠主婦拜訪各家庭，就達成了全國七百五十萬戶的客戶網。光是他一家公司的客戶網，就涵蓋了郵局服務範圍的將近四分之一。此時，即使有第二家、第三家公司也做同樣的事，成效也不會划算。每四間房子就有一間是客戶，與每隔十二間才有一間是客戶，在經濟效率上的差距就很大了。即使集中於特定區域發展，也會有知名度以及固定費用無法消化的問題。只要規模較大的業者從正面以價格反擊，規模較小的業者就會不堪一擊吧。因此，樂清勝人之處，可以說就在於它的客戶網。

然而，只要身為用戶的主婦覺得自己的時間是免費的，居下風的業者，就還是存在著一種破解之道——透過超市銷售。主婦雖然會很喜歡業者幫她把東西送進玄關，但由於價格與在超市購買相同，所以只要稍微貴十元，她們可能就會覺得，乾脆平常出門購物再順便買就行了。

這樣的判斷，完全取決於主婦對自己的時間與所花工夫的價值觀，我完全不知道她們會選擇哪一邊。只是，如果是我的話，應該在這個部分做一些調查分析，以找出企業的活路。此外，如果我是處於樂清的立場，一定會徹底做好成本控管，以防競爭者透過超市通路便宜銷售。由於超市的利潤比較薄，除非情況特殊，否則要保住這七百五十萬的壓倒性數量、抵擋住競爭者經由超市的攻勢並不難。但為了多幾層防範，我會希望能提升拜訪人員每拜訪客戶一次的附加價值。例如，提供各種不同用途的化學抹布，或是再增加抹布以外的產品系列。

但這麼做有個缺點，主婦們只要一打開玄關的門，就會被賺走愈來愈多的錢。不久她們就會開始覺得，這套系統整個大有問題。因此，只要著眼於此一能與郵局匹敵、達七百五十萬戶客戶網，向有DM寄送需求的企業談到「現在每封信的郵資已經漲到五十日圓了」，不就能把它當成不可多得的DM媒介來使用了嗎。

這樣，就不是從主婦身上賺錢了，而可以向想要寄DM的業者收取每戶人家二十日圓的費用（假設），帶來驚人的附加價值。只要一次夾帶五份DM，每多一位主婦打開門，就能多取得一百日圓的附加價值。如果只是單純配送抹布，任憑你再怎麼刪減成本，也不可能有這麼大的利潤。如果再從這塊多出來的利潤抽取一部分，用於降低抹布價格的話，那些透過超市管道銷售的抹布，就完全不是對手了。所以重點在於不是減少每次拜訪的成本，而是放在向主婦以外的對象收取，也就是向「目標用戶以外的對象」收取。跳脫固著現況的著眼點，就在這裡。當然，我並不知道這麼做能否順利。雖然我連化學抹布的基本知識都沒有，但我至少還是嘗試從這個方向上去找解決問題的答案。

●一次收取往返過路費

連接舊金山與奧克蘭的那條長長的「海灣大橋」（Bay Bridge），設有收費站。單程收取二十五美分（約一百日圓）的過路費。早晨時從奧克蘭往舊金山方向，以及傍晚時的相反方向，都堵塞得很嚴重。

由於這座橋整天的流量都很大，收費站的經營很花錢，變成必須調漲過路費。為此，加州的高速公路局跑去找我很敬重的一個朋友商量，希望他能設法讓這座橋更賺錢。

一般碰到這種問題，大概都會提出促進工作效率的專案，針對那些胖胖的歐巴桑進行動作與時間研究，看能否讓每台車通過收費站的時間變短。然而，像這樣的營運面改善方案，能夠帶來的效益很有效。這或許能讓過路費延到半年後再漲，但若要維持五年都如此，恐怕會撐不下去。

因此，我這個朋友並沒有對那些歐巴桑做什麼動作與時間分析，而是分析開車者的行動。結果他發現，有百分之九十五以上的車子，都是當天往返這座橋。由於大多是通勤者或遊客，會有這樣的結果，自是理所當然。

於是，我這位朋友提出了他的構想，並付諸實行：只要單程收取兩倍過路費，回程的路上不設置收費站，就可以省去一半的時間。自那時以來已經七、八年了，目前過路費還是沒有漲。對消費者而言，金額相同，卻可以省去回程時必須在收費站停留的必要，也可以不必擔心回家塞車，可說是額外的收穫。

●量子跳躍

諸如此類的發想轉換所得到的效果，有時候非常大。其根源都在於，針對業界認為極其理所當然的事情，像單純的孩子一樣不斷問「為什麼」。世上所有大發明，都是因為天真地發問而出現的。因此，為了達成「量子跳躍」（量子力學中，表示「不連續飛躍」的術語）的效果，我們一般人至少也應該向天才學學發問的方式。因此，我才會想寫下本節「思考方式的轉換」。

(2) 策略自由度

所謂的改善，並非朝所有層面改善都行得通，而是要看你朝什麼方向改善，才知道會有什麼效果。當然，經營資源如果無限，只要什麼事都改善就行了。但至少在我的經驗中，策略性的改善，如果朝不同方向改善，會有不同的效果。如果前述那些KFS的企業策略，是要找到事業的「甜蜜點」（sweet point）的話，這裡要談的「策略自由度」，就是要研究，在「甜蜜點」的四周，策略方案的自由度有多少。假設KFS是在技術部門，卻不明確知道哪個方向的技術還有策略能用的話，還是無法有所改善。假設我們發現，提升汽車產品的安全性，是提升市占率極其重要的因素，那麼從汽車的角度來看，可行的改善方向可分為視野、儀表板等人體工學的東西，以及煞車等機械方面的東西。另一方面，從道路的觀點來看，可行的方向就包括，路面的處理、交通號誌、拓寬車道等。即使理論上有無數可能的作法可以改善安全，但企業擬定策略時所能選擇的作法，必然不是什麼方向都行得通。如果再考慮到成本效益比或競爭者會採取的後續動作，可以發現，鎖定某一改善方向，沿著它去發展策略，效果會好得多。

因此，我把現實中應擬定策略的方向個數，稱為「策略自由度」。例如，從汽車的觀點來看，現實中的自由度為二，一個是「人體工學的改善」，一個是「制動裝置的改善」。之所以要關注策略自由度，是因為如果沒有決定好改善的方向，將會導致時間與經費的無謂浪費。所以才必須在一開始就掌握全貌，決定應該往哪個方向集中心神努力，才能更接近KFS的條件。

為了更具體了解這樣的概念，我想舉「相片」為例子說明。對於攝影，我個人很有興趣，可是卻沒有任何專業知識。因此，希望各位能了解，我接下來要談的，全都是一個外行人根據自己的常識推敲出來的東西。這麼做的目的是在此先考慮好哪些思考方向是可行的，接著才能據以推導出極其具體的策略。

針對「相片」所進行的策略改善，如〔圖7〕所示，至少可以分為七大主軸。第一條軸是底片的改善，底片是影響所拍照片的粒子、色調等特質的重要因素；第二條軸是藉由鏡頭等光學系統，以對成像帶來決定性的影響；第三條軸是機械面的，快門為其主要素；第四條軸是光源、第五、六條軸是相紙或暗房等DPE的相關因素。雖然這不是在計算向量，但還是可以結合機械與光源，讓它以「附屬配備」的身分另闢一軸。光學與機械也可以彙整在一起，以「相機」的角度來看待它。

［圖7］為使相片更好看所能採取的有自由度的方向軸

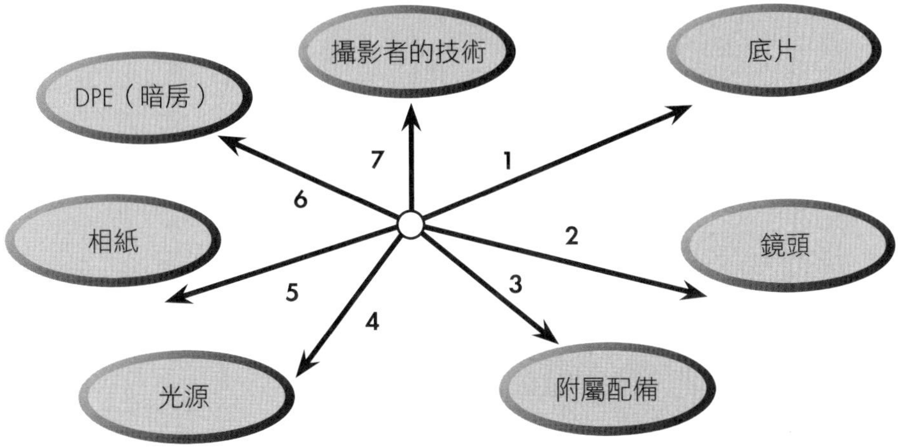

由於這樣的探討並非實際發生於現實世界，因此為簡化情節，我假設最後是像〔圖8〕那樣，選定了「底片」、「附屬配備」以及「鏡頭」等項目，做為最終的幾條策略改善的方向軸。此時我們稱「策略自由度為3」，雖然3這個數字並無特別的意思，但前面卻接著「最低限度下」或是「至少有」這樣的字眼。換言之，不能只單純考慮一件事，而要了解敵人至少會由三個方位向我軍逼近，所以必須在這三個方位上做好完全防範，3這個數字就像是提醒我們此事的備忘錄一樣。反之，此舉也可以防止自己不至於因為認知到敵軍會從四面八方蜂擁而至，而陷入絕望的恐慌之中。也就是說，這像是參謀傳遞訊息給將軍，建議他「只要鞏固這三個方位，就能百戰不殆」。這三條軸，每一條都包含了幾個領域。不妨視它們為沿著有自由度的策略軸發展的主要「對策」，例如〔圖9〕那樣，沿著底片軸的自由度包括張數、色調、感光度、感光材質等，而這四個領域不是隨便亂挑的，是先找出理論上會影響相片沖洗成果的要素後，再透

[圖8] 策略自由度（自由度為3時）

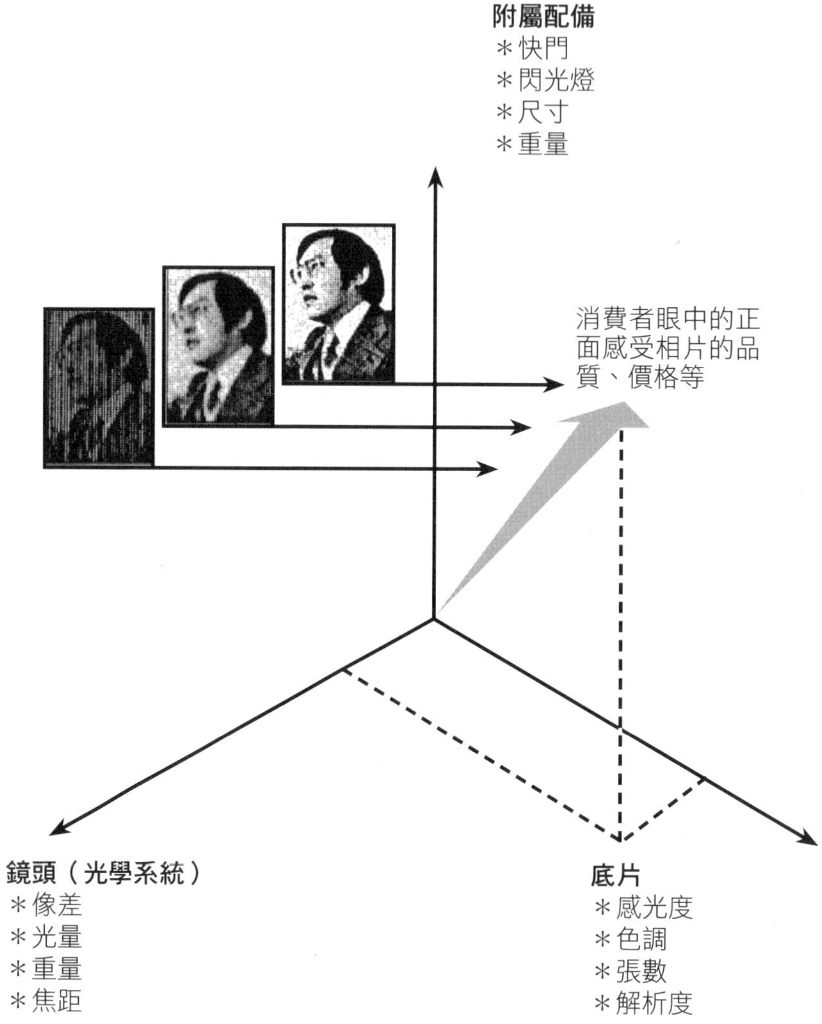

抽取出競爭對手不會選擇的策略軸，再結合不同策略軸，找出符合消費者需求的作法。

過產品・市場分析，並調查研究室或專利登記等進行中的開發和研究活動，檢討過落實的可能性，才縮小為四個。

因此，沿著具有策略自由度的策略軸前行時，途中會有好幾個環節。接著，要針對各環節，也就是計算要實施的各對策的成本與效益。只要先算個大概就行了，像〔圖9〕插入的那幾張小圖一樣。這裡所謂的效益，可以是市占率，也可以是獲利度。在〔圖9〕那些小圖中，一開始雖然成本與效益會成正比，但到達某個程度後，單一策略的成效就會變差。

雖然這和俗稱的「藥效消失」一樣，但正確的說法應該是一種「邊際效用」，也就是透過定量追蹤微分值而求算出來的。英語中則俗稱它為「報酬遞減點」（The point of diminishing return）。相當於小圖中寫著PDR的地方。此外，有些策略性的對策，必須花費一定程度以上的成本才會有效，這樣的現象可以稱為「潛伏期」或「醞釀」。

無論如何，這麼做的目的不是在建構起一個嚴密的數學體系，而是要創造一套工具，以強迫擬定策略的人思考出符合常識且不偏廢的計畫而已。這樣，可以讓他們不必再瞎子摸象，更容易構思出優秀的策略。

假設我們已求得各環節的成本效益比了，接著就要預測競爭對手的策略，也就是對方會依何種順序踏入這些環節中。有時候，在不同的策略軸上，可能會出現不同的競爭對手。在檢討對手的成本效益比，以及我方所受損傷後，再一面構思我方到導入產品為止的期間要做哪些事（關鍵路徑），然後像〔圖10〕所示，決定我方要採取的策略順序。例如簡單敘述，以下是〔圖10〕的箭號所標示的順序：

(1)首先，著手進行成效雖小，但最容易做得到的策略，也就是製作重量更輕的相機附屬配備與機身，然後大量上市。

(2)約莫半年後，競爭對手追上來的話，該策略的成效就變差了。此時改以增加底片張數的方式，變換成新的「十二張—二十四張—三十六張」的體系。之所以如此，是因為張數的改變是沿著底片策略軸上風險最小、也最不花時間與金錢的作法。

(3)接著，如果競爭對手又移往新體系，成效再次變差的話，就沿著同一策略軸推動深一層的技術，以色調不同的底片更貼近市場需求。也就是說，是沿著同一個策略再次往前推進。

(4)接著再度回到附屬配備這條策略軸上，推出內建閃光燈的相機，讓消費者不但可以在昏暗處拍出不晃動的照片，而且省去每次都要手動接上閃光燈的麻煩。和出發點相比，消費者在攝影時會輕鬆許多，也比較省錢。此時可以確認一下，是否確實如〔圖8〕的粗箭頭所指示的方向在推進。

(5)深入分析消費者後，發現光量與相片色調未必契合，因此為改善這種現象，再一次沿附屬配備的策略軸前進，推出使用新電子感應器的電眼相機（譯按：因應拍攝標的之明暗，自動調整快門速度的相機）。

(6)之後再過一陣子，由於在同一策略軸上的發展成效已經有限，因此改為以像差為調整目標，尋求能達成相同像差但更便宜的方法。但這並非用於促銷產品，主要是用於增加收益。

(7)下一步是要推出高ASA底片，在不減損底片粒子與色調的前提下提高感光度。即使在光線昏暗的地方拍攝，也不會拍壞。

[圖9] 各策略要素的成本效益

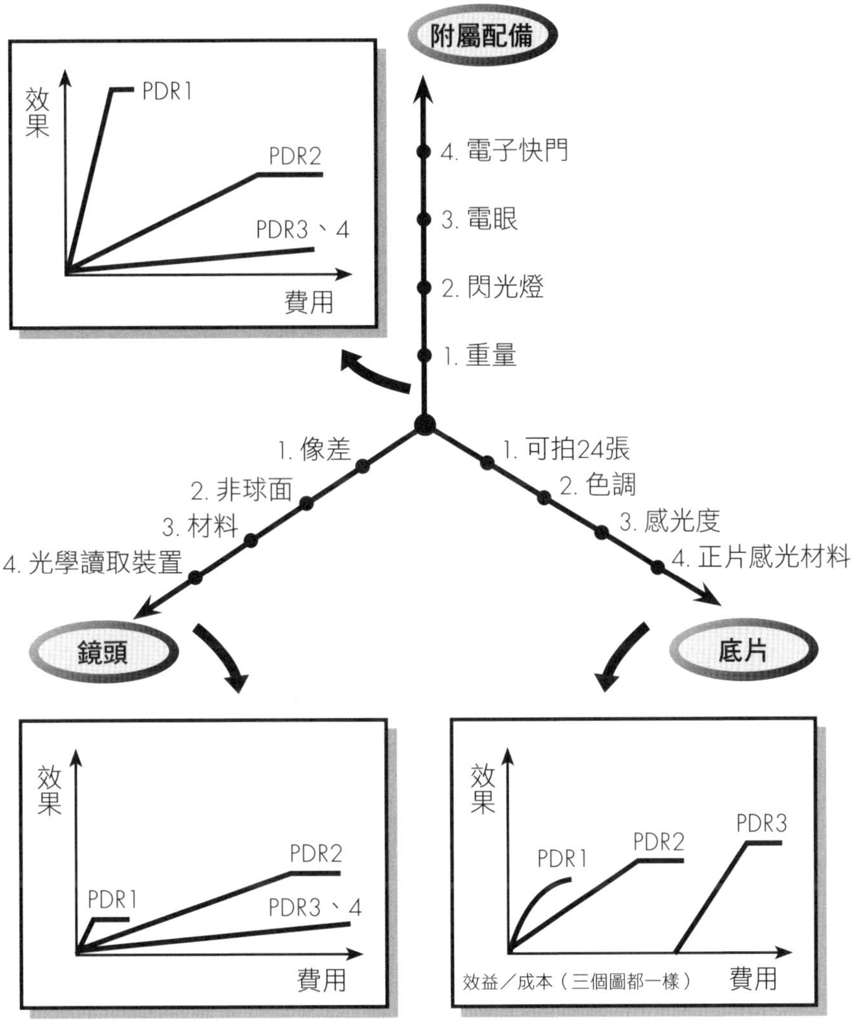

沿著策略軸考量其成本效益比，以及效益多久會變為持平狀態，以決定導入的順序。

(8) 等到成效變差了，就推出按快門時無須出力的電子快門相機，以解決在按下快門時因為手的力量造成晃動的情形。

(9) 現在假設在我方處理鏡頭像差的問題後，競爭對手出乎我方預期，搶先推出了高感光度底片。此時就要像〔圖11〕一樣，變換為緊急計畫，優先導入電子快門。

(10) 同時，也強化對於已發售的內建閃光燈相機的促銷，徹底宣傳即使不靠高感光度底片，也能憑藉著電子快門與閃光燈拍出滿意的相片。

(11) 慢慢觀察成果，同時評估是否我方也該推出高感光度產品。如果攻擊成果未如預期，就跟進推出高感光度產品。但如果跟進已經太晚，就跳過高感光度的作法，像〔圖11〕一樣，直接前往正片底片，為傳統負片底片市場中的戰鬥畫下休止符。

(12) 但在採行此策略前，要先做好評估，讓相紙事業與正片事業的獲利度能取得平衡。

(13) 此外，投入正片底片市場還有另一種功能，就是在沖印連鎖店的勢力擴張，造成公司比較不容易在此取得利潤時，仍能把它當成武器，繼續發揮身為製造商的控制力。

以上十三點，是把策略路線圖中將軍應採取的作法，用白話的方法傳達出來。為使這些內容更為具體，〔圖12〕把它們整理成時間表，沿著三個策略自由度標示出基礎研究或商品化等環節的執行期間。如果各位讀者熟悉PERT或關鍵路徑專案計畫法的話，應該能夠馬上理解我為何會構思出這樣的概念。

我必須再強調一次，我並非想在這裡建立什麼理論體系，而不過是想要組織起一個能夠

［圖10］策略的路線圖

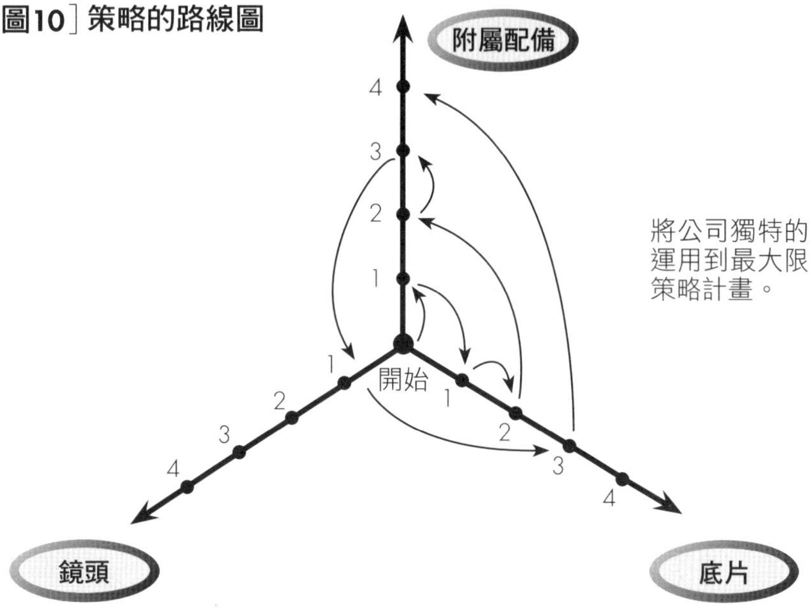

將公司獨特的策略自由度運用到最大限度，以訂定策略計畫。

［圖11］緊急計畫之一例

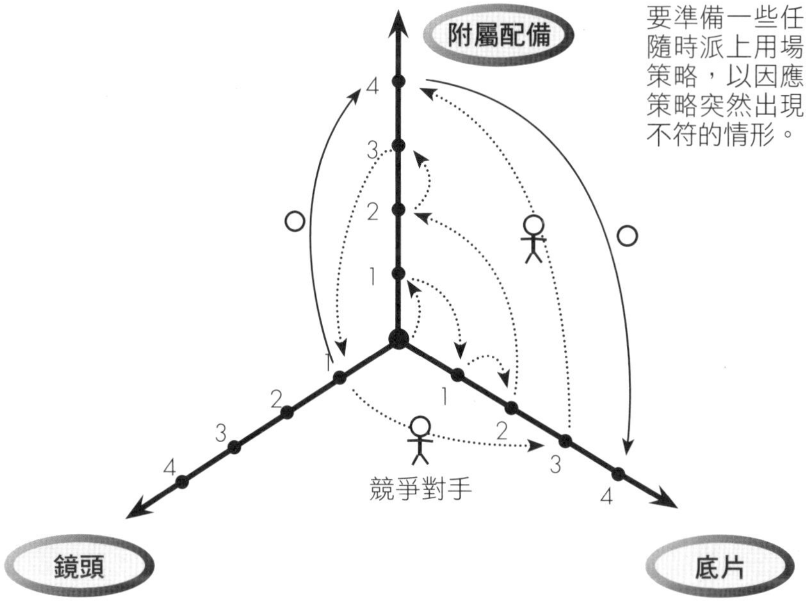

要準備一些任何時候都能隨時派上用場的強力對抗策略，以因應競爭對手的策略突然出現與我方預期不符的情形。

充分考慮各種作戰方法的架構而已。即便如此，這樣的架構連外行人都很容易懂，所以管理高層、業務、技術、製造、研發等部門的成員，也可以不必把自己關在與世隔絕的黑盒子裡，而開始使用共同語言溝通了。如我在開始處所言，我自己每隔三至四個月就必須弄懂一種新的產品領域，而且還得構思出策略來。由於這樣的必要性逼迫著我，所以我也沒什麼時間閒聊。其實，只要訂出策略自由度，再沿著該自由度所屬的軸面徹底前進，就能夠想出原本一些策略點子，解決一些原本無法在短期間內處理掉的問題。

最後再補充一件很重要的事。雖然很多人都把策略事業單位（SBU, Strategy Business Unit）當成歸納事業的一種思考方式，但依我之見，SBU如果發揮到極致，就等於是把這裡講的，組織沿著策略自由度存在的一些軸面，全都彙整在一起一樣。如果要讓策略自由度達到最大，就必須把事業單位全都包在裡面。如果軸面區分為相機部、底片部、附屬配備部，然後分別獨立擬定策略的話，可能會沒什麼效果。這是因為，如果分頭作戰，就會變成只是把許多「策略自由度為一」的東西集合起來。

還有，這樣也可能會有一種風險：各部門所做的事產生衝突，像是內建閃光燈的相機與高感度底片同時上市——這就是中文所說的「矛盾」。一面打廣告促銷使用既有底片也能在光線昏暗處拍出好效果的相機，一面又推薦大家購買不必閃光燈也能拍好的底片，實在很難稱得上是聰明的作法。要想巧妙地不斷吸引消費者購買，就必須循序漸進，慢慢織起一張綿密網路。如果還一直採取莊園制，就不可能會有這樣的彈性。如果能以SBU的形式，至少把大方向的擬定與權限整合在這三個事業群之內的話，就大大可能成為競爭者眼中的可怕對手。

[圖12] 產品導入計畫

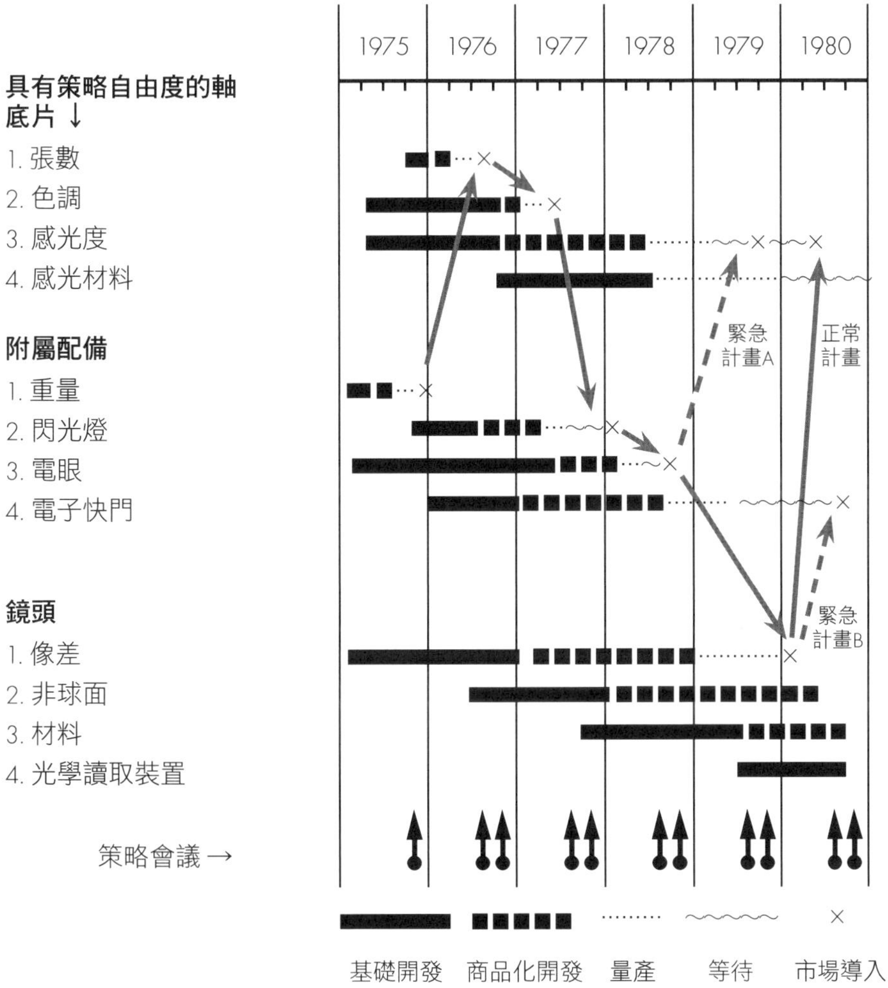

預先安排充足的開發期，不要一次就跳到商品導入的階段。重點在於，要沿著策略的優先順位掌握整體的狀況。這樣，才能在必要時稍作等待，也能夠說加速就加速。

此外，這樣也可以比那些只生產相機或只製造底片，所以策略度只有1的業者，更能採取有絕佳投資效益的市場策略。當然，沒有必要連製造或技術部門等都表現出大團結的樣子，在營運面還是可以像以前一樣，大家各司其職。最大的不同在於，個別群體會在中央政府訂定的策略網路中，有機地相互連結，可以想成是從莊園制轉變為絕對封建君主制、參勤交代制❸。

建議各位平常也多以事務機、電視、電腦等周邊產品為對象，試著為它們設想基於策略自由度的策略擬定法。如果軍隊沒有訓練就要實際作戰，打起仗來不但會畏畏縮縮，搞不好刀子也是鈍的。策略的擬定就像體育或技藝一樣，如果不靠平時的生活態度或練習，是沒有辦法做完美呈現的。

(3) 技術面組合管理

產品策略與事業策略是否一致，將會決定公司所擁有的技術能否在市場中發揮百分之百的效能，而成為「買賣」。很多時候，管理者都沒有注意二者間的一致性，不是不考慮市場就順其自然開發出產品，就是還在已衰退的市場中推出新產品。為預防這種明顯的矛盾發生，去除研發過程中的贅肉，或是要刺激不夠活躍的開發活動，有人想出了「技術面組合管理」這種思考方式。目前這套方法已經以紐約的麥肯錫為中心，應用到了美國的電機、通訊、電腦大廠中。這套方法的特點在於進入研發之前，要先實行產品系列的組合管理（PPM），作為事業策略的起點。有的企業會犯下像〔圖13〕那樣的錯，明明基本策略有很好的成長，研發部門卻沒有予以支持，依然埋首於基礎研究；明明為稱霸市場，急需一些能在主要市場區隔居優勢的應用開發，研發單位卻把力氣用來發展「價值分析」或「價值工程」上。

這些為求改善成果而做的努力雖然沒什麼不好，卻有「策略成效薄弱」的問題。第二次世界大戰末期，美軍所採取的戰略，是直接攻擊日本本土，而把對日軍所占領的南方戰場的攻擊降到最小的必要程度。因此，雖然在主戰線上的硫磺島、塞班島、楚克島等地展開殊死戰，但在菲律賓、印尼、中國等地的戰鬥，到第二次世界大戰末期就轉為和緩了。或者說，這些地方都因為日本的無條件投降，而自動獲得解放。事業策略也是一樣，一旦決定了基本策略，就應該盡可能將所持有的經營資源全數投注其上，才會比較有效。如果因為亂迸而分心，一下做這個、一下做那個，不單單效率不好，也有易受對手攻擊的危險。

技術面組合管理只是用來減少「亂迸分心」的情形，並非可以無中生有。它無法產生像平板玻璃的浮式生產法，或是靜電複印技術這類劃時代的東西出來。但它可以把大公司內各部門與研發的連結整理得不那麼複雜，讓研發能以最有效率的方式與事業策略結合。此外它也能夠以全公司的角度找出要投入經營資源的領域，重新構築研發的架構。例如，可以像〔圖14〕那樣，從全公司的角度，以定量化的方式了解，能做為執行計畫後盾、因應事業策略的研發，實際上有怎麼樣的分布，再藉以各計畫間的投資能夠平衡，或是讓基礎、應用、修改等不同類別的研發間能夠平衡。此外，如果再回到PPM，也可以如〔圖15〕那樣，重新確認一次是否與事業組合相吻合。此時，最重要的一點在於，至少要檢測到在全公司任何人眼中，所有因應PPM策略的研發投資，都稱得上是平衡才行。這樣可以讓很容易成為死角、使管理高層看不到的研

執行計畫表	技術開發計畫					
	產品			工法、工程		
	技術	應用	調整	基礎	應用	調整
● 產品的多樣化 老人用／主婦用	×	○	×			
● 大量自動化，以實現量產與規模經濟				×	○	×
● 大規模進行VA／VE	×	×	○			
● 增加外包執行的比例					×	○
● 只改變外觀的新產品		×	○		×	
● 祕密專案	○	×		○	×	
● 計算經濟效益						
● 促銷計畫						

○ ＝較好的研發計畫

× ＝較常見的研發計畫

基礎=概念→實用化
應用=實用→商品
修改=降低成本、變更、延長壽命等

［圖13］技術面組合管理

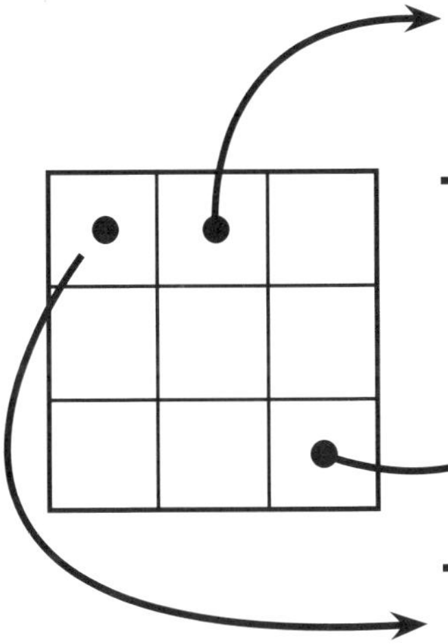

PPM	基本策略	基本方針
	積極成長	目標放在未來的收益，現在則盡可能多瞄準一些不同的市場區隔，以期稱霸市場
	收穫	不再冒大風險，而求取收益極大化，即使有時候市場地位會因而下滑
	準備飛躍	如果已有事業化的目標，評估起來也能獲得壓倒性市場地位的話，就正式進入產業

有系統地去檢視是否存在著呼應事業策略的計畫，或是有太多多餘的計畫。

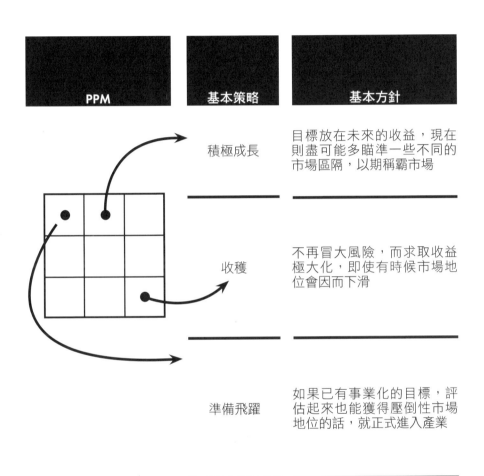

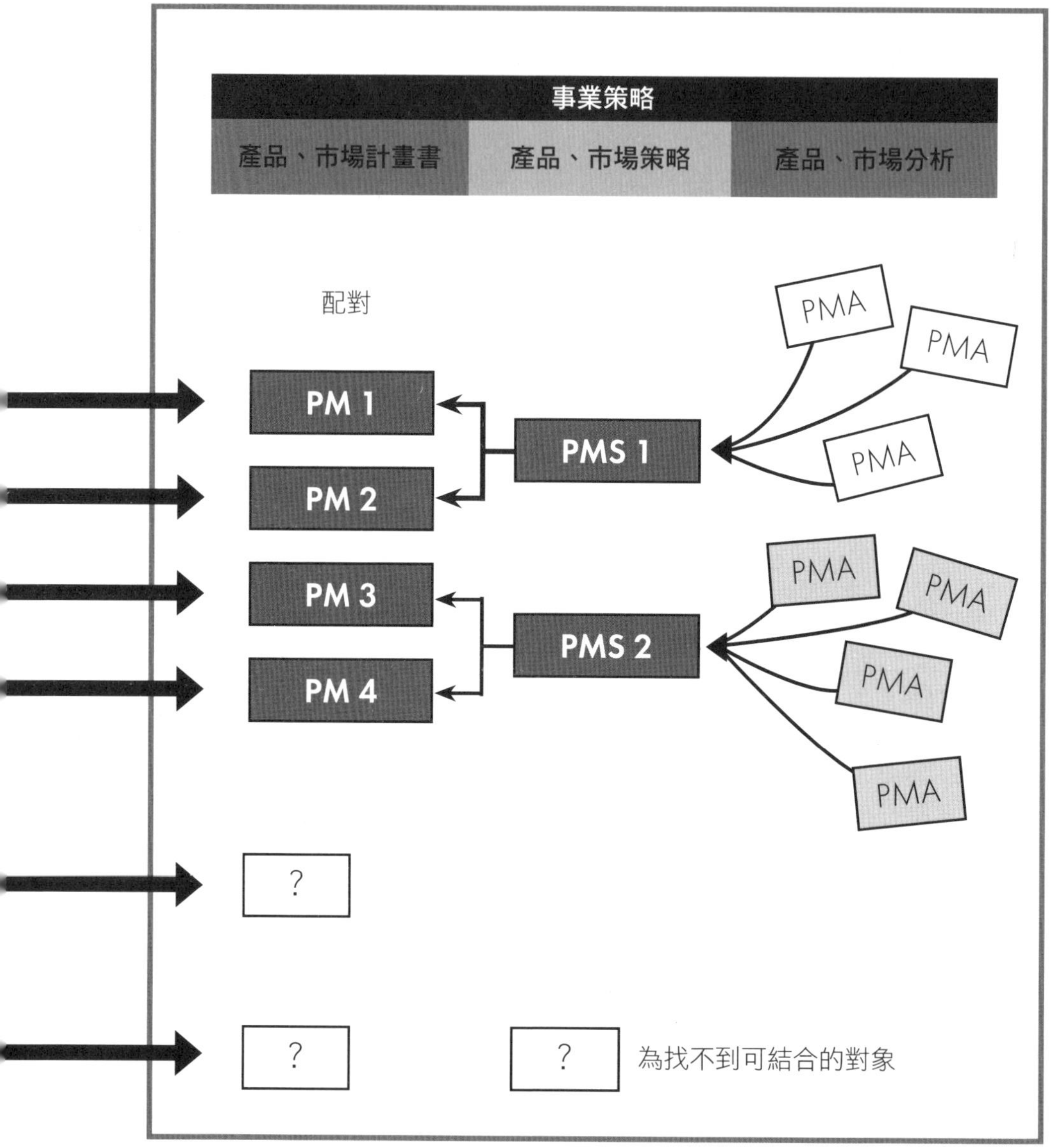
事業策略
產品、市場計畫書
產品、市場策略
產品、市場分析
配對
PMA
PMA
PMA
PM 1
PM 2
PMS 1
PM 3
PM 4
PMS 2
PMA
PMA
PMA
PMA
?
?
?
為找不到可結合的對象

［圖14］研發與事業策略之結合（配對）

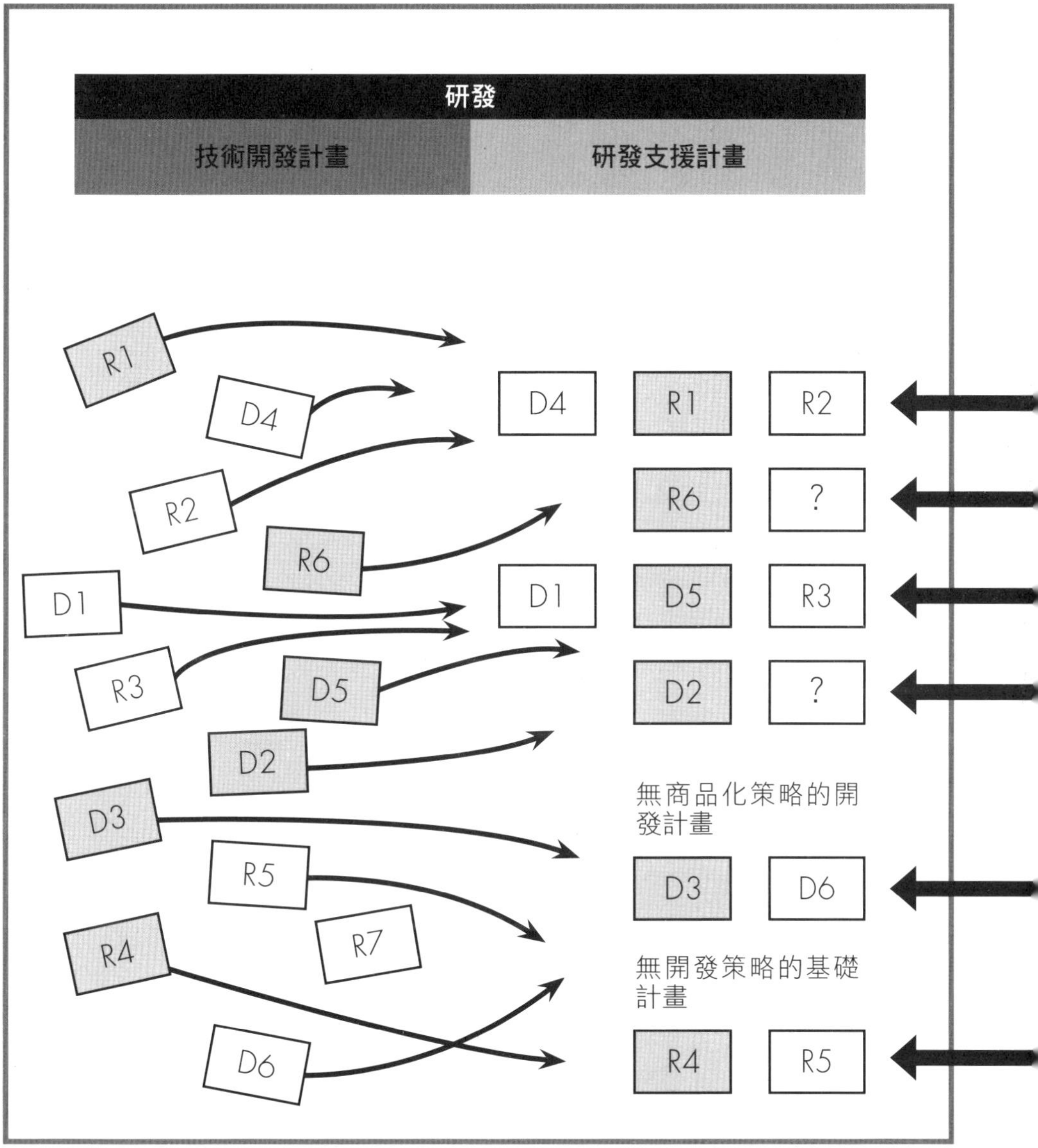

盡可能明確標示投資金額與投入的人力，以定量方式檢查配對狀況。

［圖15］技術面組合管理（均衡測試）

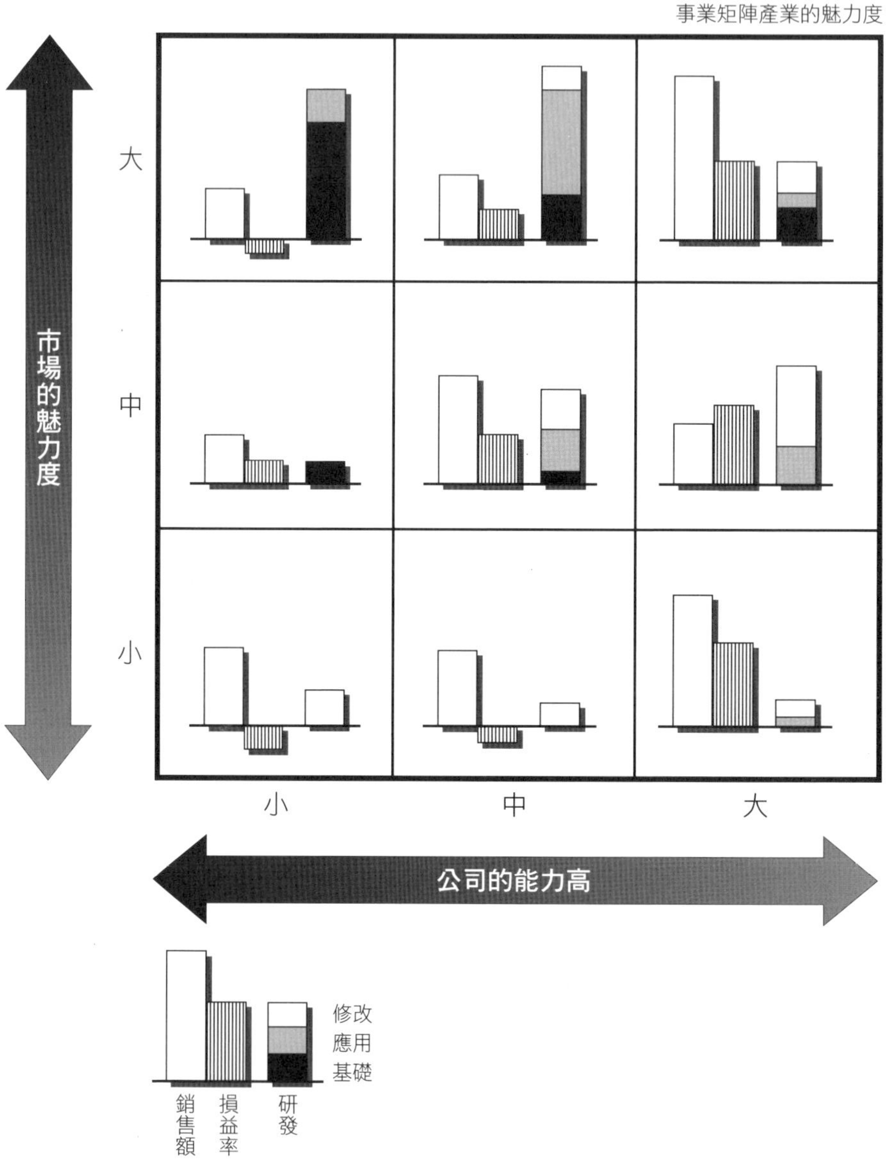

這可以構築起呼應PPM的技術組合，達成均衡的開發投資。

發活動，都攤在陽光下，而擁有其策略性意義。

較長期且徹底的解決之道，是經常在擬定事業策略的階段，就找來與研發部門有直接關係的人參與，可以不必再以人為的方式讓研發與市場策略能吻合。在重視技術革新的產業中，已經有業者這麼做了；但在那些功能別的組織營運很強的企業裡，某種程度上還是有一試的價值。

以上三種發展新路線的方法，或許一點都不新。然而，由於這些方法是從實戰中取出來的，有它極其實用的價值在；只要再以毅力與創意搭配這套方法論，必能跳脫僵化狀態。

本章把焦點放在擬定策略時，參謀應著眼於哪裡，應透過何種思考過程，做出何種結論、獲得何種計畫。實際來看，或許不過是在問「是什麼」，但只要它能融合於每天的思考過程中，成為我們能自由操縱的工具，遇到有些艱困的環境，我們都會覺得像是有趣的挑戰。

❶ 譯註：一九七四年五月，日本熱學工業的社長與高階主管共謀虛報營收會計報表，違法發放二億多日圓的配股，並詐取公司一億多日圓，暗中買入公司股票，操縱股價，導致公司負債三百億日圓而破產。

❷ 譯註：「格列佛型的寡占」（Gulliver's oligopoly）是指寡占市場中單一業者的市占率壓倒性地高，其他業者只能瓜分剩下的市場，有如《格列佛遊記》中主角來到小人國一樣。

❸ 譯註：江戶幕府要求各諸侯定期前來江戶定居的一種制度，原則上以一年為期。其間會因為交通與居住而支出大筆花費，妻兒也會成為幕府的人質。優點是促成全日本交通的發達。

第4章 策略性計畫的核心

目前為止我所提到的擬定策略時的問題點或擬定策略的方法中，存在著四大基本論述。

1.策略性計畫要能夠在達成目的後還維持下去

為企業擬定策略的參謀必須經常謹記在心，在決定策略方案時，應該在幾種可行的方案中，選擇達成目的後最不會受到競爭者反撲，也最沒有弱點的方案。日本偷襲珍珠港或進攻印尼，都是去的時候興致勃勃，回來的時候提心吊膽，其計畫的視野都是極其短視近利的。身為領導企業的高階管理團隊，同樣不容許只看瞬間風速就倉促行事。

為了讓各位了解得更具體一點，我找了以下兩組例子。

＊奇異電器與利頓（Litton）

＊西斯特克、卡西歐、先鋒、新力

奇異電器的強項在於，它在自己所進入的產業擁有許多稱霸全球的事業，而且是根據「市場有魅力、公司有優勢」的產品事業最佳組合構築起來的。換言之，奇異電器的事業負責人，在自己所進入的產業中，比全球任何企業都還懂得顧客需求與技術動向。即便趨勢改變，該公司也能透過高效率的偵測機制以及有彈性的組織架構因應變革。有時候奇異電器還能主動推動變革，燃燒起建立壓倒性優勢的執著心。

另一方面，利頓公司身為集團企業的王者，不知不覺就收購了許多公司，建立起屬於自己的事業帝國。但自從進入七〇年代，其市場地位就大幅滑落〔圖1〕。或許每個個案的狀況不盡相同，但我覺得該公司出現這種地位崩盤的情形，是很正常的。一個這麼大的企業，卻不過只是把中小企業集合在一起，各事業只有在財務方面上有連結，用的都是二流、三流的人才與技術。光是看到這樣的情形，都會覺得該公司實在太過不設防了。集團企業那種不斷收購成長企業的作法有個缺點，就是會不知道要如何確保自己公司的優勢所在。這不就是兩者間的明顯區別嗎？奇異電器在投入資源時，會根據市場性與競爭力來判斷，利頓則是極為重視市場性，以各種不同的花樣拼湊成大規模企業。如果各事業間的連結薄弱，各單位又缺乏幕僚，就可能會抵擋不了外界環境的變化，或是在開始崩解後，變得無法收拾。

日本很多大企業也都是不斷投入新事業，雖然提高了銷售額，卻有很多事業部的市場地位都沒有什麼提升。要想成功經營集團企業，中央政府就必須在財務之外也具有充分的指導能力，並具備健全的檢核與平衡功能才行。如果做不到，就必須像奇異電器那樣，明確劃分中央與地方政府的角色分擔，供應地方足以與外敵作戰的兵糧與參謀。但對於不值得投入資源的地方政府，中央也必須予以扼殺，或是透過收取重稅使其自生自滅。

接著再看看西斯特克的例子，在計算機的生產上，該公司曾因為OEM而一度成為日本最大製造商。該公司的實例讓我們知道，「保護」對於企業的營運來說是何等重要。

基於產品生命週期的企業策略會告訴我們，在成長期即使犧牲利潤，也要搶得更多市占率，等成熟期後再利用市場地位收割。這種想法有個重要前提，就是「市場地位一旦構築起來，就一定守得住」。要想守得住，就需要大量資金。但如果市占率雖高，卻沒什麼利潤的話，也就幫不上太大的忙了。如果在組合管理時，橫軸「公司強項」的地方只列著「市占率高」，可就陷入典型的悲劇中了。

例如，全錄公司雖在低速傳真機市場擁有超過六成的市占率，卻不思革新技術，等競爭者認真進入業界，該公司產品很快就從市場上消失了。當然，該公司市占率尚高時，並非就因而有很高的利潤。要使市占率化為收入，就必須守住別人所無法模仿的某種東西才行。有時候是透過規模經濟來讓市占率化為獲利度，有時候則是藉著自己的技術與服務能力，以比別人高的原價銷售商品。

此外，在日本已有四十家以上的公司生產計算機，因此要想從技術面護住地位，實非易事。如果技術真有那麼難，就不會連只有四張半榻榻米大小的業者都能俐落地生產計算機了。雖然在生產的過程中確實必須用到大型積體電路LSI，或是真空螢光顯示器這類的高技術零組件，但如果不是要生產這些零組件，根本用不到那麼高的技術。

只要外面買得到這些零組件，生產計算機的業者只要會組裝就行了。只有組裝功能的業者

[圖1] 利頓與奇異電器

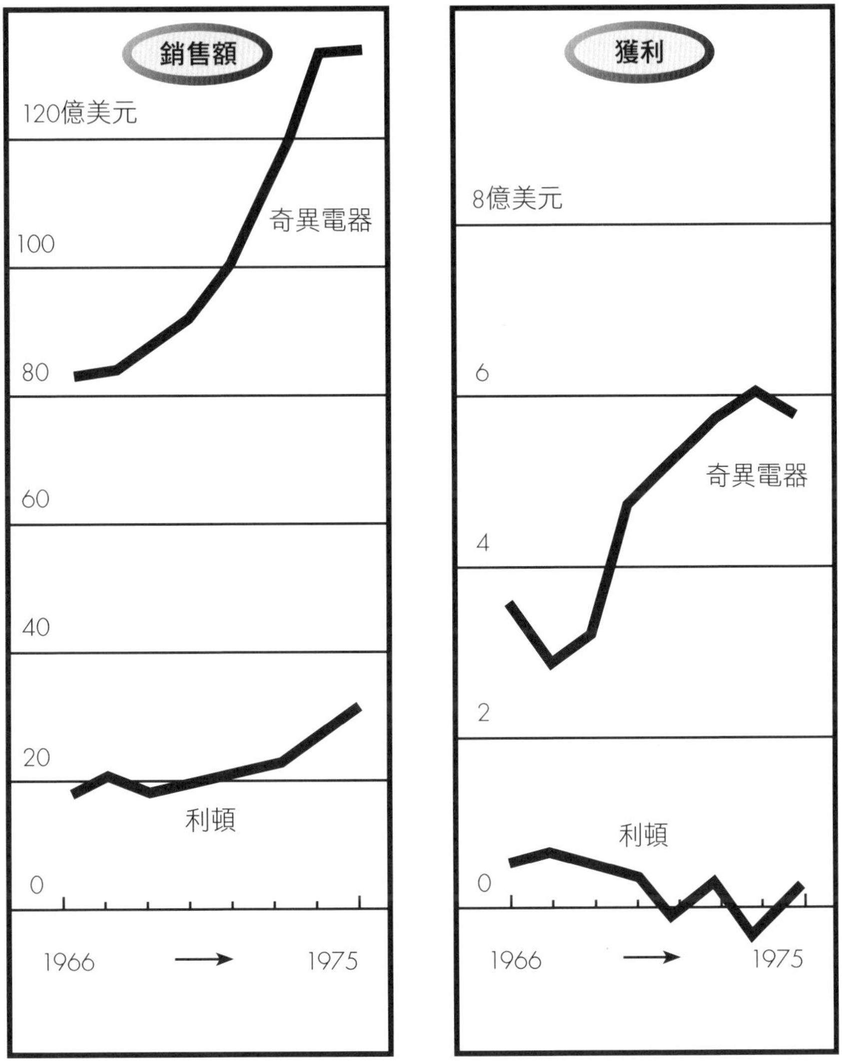

即便全球經濟不景氣，奇異電器的業績也沒有變差。但利頓的業績惡化就很醒目。

所提供的商品，徒有勞動力與生產技術而已。

這樣的話，計算機就很像是黏貼信封這種手工工作的延伸，而非電子產業的延伸。再者，OEM也不是由自己來分析市場、刺激消費者的需求，因此也無法透過企劃力來保護。處於這樣的產業，西斯特克透過廉價勞力與不斷的資金調度而壯大自己。但產業一旦走下坡，商品流通開始減緩後，就會體認到自己的束手無策。因為在這種時候，市場地位如果真的很強，就應該提高價格防止因設備使用率降低而造成的損失，或是減緩生產，等待市面上的商品消化掉才對。但事實上卻是一提高價格，其他四十家公司就會搶走OEM客戶；一減緩生產，競爭業者輕鬆就能補上，市場將無法正常化。

從西斯特克的角度來看，一旦有什麼「萬一」，其策略的自由度是「零」。當然，若能及早意識到這樣的弱點，做一些補救的保護措施，應該還是有出路的。例如，可以加入擁有OEM或大規模網路的企業旗下，即使產量減少，也能減輕風險。但這些可行的對策，都因為大家只忙著往前衝而未能實行。雖然很多人說，技術水準高、對產業又熟的京瓷抽手不救西斯特克才是主要的原因，但西斯特克處於這樣的狀況，根本沒有京瓷幫得上忙的地方。依我之見，像京瓷那樣的企業，居然還曾經認真想過要救根本救不起來的西斯特克，實在是很不可思議。

依據同樣的想法，卡西歐也隱約處於此一延長線上。如〔圖2〕所示，計算機產品的價格競爭相當激烈。一九七三年一月時的價位都還有三萬五千日圓的，但一九七五年十二月就掉到四千八百日圓了，三年下來等於是跌到七分之一的價格。當然，也有業者以一千八百日圓的價格拋售，所以消費者事實上付出的價格差距，恐怕達十倍以上。在這段期間內，整個產業呈現

［**圖2**］計算機價格的變化狀況

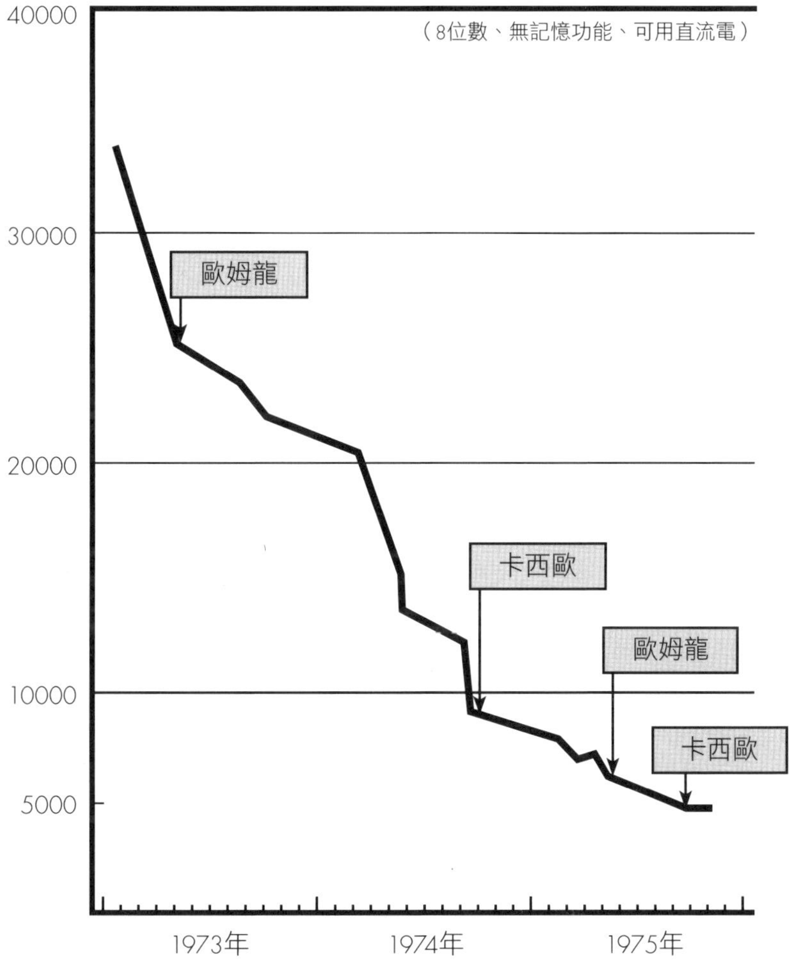

過去三年內，計算機價格競爭的激烈程度前所未見。

飛躍性的成長，每年賣出三千萬台的好成績。但如果改以金額來計算市場規模，這幾年根本差別不大。換言之，是計算機製造商之間的割喉戰，自己毀掉了業界的獲利狀況，而讓消費者充分享受到其好處。

那麼，最先發動價格戰的卡西歐，到底會走到什麼地方去？要到何時才能從這場相互殘殺的比賽中脫身？如果從計算機目前的普及速度以及業界的生產能力來看，要讓全球市場的需求都獲得滿足，恐怕要不了幾年。一旦普及完成，就進入了替代性購買的循環中，需求會變得十分低。在那之前，卡西歐必須做到以下幾件事的其中一件。

(1) 要比其他業者都還熟知消費者對計算機的需求，同時也要收集相關資料，策略性地運用市場區隔，取得保住地位的武器。
(2) 確保全球最便宜的勞動力，透過低價格更為深入碩果僅存的殘存市場。
(3) 為防止特約店（「Eight會」）❶做鳥獸散，應推動下游整合，透過通路的支配，把附加價值的來源由生產轉換到流通上。
(4) 脫離計算機產業，把所有積存至今的利潤，投注於有發展潛力的領域。

如果卡西歐無法在半年至兩年之間做到上述事項中的一項或多項，勢將維持不了地位。一旦經營開始困難起來，就要看你還有沒有其他優勢可以勝過其他競爭者了。

以卡西歐為例，一旦出現流通過剩的庫存，影響到利潤，就勢必得擴大售價與成本之間的價差才行。也就是一般所稱的「實質漲價」。然而，漲價之後，萬一產業的獲利度又變好了，那些只有四張半榻榻米大小的製造商，以及旁觀的松下、日立、東芝，一定又會來搶食大餅。連這類擁有銷售網的企業都被逼得必須暫時撤退，由此可見產業的不賺錢。因此，卡西歐不能在業界漲價。對那些電機大廠而言，回到業界幾乎花不了他們什麼錢。而且他們也生產螢光顯示器或大型積體電路，只要業界回復正常，他們隨時都會捲土重來的吧！這種毫無保護下的全力衝刺是有其風險在的，這是策略參謀必須時時謹記在心的重要事項。

雖然狀況不盡相同，但像新力或先鋒那種憑藉著自己的光環來經營事業的公司，也存在同樣的情形。新力以它在技術與品質上的形象，成功建立起原本認為並不容易實現的家電銷售網；先鋒靠著系統組合音響以及直接訴諸消費者的商品策略，建立起音響銷售網。但二者都是藉由強力的木楔，才硬把原本緊緊關著的門給撬開的。

也就是說，這兩家公司都是先擁有能讓公司差異化的優勢，才能夠以特別會員的身分進場，並非原本就受到有如正規會員的保護。只要先鋒在發掘消費者需求上稍有怠惰，或是新力堅持品質的形象略有損傷，所造成的打擊，將會大到讓看到的人都不禁懷疑起自己的眼睛。因此，這些企業必須一面思考如何增加策略自由度的軸，一面徹底教育全體員工，不要忘記公司目前還只是以特別會員的身分入場而已。

沒有任何企業能受到完全的保護，但是在非常時期，你所剩保護的多寡，將是決定你能抵擋住執著的競爭者多少攻擊的重要因素。

2.熟知自己的優缺點，預測市場結構的變化、據以採取對策

以我的經驗，市占率如果長年朝一定方向變化，十之八九都是市場結構的變化所造成的。那種認真與競爭對手在同一市場裡正面衝突而輸掉的，應該比較算是例外。企業在特定市場區隔中的市占率通常不太會自己變動，只會因為該市場區隔所占比重產生相對變化，才讓整體市占率增加或減少。

例如，某電腦製造商雖然在高階與中階產品等市場區隔中的市占率都能維持，但相對於高階市場中市占率達百分之七十的壓倒性優勢，中階市場的市占率卻只有百分之五。由於市場結構漸漸轉為以中階產品為主體，該公司的整體市占率也就跟著節節下跌。

如果你的公司和這家公司一樣，很清楚顯現出優勢與弱勢，應該就能一眼看出市場的結構變化會如何使市占率下跌。但事實上，很讓人意外的是許多企業的管理高層，卻都看不出來。重點在於，別把自己公司的市占率當成一整塊來看待，而要觀察強弱各異的不同市場區隔間的相對比重，再累計各區隔的市占率，計算整體市占率。像是：法人—個人、國內—出口、大型—小型、土木業—建築業、家電專賣店—量販店、代理店—直販、大戶—小戶、老人—年輕人、大家庭—小家庭等等，一旦從不同的角度來觀察自己公司的目標市場，就能定量化觀察各市場區隔對於市占率的變化有多大的影響了。

企業勢必得先以這種方式找出對於公司擬定策略最有影響的某種切入點，再沿著此一切入點構築起最為完善的情報網路，讓自己能隨著時間追蹤戰局的變化。這可以讓我們在別人不知情的狀況下，悄悄補強自己的弱點；反之，它也是我們用來找出線索，以了解競爭者弱點的好

工具。

3.真正的策略家不會迴避風險

無論何種策略計畫，都無法完全排除風險。如果不想冒險，就只能選擇提升效率或降低成本那種營運面的改善了。雖然大多事業都只需要這麼做就能弄得不錯，但不管何種事業，每隔幾年，總會走到一次必須做出策略選擇的分叉點吧！

這件事與划船或遊艇的比賽很像。所謂的營運面改善，就是所有隊員的呼吸一致，盡全力讓身體前傾，使盡力氣去划船。這也很像是在努力把船底弄得很平滑，以減少水的阻力。但如果掌舵的人心不在焉的話，再怎麼努力也都是徒勞無功。策略面的改善，就是要修正掌舵者所走的軌道一樣。它是要因應那些光靠改善效率等作法也無法處理的潮流變化，全力地掌好舵。在此，「方向」是最重要的因素。同樣是花費那麼多的力氣，要先切實掌握風向與海潮的流向，再來努力。

船本來就是走直的，所以或許不是個好例子，但如果把場景換成在遙遠海面進行的遊艇競賽，各位應該就能了解為什麼方向很重要了。在這樣的比賽中，基本行駛方向的選擇相當重要。講極端一點，在開始的時候甚至有人航行的方向和競爭對手完全相反。此時必須根據對前方航路的解讀，以及承受某種程度的風險，做出睿智的判斷。即使一開始的目的地就是東邊，但如果只一股勁兒往東行駛，雖然風險比較小，還是離勝利有很大的距離。

面臨事業抉擇時，固然必須分析各種替代方案、降低風險，但有時候，我們還是必須做出冒大風險的決定不可。還有，不只事業策略如此，這也適用於組織與人事改革。所謂的大企業，都是由各種要素複雜地交錯起來的，因此事實上往往無法以過慢的步調改革。此外企業的各部門間也會有所謂的派系問題，因此會存有一種不好的習慣：如果沒人鳴槍宣布起跑，任誰都不會認真去改革。因此，企業內部的變革如果能先偷偷做好萬全的準備，再迅雷不及掩耳地完成改革，所引發的混亂反而可以比較少。

如果擺脫與競爭對手間的糾纏得花上十年，恐怕也很難在市場競爭中生存吧！此外，如果高層不具備足以在任何混亂出現時予以穩定的領導力，那麼我們可能也必須懷疑，他們主導下的漸進式變化勢將難以達成。或者可以說，在人心思異、內部充滿矛盾的狀況下，還不如採取比較大膽的療法，還比較容易回復健康。IBM之所以定期進行組織變革，就是為了要排除整個組織中可能存在的既定事實。

倘若害怕風險，就推動不了改革。策略經營計畫最重要的一點，就是要在大組織中培育出一種大家能當成常識一樣廣為接受的進取精神。

4. 人和管理階層的作風才是讓策略鮮活的因素

策略經營計畫中最必須注意的是，不能把它與謀略或計策混為一談；策略必須要先有企業目標存在才行。所謂的企業目標，應該不能破壞到所處產業的獲利度，也不能讓成千上萬的員工生活陷入不安。任何人之所以要擬定出色的策略，就是為了避免落入必須裁員，或是避免陷入與競爭對手打糊塗仗的窘境。正如我在本書中反覆談到的，策略參謀的職責，應該是要讓企業避開非黑即白、和敵人殺得眼睛充滿血絲，而能夠在灰色地帶中找到成效最大、損害最小的答案。

這樣子的策略，應該要做到讓人能掌握整體態勢，而且要像美麗的故事一樣，帶有一種和諧感在。然而，比這更重要的，應該是那些執行策略的人，必須深切熟知策略的內容、發揮出策略的精神來才是。所以正如許多人所言，這是「人」的問題。萬物無時無刻不在變動，因此沒有什麼絕對的對與錯。但只要擁有一顆能因應變化的柔軟頭腦，隨變化而來的風險就會減少。大家都說多元化經營很危險，但危險的並不是多元化本身，問題是在於還沒培育出合適的人才，就投入KFS完全不同的新事業、或開始去生產產品。

能否培養出人才，機制在於組織與管理流程。但若要進一步培養出優秀的策略家，不就得看管理階層的作風，或說得看企業文化了嗎？從這個角度來看，今後企業間的差距將會愈來愈大，策略也會愈來愈優劣立判吧！毫無疑問，如果只有表面上光鮮，又是贏得市占率，又是打廣告，還是很難真正生存下來。只有能深切察知市場動向、預知與管理變化的企業，才能贏得競爭對手的尊敬、受到消費者的感謝。反之，那些只知閉鎖於既定想法的軀殼中，沒有文化可言的企業，無論是培育人才、擬定策略或是想滿足顧客，都不會有太好的成果，長期下來會愈來愈弱。

身為策略參謀，我已經盡可能把自己覺得有用的一些想法，都在本書中詳盡交代了。但我所講的充其量只是一種方法，一種思考的方式而已。因此，這些東西或無法讓讓策略的實戰家隔天馬上就實際運用出來。

不過，如果能掌握較為深層的策略本質，我想無論碰到什麼前所未見的難事，應該都能充分予以應用，知道該以何種順序因應。反之，若掌握不到策略的本質，無論再怎麼簡單的事，要是連第一步到第十步該怎麼做都無法明確決定出來，也會感到很擔心。從這個觀點來看，我們可以再次體會到，策略的本質就像人的靈魂一樣。

❶譯註：一九七一年，卡西歐曾以「相互親和」為由，與全國文具批發店成立「Eight會」。

附錄

先見術——透視「成功模式」的充分與必要條件

預言家般的決策

每次一聽成功企業家的故事，都會因為他們的決策有如預言家般神準而感到訝異。雖然事後看起來都相當合邏輯，但當事人給人的印象，卻是他們早在事前就做出某種預測，而且還成功地每賭必贏。

不過，企業的經營畢竟不是賭博。經營者固然必須針對不確定因素做出判斷，但充其量也只是一種合理的推論而已。由於金錢與時間有其限制，所以必須在尚未充分討論完畢前就採取行動，亦即在不確定狀況下就做出決策。但即使做再多的分析、即便要像在玩「賭輪盤」一樣，針對完全隨機的過程猜它的機率，但在本質上，它還是與「賭博」有所不同。因此，看到許多事業的成功實例，確實會給我們一種「充滿先見之明、照著預言者意志去發展」的印象。但一項事業之所以成功，背後其實有一套共通的「成功模式」。這可以稱之為「能夠洞燭機先的充分且必要條件」。也就是說，在成功的事業中，一定看得到以下四項條件。

(1) 事業領域有明確的定義。

(2) 能以論點極其簡潔的假說分析現況，並據以推估未來的發展方向（但並非針對未來做出預言）。

(3) 從自己可行的方向中，只選擇其中幾項去走。一旦選定，就強力總動員人力、物力、財力去做。即使有競爭者也做相同的事，一樣能漸漸拉開與對方的距離。

(4) 記住所做的基本假設，除非狀況整個改變，否則不偏離自己的原則。

一個企業家如果能做到這四點，人們就稱之「有先見之明」。這四項條件中，有先見之明與無先見之明的人之間，有什麼差異存在？如果想同時滿足這四項條件，會遇到什麼樣的困難？

勝敗取決於事業範疇的規畫

為避免經營資源分散，第一步雖然是別擴充事業領域。但事實上，勝敗往往取決於如何規畫事業範疇。

山葉公司的川上源一社長在《我的履歷表》一書中寫到，戰後百廢待舉時，他曾經到美國考察，注意到美國人很會利用閒暇時間，深深覺得值得日本人學習，才因而下定決心投入「休閒產業」。

如果我們不知道這件事，可能會把山葉當成只是一家從鋼琴發展到電子琴、從電子琴發展到音響，以及從鋼琴的木工技術發展到家具的公司，也就是只是典型的橫向產品延伸而已。但如果川上社長對事業領域的定義還保留到現在的話，山葉精神可能會從鋼琴延伸到射箭、滑雪、帆船、遊艇、網球、度假村、觀光景點等方向上去了，而不會冒出多餘的音響或住宅設施的相關產品。雖然我們無從得知山葉在各事業的獲利度，但只要看看市占率所展現出來的市場支配力，就會發現沿著此一「山葉精神」發展的產品，多半都擁有壓倒性優勢。這讓我們重新了解到，事業領域的定義，有多大的影響力。

目前的大企業，往往已經由外人來決定事業領域。住宅、音響、電視、微電腦等部門名稱就是。然而，這種稱呼方式如果長久下去，會出大問題。

福特汽車在一九六四年推出「野馬」時，對通用汽車來說猶如青天霹靂。之所以如此，是因為通用心目中的汽車，只分為大型車、中型車、小型車而已，事業都是據此去發展，並不存在以年輕人為目標客群的跑車等產品類型。結果，通用花了不少時間才推出「雪佛蘭」或「火鳥」等車款與福特相抗衡，白白讓「野馬」在汽車史上留名。

電視的多聲道播放功能，也為今天的家電業者帶來不少關於「事業領域」的問題，像是可以聽立體聲的電視。給電視接兩台喇叭，再裝上調變器固然就聽得到立體聲，但一般家庭可沒辦法這樣。幹嘛非得再幫電視接兩台喇叭不可呢？家裡明明已經有立體音響，也已經有兩台豪華喇叭了。立體音響也有FM調頻器。電視的價位已經很高，卻還得加買更高價位的立體聲播放設備，不是等於多花一次錢，買了自己已經買過的東西嗎？

然而，一般音響製造商並無電視部門，一般家電業者也會把電視事業與音響事業區分開來。從Technics（松下）、Aurex（東芝）、Optonica（夏普）、Lo-D（日立）等音響品牌的名稱就可以明顯看出，要與專業音響製造商相抗衡時，常會另行成立一個品牌。雖然消費者心目中認為家庭裡的影像與聲音一樣都屬休閒，但製造商卻還是依照傳統，把二者當成是不同的事業來看待。

因此，針對「如何產生多聲道效果」，明明今天的立體音響或是FM調頻器已經這麼發達了，生產電視的業者卻完全無視，只顧自己方便，擅自決定採用調變方式來產生立體聲。一個家庭如果原本就有立體音響與電視，應該只要多花幾千日圓，擴大頻率範圍就可以實現的，現在卻必須多花三萬到五萬日圓購買市售貴到不行的調變器。然而，面對這種需求時，是先鋒那種傳統的音響製造商主宰電視市場的千載難逢機會。只要在其中一種立體音響加上電視的畫面做為組合的話，電視不過就是音響的一部分而已。

反之，對電視製造商而言，這也是他們主宰音響市場的好機會，可以採取「沒有電視功能的立體音響已經落伍了！」的方式來宣傳。

然而，無論採取哪一邊的策略，還是必須重新定義事業領域，要把它定義為「家庭視聽系統」，與以硬體為主的電視、收音機、立體音響等定義完全不同。

同樣的，洗衣粉與洗衣機之間也有這樣的現象。目前的洗衣粉公司多半是化學公司，認為自己經營的是「洗衣粉事業」。但原本其實不該有「洗衣粉事業」，而應該是「洗衣事業」才對。從消費者的角度來看，洗衣粉是一種非得洗乾淨、非得洗掉不可的麻煩東西。為了沖掉洗衣粉，還必須用大量的水，這會是水資源的浪費。原本消費者只是想要弄掉衣服上的污垢而已，而不是想要用洗衣粉。洗衣粉充其量只是弄掉污漬的一種方法，不是目的。因此，若不根據消費者的目的來定義自己的事業，實在很難稱得上是「消費者導向」。如果事業領域定義為「把衣服洗乾淨」，就不會直接跳到洗衣粉這種化學物質去了。

如果只是要弄掉污漬，事業領域中就可以考慮採用超音波等物理方法。這樣的話，有一天電機公司就可以突然推出不用洗衣粉、也不必沖洗的超音波洗衣機了。這就是一種面對不連續風險時、因為能洞燭機先而採取的因應之道。當初，生產碳式複寫紙的公司就是因為無碳複寫紙的出現而突然成為過去式，而使事業整個消失掉。

如果化學公司還是想和超音波這種電機業者的產品相抗衡的話，可以考慮開發一種只要泡在水桶裡就能把衣服洗乾淨的夢幻洗衣粉。一旦成功，或許就能扳倒電機業者的洗衣機事業。

事業領域如果屬於消費性商品，應該瞄準消費者需求；但事業領域如果是生產性商品的話，就應該力求讓消費者有經濟效益，或是幫他們做得更省力、更精準。唯有如此正確地去區隔、去定義，才有辦法發展能長期穩定的事業。遵守這樣的大原則，是培養先見力的第一步。

以文字來表示因果關係

事業領域有了一定的範疇後，接著就要弄清楚，在該領域之中什麼樣的力量最能發揮，然後以很簡單的文字歸納出來。這稱為「記述因果關係」。以我的經驗，要想在開展事業時有所成果、洞燭機先，就必須能針對該事業的基本架構，以及自己的著眼點是什麼，以一連串讀來美好自然的文句歸納出來。這會讓策略在面對外界環境時，可以發揮出最大的長處。這樣的話，各位應該可以理解，事業的組合管理（PPM）等高水準的經營管理手法，也是在把「策略」這個字的定義，以最簡要的方式表現出來（圖1）。無論開發出多麼複雜的手法，也不要忘記這個基本構圖。在已決定的事業領域範疇中，什麼樣的力量最能發揮呢？我來舉幾個例子說明應如何予以記述。

＊日本的汽車與家電都是需要組裝的產業。這些產業在全球占有一席之地，代表著它們背

後的零組件製造商都很出色。因此，可前往零組件製造商較弱的國家（歐洲共同體等等），直接與目前不強的製造商合作，讓彼此都能獲得最大的利益。還有，日本的最終製造商如果要到歐洲共同體或美國直接做生產方面的投資，就非得讓公司也變成多國企業不可。

＊追求更美好的生活，以及女性追求獨立，是大勢所趨。結了婚的職場女性愈來愈多了，因此，在家裡做菜時，她們會需要短時間能做好，又不致失去家庭氣氛的高級速食蔬菜。這樣的需求，會以年輕夫妻（住在通勤一小時左右的地方）上下班時的交通要衝為中心蔓延開來。

＊住的問題不是那麼容易改善，但自己的空閒時間以及可支配所得總是能夠

［圖1］公司流程再怎麼複雜，在思考策略時，都不能忘記基本思想

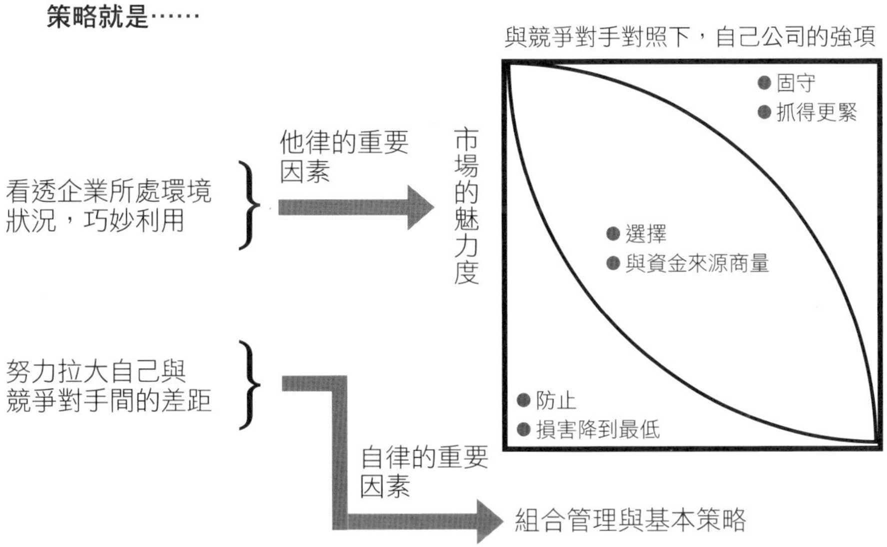

增加的。因此，以居住空間狹小為前提，若能將各種家電產品與家具結合起來、並因應多樣化需求發展出予以模組化、組裝化的事業，需求可望拉出長紅。

*速食連鎖店是中產階級的休閒去處之一，速食連鎖店急速擴增。但既有連鎖店針對店面的面積訂有一定的標準。因此，土地的面積如果落在「自動販賣機用地」與「連鎖店用地」之間的大小（十坪左右），就沒有事業化的價值了。地主也不容易把地賣掉。所以若能把店頭作業極小化，在一定區域內各設一個支援各分店的廚房、發展出能在這種大小的土地上經營的連鎖店的話，經濟效益會很高。

*加油站的主要收益來源是修車，但日本車愈來愈少故障了，所以很難經營。因此，若把加油站的概念「為汽車提供加油與修理服務的地方」，修改為「開車者經常前往、附停車場的廣場」，就可以提供各種新服務了，像是原本必須拿到洗衣店去的洗衣服務、沖印，以及銷售體育用品、可攜式家電、園藝雜貨等等。

*雖然日本的工業水準很高，只靠產品本身的差異化還是不夠。因此在開展事業時，應該先假設產品不具優勢，然後去設想要如何取得市占率或收益；也就是要靠形象策略與銷售網的策略一決勝負。

*大家吃得愈好，休閒或運動設施就會愈多；由於健康狀況差的過胖者已經愈來愈多，因此可以推估，如果把減重用的各種事業（減肥藥、室內運動器材、書、教室）都包在一起一併銷售的話，需求應該會十分強大。

*如果全球有愈來愈多人到國外旅行，但匯率卻不夠穩定的話，就開展一種事業，讓大家

能預先以本國貨幣購買要前往的各國之貨幣，回國時可以用原本匯率賣回去。如果再把全球各國通用的信用卡與旅行支票結合成一種商品銷售的話，就不必在各地機場排隊換匯了，相當便利。

＊現在大約有五分之一的家庭有鋼琴，但大多都因為調音過貴，導致沒調音而出現音不準的現象。因此可以發明一種使用三角波的電子調音器，讓耳朵比較沒有經過訓練的人，也能做好調音工作。這樣，每花十五分鐘調音，就能得到二至三千日圓的收入。由於這樣可以不必雇用耳朵靈敏的特殊人才，可以像培養汽車修理工一樣，短期內就培養出大量調音師，再分布到全國去，就是每年一百八十億日圓的買賣了（圖２）。

思考的線索

就像這樣，只要看看我們的周遭，會發現到處都是事業機會。那些只想在既有的事業領域定義中力求降低成本，或是把改良設計就當成事業計畫的人，也只能稱得上是式微的大企業裡的官僚而已。再怎麼累積這種想法，也發展不出能領導潮流的先見性產品或事業。

在此要舉兩三個例子作為線索，說明如何看透世界上一些正在產生作用的力量（FAW, Forces At Work），以從中了解應發展何種產品。

(1) 在自己所定義出來的事業領域中，徹底分析目標消費者的整體經濟狀況。

＊沒有必要鎖定所有消費者
(2)如果是服務業，就分析時間、工夫、便利與否等等。
＊盡可能運用既有體系＊要一口氣達成規模經濟的門檻
(3)理解既有系統的存在原因，看是要撼動它或加倍利用它。
＊與人體相關的東西特別是寶庫〔圖3〕
＊窮究所選事業的基層架構，會有助於你的差異化。

〔圖2〕與〔圖3〕是我直接沿用這些想法，把所想到的幾個例子寫出來的結果。

如果要跳脫這種因果關係的限制，開創全新事業的話，就有必要把一些項目弄得很明確，像是(1)目標市場、(2)服務提供之內容與理由、(3)成功關鍵因素、(4)競爭對手是否容易出現，以及如何防範、(5)所推估之市場規模以及據此推導出來的資源投入量等等。

看看本田、精工、YKK等具先見力的世界品牌的成長過程，會明顯發現他們在第二階段中記述因果關係時，都相當的自然，也都記述得很好。

由此可知，未來有志於以自己雙手開創出具先見性事業的人，能否成功的重要檢核點，就在於能否把策略弄得既精簡又前後一致，而且能以一連串的文句把它完全表達出來。

[圖2] 要在服務業中開創新事業，基本上就是在超過（規模太小就做不起來的）門檻的前提下，比競爭者提供更便宜的服務

〔例〕服務業的開創（案）

新事業	■調音	■去鏽
目標市場	買鋼琴2年以上者	家庭內金屬製品 （自行車、洗衣機、刀子）
提供服務之理由與內容	●以電子調音器花15分鐘調音 ●大多家庭的鋼琴都沒有調音 ●調音費用貴	●勞力密集型 ●需要特別技術 ●大多都棄置不顧 ●看來不美觀
KFS	●縮短拜訪時間與移動 ●有全國銷售網的機構 ●定期拜訪	●有計畫地拜訪 ●成本 ●去鏽化學 ●確保有熟悉工具運用的人有計畫地拜訪
市場規模	3000日圓／次／年*600萬戶＝ 180億日圓／年（3600人份的工作）	1000日圓／次／2年*1000萬戶＝ 50億日圓／年（1000人份的工作）

[圖3] 成長期時所進行的產品開發都比較表面，如果能鎖定既有事業深入

〔例〕人體相關事業的發展（案）

既有事業	■指甲刀	■香港腳藥	■洗髮精
新事業	指甲護理組 ●所有和指甲相關的工具 ●與指甲相關的藥 ●與指甲相關的書	腳底健康 ●與香港腳相關的藥 ●襪子 ●鞋子、鞋墊、吹風機 ●肥皂等	頭髮的美容與健康 ●家庭理髮組合 ●定型組合 ●止癢藥 ●洗髮精、潤絲精 ●養髮劑、髮油、整髮液
目標市場	中產階級以上家庭的所有成員	所有長時間穿鞋子的人	主要為成年男子
KFS	●指甲的基礎科學 ●指甲各種症狀與對策 ●身為指甲專家的品牌形象	●腳底的基礎科學 ●腳底的人體工學 ●腳底的各種政治與策略	●頭髮的基礎科學 ●皮膚的基礎科學 ●毛的切削工學
市場規模等	10日圓／人／月*4人／家 *2000萬戶＝96日圓 壽命10年=960億日圓 一組=4800日圓	各家庭的藥＝一瓶／年＝150億日圓／年 襪子＝1000日圓*2000萬人 =200億日圓／年 肥皂等產品在一 億日圓以上 鞋子、鞋墊在一 億日圓以上	理髮組合=300日圓／月／戶 *2000萬戶＝720日圓／年 定型組合=10日圓／日／戶 *2000萬戶 730億日圓／年

「賭輪盤法則」

有時候，再怎麼美好的策略方案，在事業化的時候，很可能會有好幾種執行的方法，而且還都能達成目標。此外，即使基本上可能執行的案子是唯一的，但經營資源的配置，有時候不是說有就有。因此，在我們看看成功事業家的行動軌跡後，會發現其經營資源都不是一下子全部到位的，而是慢慢地一點一滴掌握住KFS。

那些很花錢的技術革新尤其如此，在經營資源有限時，更應該優先配置於重要事項上。還有，這樣的狀況，也可以用「賭輪盤法則」（圖4）來比喻。

從全球角度來看，優秀的企業面對無時不在變動的成功條件，極有效率地發展出優秀的策略；而那些曾經把計畫定得很偉大，什麼都想涉足的企業，則早已變成植物人了（圖5）。

＊本田與精工等全球性品牌，都是在已確立的市場中從基礎端切入，等累積了充分的生產技術後，才漸漸往上爬。他們並不是一口氣就以全球，或以所有市場區隔為對象來擴大的。

＊已在基礎端培養出充足競爭力的企業，就把產品範圍擴增至中高階市場區隔中，目標市場也漸漸擴增至全球。此時由於價格競爭力仍屬必須，所以是以擴大規模經濟為最優先考量。因此，應容許歐美企業不太可能接受的OEM或代理店銷售，總之就是要設法打進全球市場中。

＊成功擴增規模的企業，就開始拒絕接OEM或仰賴代理店，著手開發自己的品牌與銷售網。能挺進到本階段的企業，無論由產品面或由品牌面來看，都已具備價格以外的競爭力。更神奇的是，接下來會進入由兩家以上的日本企業相互競爭的局面。計算機產業的夏普與卡西歐、立體音響的Technics與先鋒、電視的松下與新力、相機的佳能與尼康、錄音機的TEAC與AKAI、機車的本田與山葉等等，不勝枚舉。

＊到達這種境界的企業將可引領全球的技術革新，不必再像以前一樣由基礎端進入產業了，而可以自己決定自己進入市場的時點。看看VTR、相機的自動化、VLSI以及線性馬達車，都有這樣的現象。

［**圖4**］**在選項十分多樣化時，即使已有方向，若無法將資源密集而充分地運用於特定小範圍內的話，成功機率渺茫**

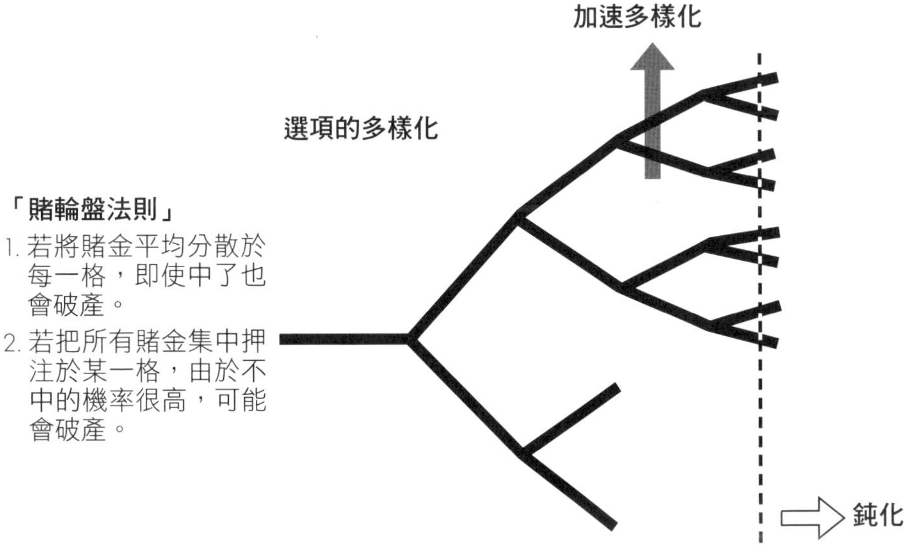
加速多樣化
選項的多樣化
「賭輪盤法則」
1. 若將賭金平均分散於每一格，即使中了也會破產。
2. 若把所有賭金集中押注於某一格，由於不中的機率很高，可能會破產。
鈍化

[圖5] 著眼於生產技術而發展至今的企業，已經追上了先進國家，進入了非靠自食其力不斷創新的階段

〔概念圖〕日本企業稱霸全球的模式

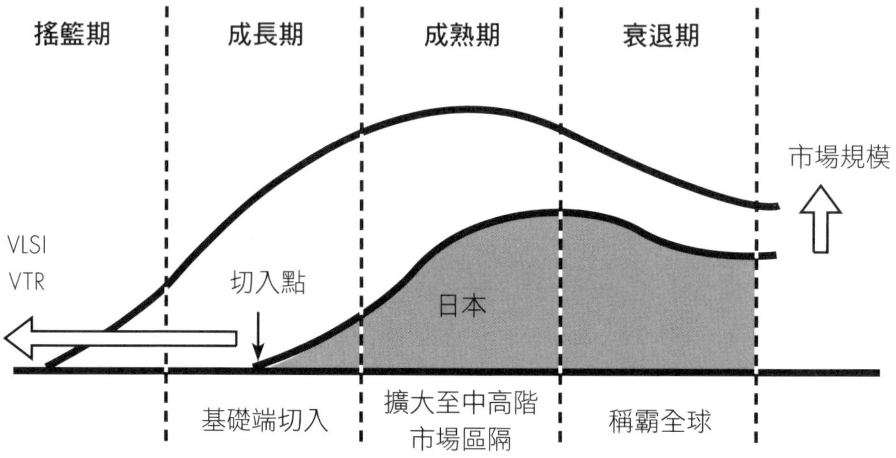

日本企業的主要策略	● 市場分析 ● 生產技術 ● 以東南亞為對象 ● OEM或進出口	● 追求規模經濟 ● 鎖定全球市場 ● 講究高形象 ● OEM或自推品牌	● 公司品牌的確立（兩家以上） ● 價格以外的競爭力 ● 海外生產／多國籍化 ● 繼續創新

例：	電腦 氣渦輪 壓縮機 建設用機械 LSI 底片	渦輪、發電機 PPC 鋼琴 鐘錶 汽車 通訊器材	相機 立體音響 錄音機 計算機 機車	（已超越最高點的產品） 收音機 電視 造船 紡織 合板 鋼鐵

不勉強、不急躁的策略性

策略中最重要的，就是絕對不要勉強、急躁。雖然目的地不變，但自己的力量與資源是有限制的。事後來看就知道，大呼三聲「萬歲」之後就垮掉，絕對沒有一階一階穩穩往上爬來得有先見性。

特別是那種運用技術與技術間的共通部分進行橫向拓展的公司，所推的產品往往難以稱霸市場，而在每個市場中都得不到利潤。如果真的要這麼做，還是必須先決定好進入每個產業的順序，先依各產業的KFS投入充分資源，再累積足夠的經驗，才可能有所發展。

雖然公司的資源有限，但如果發現尚無其他業者經營的事業，又該怎麼辦呢？此時，必須以極其正統的方式決定可行替代方案。

例如，有家公司擁有急速成長的事務處理機銷售網，由於該公司也有電腦及處理紙的技術，因而也進入了文字處理機產業中。

當然，該公司並沒有CRT（映像管）或文字處理的技術。為彌補此缺口，該公司有「自行開發」以及「與人合作」兩種選擇，二者的策略意義以及所需要的經營資源都不同。但若想搶在其他公司之前站穩此一事業的話，最大的關鍵就在於能否整合這些技術推出產品。為此，就必須做出判斷，到底是要犧牲公司的其他事業，讓開發人員全力投入，克服這些技術困難，還是要借用他人的技術與知識，搶先跑到戰場最前方。

前者的風險固然很大，但順利的話，回報也很大。後者的風險小得多，但回報也可能很小。不過事業原本就應該以成功為目標，如果以成功為最優先考量的話，應該不難做出判斷，決定到底該選哪一個的。

有先見之明的人，都會做出相當睿智的判斷。松下為取得電子技術，而成立了與飛利浦合併的松下電子，同時也把傳真機事業併入與松下通信等單位完全不同的松下電送。採取這種作法，也稱得上是令人訝異的先見之明。

此外，東京電器為了凸顯ECR產品，不惜放棄機械式的收銀機事業，也是一種為了不使資源分散而做出來的精妙選擇。

正當夏普執著於液晶，以及忙於讓薄型電視與眾不同時，不知道有多少計算機業者把精力分散到研究LED（發光二極體）、列印計算結果用的桌上型印表機、科學計算用計算機等方面，想到什麼就研究什麼，結果把資源都消耗殆盡的。

精工面對「要做電子錶還是要機械錶」的爭論時，該公司還是很踏實地在全球擴充銷售網，並沒有到低附加價值的電子錶領域和別人打混仗。這樣的策略判斷，毫無疑問是出於這種考量：控制推出電子錶的速度，使其不至於剝奪鐘錶機械工的工作，其間並利用傳統鐘錶盡可能賺取發展電子錶的時間，會比較有利於自己。

這堪稱是相當高明的判斷，大大跳脫了「只要生產就行了，做多少就能賣多少」的想法。但是在這種決定的背後，銷售以及技術革新兩方面的計畫仍步步為營，為稱霸市場而進行著，因為他們有這樣的自信：一旦時機一到，不管是在誰的土俵上，都隨時能和對方好好來一場相撲戰。

從這樣的觀點來看，松下也是一面留神電子產業的發展，一面著手研究著半導體，一面還經營通訊事業，但卻不進入電腦事業。不過一旦有需要，松下都有足夠技術可以進入這些行業。例如，在正式進入半導體業時，若因為捲入價格戰，可能會撈不到好處，但其周邊技術CCD（電荷耦合元件）或處理器的技術，就很有展望。使用這些技術的高速普通紙傳真機，不但讓松下可以輕易進入PPC產業，仔細想想，未來應該可以朝數位影像發展，因為它將會成為CTR攝影機、電子相片、影印機、傳真機、工業用機器人等產品的核心。

這麼看來，松下沒有正式進入這些產業，很明顯是出於策略上的判斷，也就是該公司選擇後的結果。同樣的，全球最大電機業者奇異電器之所以離開半導體與電腦業，絕對與一般那種敗北式的撤退不同，而是為達成其他事業目的所做的選擇。

太多公司之所以讓事業做了不必要的擴散，結果無法躋進勝者之林，往往就是因為未能滿足先見性的第三個要件，做了錯誤的選擇所致。

謹記「忠於原則」

我們常可看到，許多滿足了先見性的三個要件，看來一帆風順往前而去的公司，突然出問題的。像這種當紅炸子雞突然變成喪家之犬，往往是因為忘了自己之所以能達成如此事業成果的根本原則，輕率出手所致。這是在採取某種策略時，忘了去注意目標市場及成功條件的一些基本假設。

例如：

＊折扣業者（廉價品連鎖店）的大原則是，在「利潤＝（售價－成本）×銷售量」的公式中，犧牲服務等其他項目，只以售價與銷售量一決勝負。但一旦這些業者成功了、出名了，欲望就多了、就開始要面子了，不是把店面改裝得漂漂亮亮，就是把服務當成賣點，或是開始過於重視員工福利。這些都會導致成本上升。所以要使公式成立，若不提高售價，就只能犧牲利潤了。漸漸地，這些業者會愈來愈無法做到能使自己的事業急速成長的必要條件，最後毀了自己。

＊零組件製造商能否生存，靠的是提供便宜、品質又好的產品。但這類業者成功後，往往會為了自己「必須靠別人」的形象而覺得自卑，而開始想要進軍最終產品市場。我們常可看到，這些業者既無銷售網，而且沒有分析過細膩的消費者需求，就不斷推出毫無差別化或奇奇怪怪的商品，反而讓自己原本的客戶覺得受威脅，最後一一以失敗收場的例子。同樣的情形也可見於那些熱中於進軍消費性產品市場的工業設備製造商上。

＊速食店之所以能存在，就是因為它精心控制菜色的數量，才得以提供快速的餐點服務。但面對家庭餐廳的攻勢，速食店竟也開始擴增菜色，使得食材的消耗速度變慢，反而造成虧損，害死自己。

＊日本國鐵（現在的ＪＲ）的獨占地位，讓旅行的人都必須利用其服務，但巴士或私鐵的證照卻必須由國家或公家機構來審核發放，因而有過很好的榮景，但一旦進入個人自行買車、自行選擇出遊路線與出遊時間的時代後，國鐵就失去許多旅客與貨物的生意了。

過去是因為個人必須仰賴公家服務才能前往他處，國鐵才會那麼吃香，但現在如果還靠這一套，還不斷罷工或要求提高票價，這樣的事業體實在沒什麼展望。

＊把工廠搬到開發中國家，長期來說至少可以算是要退出該產業的意思。接下來的事業如果有成功契機，才去投入。但今天大多企業都忽略了這樣的因果關係，而採取只重視短期衝刺的策略。

＊輻射輪胎如果普及，可以想見修補用胎的市場會大幅萎縮，所以輪胎製造商必須縮減規模，或是也同時進行多元化。但全球卻沒有多少輪胎製造商在做這樣的事，仍不斷歌頌著目前的出色經營狀況。

＊資本財，尤其是產品壽命較長的船隻或發電廠，其產能只要足以因應長期替代需求即可，但一碰到市場擴大時，製造商卻會擴增產能，以因應一時的需求，結果現在才在商量著要減少產能。

＊錄影機一旦普及，可以預見八釐米攝影機的需求會大減，卻有很多公司還是投入大筆資金把它做得更容易攜帶，或是加入也可以把聲音拍進去的功能，試圖延長其壽命。

再怎麼成功的事業，一定都有它之所以走到成功的理由在。如果經營者一味聽從自己的欲望行事，忘記了這些基本理由的話，一定會垮台。因此，一個有先見之明的經營者，每一分每一秒都必須謹記，自己到底是為了什麼樣的顧客而存在、要提供什麼服務給對方，又要透過何種機制來提高收益。

唯有這樣，經營者才能在周遭環境的結構或需求產生變化時做出判斷，知道自己的事業賴以生存的關鍵因素也會跟著有所變動。對這些事有充分的解讀與理解後，再來調整經營方針。所以從外人的角度來看，只看得到他們轉了方向而已，卻看不到他們其實是在鎖定獵物後，才會在獵物移動時重新瞄準。和這裡舉出來當例子、忘了基本假設的經營者比起來，二者在本質上並不相同。

具備先見之明的必要條件，是要明確訂定事業領域以及清楚地寫出故事。但這還不夠，它還有充分條件：必須在分配經營資源時避免浪費，以及既要忠於原則，又要因應周遭環境的變化明快地調整原則。唯有如此，才可能進入那些具有先見之明的偉大經營者之林。

國家圖書館出版品預行編目資料

新・企業參謀／大前研一著；江裕真譯. -- 三版. -- 臺北市：商周，城邦文化出版：家庭傳媒城邦分公司發行，2020.08

面；　公分

ISBN 978-986-272-723-2(精裝)

1.決策管理

494.1　　103025480

作者簡介

大前研一

1943年生。早稻田理工學院學士、東京工業大學碩士、麻省理工學院博士。曾任職日立製作所，於1972年進入麥肯錫顧問公司。歷任日本分公司總經理、亞太地區董事長、總公司董事。於1995年離職。其後，1996-97年擔任史丹福大學客座教授。現任澳洲邦德大學客座教授、大前協會董事，以及政策學校「一心塾」創業家商業學校的創辦人。除了在《SAPIO》雜誌的連載之外，還有《新・企業參謀》、《異端者的時代》、《打造品質國家的黃金法則》、《無國界的世界》以及商周出版的《中華聯邦》、《思考的技術》、《創新者的思考》等著作。

譯者簡介

江裕真

資管人暨企管人，好日而不哈日，積極嘗試實用、商管、小說等不同類別之翻譯。譯作包括《孫子兵法的經營智慧圖解》、《圖解力》、《韓非子圖解》、《波上的魔術師》、《肅清之門》、《人家就是這樣暢銷的》、《M型社會》（合譯）、《瞄準御宅族》等

新商業周刊叢書 230

新・企業參謀 [新裝版] 企業参謀

作　　者　大前研一
譯　　者　江裕真
責任編輯　張智傑
封面設計　黃宏穎
版　　權　翁靜如、黃淑敏、吳亭儀
行銷業務　林秀津、周佑潔、王　瑜、黃崇華
總 編 輯　陳美靜
總 經 理　彭之琬

發 行 人　何飛鵬
法律顧問　元禾法律事務所 王子文律師
出　　版　商周出版
臺北市中山區民生東路二段141號9樓
電話：（02）2500-7008　傳真：（02）2500-7759
E-mail：bwp.service@cite.com.tw
發　　行　英屬蓋曼群島商家庭傳媒股份有限公司　城邦分公司
台北市104民生東路二段141號2樓
電話：（02）2500-0888　傳真：（02）2500-1938
讀者服務專線：0800-020-299　24小時傳真服務：02-2517-0999
讀者服務信箱：cs@cite.com.tw
訂購服務　書虫股份有限公司客服專線：（02）2500-7718；2500-7719
服務時間：週一至週五上午09:30-12:00；下午13:30-17:00
24小時傳真專線：（02）2500-1990；2500-1991
劃撥帳號：19863813　戶名：書虫股份有限公司
香港發行所　城邦（香港）出版集團有限公司
香港灣仔駱克道193號東超商業中心1樓
電話：（852）2508-6231　傳真：（852）2578-9337
E-mail：hkcite@biznetvigator.com
馬新發行所　城邦（馬新）出版集團
【Cité (M) Sdn. Bhd. (458372U)】
41, Jalan Radin Anum, Bandar Baru Sri Petaling,
57000 Kuala Lumpur, Malaysia
電話：(603)90578822　傳真：(603) 90576622
印　　刷　韋懋實業有限公司
總 經 銷　聯合發行股份有限公司 新北市231 新店區寶橋路235 巷6弄6號2樓
電話：（02）2917-8022　傳真：（02）2911-0053

ISBN 978-986-272-723-2（精裝）

2007年（民96）1月初版
2019年（民108）5月31日二版5刷
2023年（民112）6月29日三版1.8刷
定價／470元

城邦讀書花園
www.cite.com.tw